吐鲁番坎儿井保护与研究

吐鲁番学研究院
吐鲁番博物馆 编

ZHEJIANG UNIVERSITY PRESS
浙江大学出版社
·杭州·

图书在版编目（CIP）数据

吐鲁番坎儿井保护与研究 / 吐鲁番学研究院，吐鲁番博物馆编. —杭州：浙江大学出版社，2023.4
ISBN 978-7-308-18329-1

Ⅰ.①吐… Ⅱ.①吐…②吐… Ⅲ.①坎儿井—文物保护—吐鲁番地区—古代 Ⅳ.①S279.245

中国版本图书馆 CIP 数据核字（2018）第 129868 号

吐鲁番坎儿井保护与研究

吐鲁番学研究院
吐鲁番博物馆 编

策划编辑 陈丽霞
责任编辑 罗人智
文字编辑 陈思佳
责任校对 闻晓虹
责任印制 范洪法
装帧设计 程 晨
出版发行 浙江大学出版社
（杭州市天目山路 148 号 邮政编码 310007）
（网址：http://www.zjupress.com）
排　　版 浙江时代出版服务有限公司
印　　刷 杭州钱江彩色印务有限公司
开　　本 710mm×1000mm 1/16
印　　张 18.75
字　　数 302 千
版 印 次 2023 年 4 月第 1 版 2023 年 4 月第 1 次印刷
书　　号 ISBN 978-7-308-18329-1
定　　价 88.00 元

浙江大学出版社市场运营中心联系方式 （0571）88925591；http://zjdxcbs.tmall.com

《吐鲁番坎儿井保护与研究》编委会

序

坎儿井是一种结构巧妙的特殊灌溉系统，在吐鲁番被称为生命之泉。吐鲁番具有独特的自然环境、气候特征和地质结构，利用坎儿井技术，可以收集到远距离的水源。这天然的泉水不但可用于农业生产，灌溉一般的粮食、油料作物，甚至棉花和瓜果蔬菜等经济作物，而且满足了冬季人们对生活用水的需求。丝绸之路连接东西方，使得沿线的牧民在自己的饮食中也加入了小米、大麦、小麦和葡萄。

我接触和认识坎儿井时日较短，还是2003年在洋海墓地考古发掘中，发现墓地有数道坎儿井穿过，才第一次见识。该墓地是因为村民挖凿坎儿井才被发现的，所以印象颇深。

2011年，吐鲁番地委领导安排文物局调查坎儿井的节水功能，由我和阿布都瓦依提·买买提、刘志佳、周欣组成调查组，从10月30日至翌年元月20日，在两县一市访问了42人。受访者大多是80岁以上的老人，他们都生活在著名坎儿井所在地，早年多为坎匠。我们在调查时进行了录音，整理出三万多字的记录。其间，我们还到自治区图书馆和档案馆，查阅和复印了大量有关坎儿井的资料。

有人风趣地说："新疆的坎儿井和岩画最容易研究，先表述一下前人的看法，因为观点太多，不愁篇幅，再稍加议论，文章一蹴而就。"查阅坎儿井的论文，半数是这样凑合出来的。我的主要工作是从事考古学研究，因此特别关注有关坎儿井年代的讨论。要确定坎儿井在吐鲁番盆地最早出现的时间，任何时候都离不开文献，这也是历史时期考古研究所遵循的原则。如有人把克普加依石器时代的凹穴和线形沟槽岩画说成是坎儿井流水图，便是利用了新疆考古研究中最薄弱的两个环节。乾隆三十七年（1772年）刊行的《回疆志》卷一《地理》中记载："回人播种五谷不赖雨泽，惟赖大山流下雪水作渠灌溉，即各城屯田处所亦必视其水之多寡，酌量开垦，有泉水处绝少，若无河流积雪之水，每多乏水之虞。"这说明当时还没有坎儿井。《回疆志》作者之一永贵，于乾隆二十二年（1757年）平定大小和卓之乱时，受清政府委派任屯田侍郎，负责办理新疆屯垦事务。乾隆二十三年（1758年），他在吐鲁番一带考察了很长时间，对新疆水利情况最为了解。乾隆二十四年（1759 年），清政府设辟展、哈喇和卓、托克逊三处屯田，三地所用灌溉水源不仅仍为本地河流，而且还通过明渠灌田。《皇舆西域图志》初修于乾隆二十七年（1762 年），最后完成于乾隆四十七年（1782 年），同年完成的还有乾隆《一统志》，该书所记基本与《西域图志》同，两书所记新疆水利灌溉，皆为河流与明渠，没有坎儿井。那么坎儿井到底是何时开始修建的呢？亨廷顿于 1906 年来新疆调查时获知，吐鲁番坎儿井于 1780 年开始修建。浦熙修 1951 年访问吐鲁番，她记载了，据坎匠塔依尔所说，吐鲁番的坎儿井为 18 世纪七八十年代开始修建的。和瑛《三州辑略》记载了嘉庆十二年（1807 年）的吐鲁番有人“情愿认垦雅尔湖潮地一千三百四十亩，请垦卡尔地二百五十一亩。潮地每亩缴纳租银四钱，卡尔地每亩缴纳租银六钱”。据此吐鲁番有坎儿井必在 1807 年之前。道光十九年（1839 年），乌鲁木齐都统廉敬建议“在牙木什迤南地方，勘有垦地八百余亩，因附近无水，必须挖卡引水，以资浇溉”。林则徐日记中有“道光二十五年（1845 年）正月十九日，……二十里许，见沿途多土坑，询其名曰卡井，能引水横流者，由南而北，渐引渐高，水从土中穿穴而行，诚不可思议之事。此处田土膏腴，岁产才棉无算，皆卡井之利为之也”。在林则徐到新疆办水利之前，坎儿井限于吐鲁番，为数 30 余处，推广到伊拉里克等地又增开 60 余处，共达百余处。光绪六年（1880 年），左宗棠进疆。光绪九年（1883 年）新疆建省，号召军民大兴水利，在吐鲁番修建坎儿井近 200 处，在鄯善、库车、哈密等处都新建不少坎儿井，并进一步扩展到天山北麓的奇台、阜康、巴里坤和昆仑山北麓皮山等地。所以新疆坎儿井出现的上限可定在 1780 年，下限在 1807 年，中间相去仅 20 多年。2006 年，坎儿井地下水利工程被国务院公布为第六批全国重点文物保护单位，2013 年至 2015 年吐鲁番市文物局与中科院植物研究所合作的吐鲁番坎儿井测年项目，选出的 11 条坎儿井都是历年调查中最早的，最早的坎儿井距今 600 多年。古往今来，对于坎儿井奇妙的结构和在人们日常生活中所发挥的巨大作用，任哪一位知道的历史文化名人都会有所记述和稍加评论。长期以来坎儿井研究文章最多的也是关于其起源问题，但是至今没有一个令人信服的结论，这是相关文献记载太晚而和人们想当然的时间认知差距太大使然。最初修建坎儿井或为人们进行大规模土地开发急需用水，而地面水源又严重不足以应付日益扩大的农垦土地灌溉需求。时值清政府平定准噶尔与大小和卓之乱后，新疆和平稳定发展着。

吐鲁番坎儿井是中国的国保单位。做好对坎儿井的保护，也就守护了它所具备的精神价值，通过对这一价值的弘扬，将激励我们不断努力发展：一是在艰苦条件下因地制宜，战天斗地，顽强生存的精神；二是多方借鉴吸收，为我所用，并在实践中创新发展的开放融合精神；三是为了追求和实现更加美好的幸福生活，不屈不挠、攻坚克难、勇于奉献的精神。发扬这些精神，对于切实实践科学发展观，推动社会主义核心价值体系建设具有十分重要的意义。同时，在坎儿井保护、维修过程中也要发扬这些精神。

在坎儿井保护和维修的过程中，我们还要发扬实事求是的作风。吐鲁番坎儿井共有 1108 条，限于诸多因素，我们无法全部保护和维修。况且多数已无水，全部保护和维修不利国也不利民。参照国际惯例，如阿曼有坎儿井 3000 多条，也仅保护 5 条具有代表性且被列入世界遗产名录的。像艾丁湖 2 号墓地东总长 2 千米的那条坎儿井，共有 36 眼竖井，仅用来为牧人和牲畜提供饮用水，早已废弃，也没有被调查登记。还有如高铁站的绿化工程涉及大量竖井，如果要保护，那就无法建设了。一直以来，国家文物局、自治区文物局、吐鲁番历届党委和政府都高度重视并关注新疆坎儿井的保护工作，用科学发展观指导坎儿井保护工程，从文化遗产保护的角度确立坎儿井保护的基本思路。坎儿井保护和维修是一项浩大繁杂的惠民工程，实施中一定要周密计划，有的放矢、有所侧重，切忌一概而论、急功近利。

我长期在吐鲁番工作，目睹了 2006 年坎儿井地下水利工程被国务院列入国家重点文物保护单位后，吐鲁番文物局上上下下为坎儿井的调查、保护、维修和利用付出的艰苦努力。坎儿井主要分布在沙漠戈壁，本论文集的作者大多为年轻学者，他们长期追随相关领导工作在第一线，风餐露宿，啃干馕，饮凉水，得到了切实的锻炼，同时又查文献、看资料，增长了见识，提高了研究能力，在此基础上，才有了这本论文集，实属可喜可贺。

吐鲁番学研究院特聘研究员　吕恩国

目　录

第一篇　吐鲁番坎儿井的考古与调查

第二篇　吐鲁番坎儿井的保护与维修

第三篇　吐鲁番坎儿井的历史与研究

第四篇　吐鲁番坎儿井的文化与传承

附　录

第一篇　吐鲁番坎儿井的考古与调查

吐鲁番坎儿井调查报告

王　龙

一、吐鲁番坎儿井基本情况

吐鲁番盆地是天山中的一个封闭的山间盆地，四周山地环列：北面为博格达山，主峰博格达峰海拔 5445 米，雪线高度 4100 米左右；西部是喀拉乌成山；东南部为库姆塔格沙山，沙子堆积在 300～500 米的古生界的基岩上，极端干旱；南部为觉罗塔格山，高 600～1500 米，是由古生界变质岩组成的低山。盆地东西长约 250 千米，南北宽 60～80 千米。盆地因受第三纪火焰山褶皱带的分割影响，分为南北两个部分，发育成了两个明显的第四纪坳陷区，充填了巨厚的松散洪积层。地下水埋藏分布复杂多样，但尚有一定的分布规律。褶皱带以北：洪积物由砂砾石组成，黄土带狭窄；潜水径流由天山前顺坡南流，至盆地中部受第三纪火焰山褶皱带阻挡，于背斜北部造成潜水，形成一个良好的“地下水库”。褶皱带以南洪积层砂石带宽 1～2 千米，而黄土带宽广，岩性主要为砂和亚砂土；北来的泉流和地下水通过火焰山褶皱带的裂隙山口进入盆地南部而补给地下水。

正是吐鲁番这种特殊的自然地理条件，使得“坎儿井”这种特殊的水利工程在该地区得以创造、发展、传承。坎儿井被称为吐鲁番的“生命线”和“绿色线”。

二、吐鲁番坎儿井历年来调查工作

历史上坎儿井的利用和管理与当地居民关系密切，可以说一条坎儿井养育了一个村落。从坎儿井的命名中我们可以看出，坎儿井一般由村中的大户人家开挖（开挖坎儿井工程浩大，需要大量的人力和财力资源），由该户人家进行管理并组织修缮和掏捞，俗称“民坎儿”。水资源则由村落共享或者以收取水费的形式共享。政府在开发当地农田水利过程中也会开挖一部分“官坎儿”，这部分坎儿井的管理由政府负责，水资源的使用形式和“民坎儿”相似。例如清光绪年间左宗棠在吐鲁番兴修官民渠，挖掘坎儿井 185 条。①

1943 年童承康所著的《新疆吐鲁番盆地》一书记载，吐鲁番县坎儿井仅有 124 条（不含鄯善县、托克逊县）。新疆和平解放后，坎儿井的管理和使用大部分还是沿用了之前的做法。但吐鲁番当时共有多少坎儿井及其保存状况怎样等数据和资料，难以获得。1957 年新疆水利部门统计资料显示，吐鲁番盆地坎儿井达 1237 条（最多时），暗渠总长约 5000 千米，竖井深度总计约 3000 千米，总土方量超过千万立方米。1962 年吐鲁番、鄯善、托克逊三县的统计资料显示，有水坎儿井 1177 条，总流量 18.5 立方米每秒，年径流量 5.85 亿立方米，灌溉面积为 31333 公顷，占三县全部灌溉面积 46667 公顷的 67.1%。20 世纪 80 年代以来，吐鲁番市（1984 年，吐鲁番改县为市）和鄯善县、托克逊县相继进行地名普查，弄清了绝大部分坎儿井的名称；水利和农业区域规划部门设专职人员，走访各乡镇水利员和知情的长者，获得大量坎儿井的口述资料，确定了每条坎儿井的名字。有关方面在广泛搜集方志资料时，还获得了鲜为人知的有关坎儿井的档案文献。1987 年新疆水利厅坎儿井调查研究组调查数据显示，吐鲁番坎儿井数量减为 824 条，年径流量为 3.05 亿立方米，灌溉面积为 16667 公顷。在随后的一些年里，吐鲁番政府和当地水利部门也不时对坎儿井进行过一些统计，并编写了《坎儿井实录》（内部资料），简要记述了吐鲁番坎儿井的名称、地理位置、基本状况、年代信息等，核载坎儿井 1091 条。2002 年吐鲁番水利部门对盆地内坎儿井进行了系统的统计，并建立了吐鲁番、鄯善、托克逊的《坎儿井卡片》，合计坎儿井 1091 条，其中包括有水坎儿井 404 条和干涸坎儿井 687 条，后者又分为有望恢复的干涸坎儿井 185 条与不可恢复

① 左宗棠：《左宗棠全集·奏稿(七)》，岳麓书社，1996 年，第 517 页。

的干涸坎儿井 502 条。[①] 其间，吐鲁番水利局从农业发展与水资源管理等方面着眼，对坎儿井做了一些研究，并申请了部分资金对坎儿井进行了维修、清淤和掏捞工作。

2006 年 5 月，坎儿井地下水利工程被国务院公布为第六批全国重点文物保护单位。根据《国家“十一五”时期文化发展规划纲要》，国务院决定从 2007 年开始开展第三次全国文物普查。此次普查始于 2007 年 4 月，止于 2011 年 12 月，历时近五年。新疆维吾尔自治区文物局将坎儿井作为古代重要的水利设施遗址纳入此次普查工作。2008 年 12 月，吐鲁番第三次全国文物普查野外调查工作正式实施，特别设立了“坎儿井专项调查队”。坎儿井野外调查始于 2009 年 3 月，到 2009 年 12 月 27 日正式结束，调查队基本摸清了吐鲁番境内坎儿井的分布情况和保存状况。截至 2010 年，吐鲁番共有坎儿井 1107 条：其中，吐鲁番市（今高昌区）共调查坎儿井 508 条，包括有水坎儿井 157 条；鄯善县共调查坎儿井 376 条，包括有水坎儿井 83 条；托克逊县共调查坎儿井 223 条，包括有水坎儿井 38 条。[②] 自此，吐鲁番坎儿井的保护、维修和掏捞工作由文物部门接手。

2013 年 10 月，吐鲁番地区文物局与中国科学院植物研究所合作，开展了吐鲁番坎儿井年代测定项目，所用手段为光释光测年法。该项目已于 2015 年结项，但所测数据和报告尚未公布。

本调查报告依据 2009 年第三次文物普查工作编写，目的在于一方面摸清、汇总吐鲁番坎儿井近年来的保存状况，另一方面从文物的角度对坎儿井进行再认识，深入挖掘坎儿井的文化内涵以及坎儿井对绿洲文化发展的重要作用。

三、调查工作的方式方法

此次坎儿井调查工作完全依据第三次全国文物普查相关体例、标准和规范实

---

① 吾甫尔主编：《新疆坎儿井》，新疆人民出版社，2006 年。

② 新疆维吾尔自治区文物局编：《新疆维吾尔自治区第三次全国文物普查成果集成：新疆坎儿井（一）》，科学出版社，2011 年。具体数据由笔者统计得出。

施，将每一条坎儿井作为一个遗址点，对其进行调查。

（一）工作目的

以第三次文物普查为契机，彻底调查域内每一条坎儿井，详细核查其名称、开凿年代、传承历史、遗存现状以及后期维修加固方式方法等。为坎儿井实施加固维修提供第一手实用资料，为坎儿井申报“世界文化遗产”奠定基础，进一步加深公众对坎儿井的认知和理解。

（二）前期准备工作

收集有关坎儿井的资料，主要包括文字资料、图片资料、维修加固资料等几个方面。文字资料主要来源于吐鲁番水利部门，包括《坎儿井实录》《坎儿井卡片》等；图片资料包括吐鲁番坎儿井分布图、吐鲁番 Google Earth 卫星影像图以及吐鲁番地区 1∶50000 地形图等；维修加固资料主要涉及各乡镇对辖区内坎儿井的维修情况的汇总资料。

（三）野外调查工作

以《坎儿井实录》《坎儿井卡片》为参考依据，逐村开展走访和调查工作。首先，核查《坎儿井实录》《坎儿井卡片》中的记录与实际坎儿井状况是否相符。其次，与村民向导沟通，以每一条坎儿井为个体，按照第三次全国文物普查相关规范标准，对坎儿井实施实地的调查和测量工作。调查和测量工作的主要内容涉及坎儿井名称、始建年代、传承历史（历年维修状况）、遗存现状、后期维修加固方式方法、周边村落、自然环境状况，调查方法包括 GPS 数据采集、图片信息采集等。

此次“坎儿井调查”工作，先后持续近 9 个月，普查面积几乎涵盖了吐鲁番所有的行政村和自然村，共采集野外 GPS 数据点十几万个，拍摄照片万余张，普查队员每天的行程都达十几千米。

（四）资料汇总

资料汇总工作的内容主要包含两个方面：一是建立每一条坎儿井的电子数据

库，数据库内容包括野外采集的GPS数据、相关文字记录、照片资料、坎儿井位置图、坎儿井平面图等；二是依据数据资料填写“第三次全国文物普查不可移动文物登记表”。

四、调查结果

（一）吐鲁番市（现高昌区）坎儿井

2015年3月16日，国务院（国函〔2015〕52号）批复同意撤销吐鲁番地区和县级吐鲁番市，设立地级吐鲁番市。同时，吐鲁番市设立高昌区，以原县级吐鲁番市的行政区域为高昌区的行政区域。高昌区总面积13690平方千米，总人口达28.88万人（2014年），聚居着维吾尔族、汉族、回族等27个民族，下辖3个街道、2个镇、7个乡，分别是：老城路街道、高昌路街道、葡萄沟管委会街道，七泉湖镇、大河沿镇，恰特喀勒乡、亚尔乡、二堡乡、三堡乡、胜金乡、葡萄乡、艾丁湖乡。辖区包括60个行政村、238个自然村、21个城镇社区。

1. 基本情况

据《坎儿井实录》记载，高昌区共有坎儿井404条，其中恰特喀勒乡66条，亚尔乡114条，二堡乡1条，三堡乡11条，胜金乡98条，葡萄乡28条，艾丁湖乡73条，吐鲁番原种场10条，吐鲁番红柳河园艺场3条。

2009年第三次全国文物普查登记高昌区共有坎儿井508条，其中包括有水坎儿井156条和无水坎儿井352条。

2. 年代分析

第三次全国文物普查显示，高昌区坎儿井最早建于宋代，清代开凿最为密集。开凿于宋代的坎儿井共有9条，占坎儿井总数的1.8%；开凿于元代的坎儿井共有16条，占坎儿井总数的3.1%；开凿于明代的坎儿井共有41条，占坎儿井总数的8.1%；开凿于清代的坎儿井共有332条，占坎儿井总数的65.4%；开凿于民国时期的坎儿井共有38条，占坎儿井总数的7.5%；中华人民共和国成立后开凿的坎儿井共有72条，占坎儿井总数的14.2%。①

3. 坎儿井形式

高昌区坎儿井均为单源头坎儿井，无多源头井。

4. 分布特征

高昌区坎儿井分布以土坎和戈壁坎居多。土坎共有228条，占坎儿井总数的44.9%；沙坎仅5条，占坎儿井总数的1.0%；戈壁坎有109条，占坎儿井总数的21.5%；其余坎儿井分布情况不详，共166条，占坎儿井总数的32.7%。

5. 主要问题

地下水水位下降，导致坎儿井水量减少；暗渠段洞顶土层严重脱落或地质构造原因（流砂带），导致坎儿井大面积集中坍塌，淤积严重；竖井口没有封堵严密，寒流进入，冻融循环使得暗渠坍塌和竖井口集中坍塌，破损严重；暗渠输水段及明渠渗漏严重，导致坎儿井出水量减少。其他影响坎儿井正常工作的因素包括道路修建、取土肥田、过度垦荒、机电井利用和水利设施建设等。

（二）托克逊县坎儿井

托克逊县位于吐鲁番盆地西部，东与吐鲁番市高昌区为邻，南与巴州尉犁县相接，西与巴州的和硕、和静县相连，北与乌鲁木齐市毗邻。县域总面积16171.47平方千米，总人口107768人，辖3镇、4乡，包括：托克逊镇、克尔碱镇、库米什镇，伊拉湖乡、博斯坦乡、夏乡、郭勒布依乡。辖区共有7个居委会，45个行政村，50个居民小组，246个村民小组，还包括1个农场和1个林场。

1. 基本情况

据《坎儿井实录》记载，托克逊县全县共有坎儿井182条，总长442.70千米。

---

① 这里所表述的年代数据来自水利部门调查的结论，其调查方法以民间走访询问为主。文物部门在调查过程中沿用该调查方法，并对结果进行了相应的分析，发现虽然上述结论与坎儿井实际开凿年代有所出入，但从相对年代上看，其绝大部分年代还是较为可信的。坎儿井数量数据则是文物部门在2009年进行调查时，获得的当年坎儿井实际数据，其中绝大部分在《新疆维吾尔自治区第三次全国文物普查成果集成：新疆坎儿井》一书中有记载。完整数据则由文物部门作为内部数据进行保管，并未对外公布。下文年代分析一块的数据皆同此来源，不再专门注出。

其中包括有水坎儿井 56 条，无水坎儿井 124 条，改建坎儿井 2 条。 托台乡（现夏乡托台村）有坎儿井 55 条，长 87.50 千米；伊拉湖乡有坎儿井 50 条，长 108.45 千米；博斯坦乡有坎儿井 26 条，长 88.40 千米；河东乡（现夏乡）有坎儿井 49 条，长 156.30 千米；红山水库有改建坎儿井 2 条，长 2.05 千米。

2009 年第三次全国文物普查登记，托克逊县共有坎儿井 224 条，包括有水坎儿井 38 条和无水坎儿井 186 条。 其中，伊拉湖乡有 62 条，博斯坦乡有 34 条，郭勒布依乡有 69 条，夏乡有 59 条。

2. 年代分析

由第三次全国文物普查登记数据可知，托克逊县的坎儿井最早建于清代，清代和民国是开凿最为密集的时期。 全县开凿于清代的坎儿井共有 95 条，占全县坎儿井总数的 42.4%；开凿于民国时期的坎儿井共有 86 条，占全县坎儿井总数的 38.4%；中华人民共和国成立以后开凿的坎儿井共有 24 条，占全县坎儿井总数的 10.7%；年代不详的坎儿井共有 19 条，占全县坎儿井总数的 8.5%。

3. 坎儿井形式

托克逊县的单源头坎儿井共有 176 条，占全县坎儿井总数的 78.6%；多源头坎儿井共有 2 条，占全县坎儿井总数的 0.9%；其余坎儿井形式不详。

4. 分布特征

托克逊县坎儿井分布以戈壁坎最多，鲜有分布于土坎和沙坎的。 分布于戈壁坎的坎儿井共有 126 条，占全县坎儿井总数的 56.3%；土坎共有 3 条，占全县坎儿井总数的 1.3%；沙坎仅 2 条，占全县坎儿井总数的 0.9%；其余坎儿井分布情况不详，共 93 条，占全县坎儿井总数的 41.5%。

5. 主要问题

坎儿井水段太短，出水量较小，在春季干旱时节，无法满足灌溉及生活用水需要。 竖井因年久失修，坍塌严重，井口坍塌面积大，深度已达到 3～5 米，井口有被风沙填埋的危险；暗渠输水段洞口坍塌，淤积严重，洞内直径有的已经达到 6 米，存在隐患；明渠段无防渗，芦苇、杂草丛生，渗漏严重，风沙堆积物在渠边随处可见。

托克逊县坎儿井所受自然灾害以沙漠化为主，人为损害因素以生产生活活动和不合理利用为主。损毁原因多为：土壤松散，自然坍塌；平整土地，人为绿化；竖井冻胀破坏造成井口剥落；风化沙漠化严重，多数井口被埋，年久失修；机电井的建造导致地下水水位下降。

（三）鄯善县坎儿井

鄯善县位于天山东部南麓的吐鲁番盆地东侧，北与木垒县、奇台县为邻，东经七克台镇连接哈密市七角井乡，西部吐峪沟苏巴什村与高昌区胜金乡接壤，南部经南湖戈壁至觉罗塔格与若羌县、尉犁县为界。境域总面积39800平方千米，约占新疆总面积的2.5％，总人口231297人（2010年）。辖区包括5个镇、4个乡、1个民族乡：鄯善镇、七克台镇、鄯善火车站镇、连木沁镇、鲁克沁镇，辟展乡、迪坎乡、吐峪沟乡、达朗坎乡，东巴扎回族乡。

1. 基本情况

据《坎儿井实录》记载，鄯善县全县共有坎儿井419条，总长1178.14千米，其中包括有水坎儿井302条和无水坎儿井117条。按所属乡和单位区分，七克台镇有坎儿井72条，长206.10千米；连木沁镇有坎儿井44条，长114.37千米；辟展乡有坎儿井39条，长81.91千米；吐峪沟乡有坎儿井56条，长228.66千米；达朗坎乡有坎儿井84条，长251.59千米；迪坎乡有坎儿井119条，长260.41千米；县葡萄开发公司有坎儿井5条，长35.10千米。

2009年第三次全国文物普查登记，鄯善县共有坎儿井376条，其中包括有水坎儿井83条和无水坎儿井293条。其中，鄯善镇有8条，七克台镇有64条，连木沁镇有43条，辟展乡有29条，吐峪沟乡有60条，达朗坎乡有68条，迪坎乡有104条。

2. 年代分析

由第三次全国文物普查登记数据可知，鄯善县的坎儿井最早建于明代，清代为开凿最密集的时期。全县开凿于明代的坎儿井共有7条，占全县坎儿井总数的1.9％；开凿于清代的坎儿井共有284条，占全县坎儿井总数的75.5％；开凿于民国时期的坎儿井共有57条，占全县坎儿井总数的15.2％；中华人民共和国成立以后开凿的坎儿井共有25条，占全县坎儿井总数的6.6％；开凿年代不详的坎儿井共有3

条，占全县坎儿井总数的0.8％。

3. 坎儿井形式

鄯善县的单源头坎儿井共有371条，占全县坎儿井总数的98.7％；多源头坎儿井共有4条，占全县坎儿井总数的1.1％；源头情况不详的坎儿井有1条，占全县坎儿井总数的0.3％。

4. 分布特征

鄯善县坎儿井分布以土坎最多。土坎共有127条，占全县坎儿井总数的33.8％；戈壁坎有107条，占全县坎儿井总数的28.5％；其余不详，共142条，占全县坎儿井总数的37.8％。

5. 主要问题

鄯善县坎儿井所受自然灾害以风灾和沙漠化为主，人为损害因素以生产生活活动和不合理利用为主。损毁原因多为：土壤松散，自然坍塌；风蚀搬运，雨水冲刷，冰冻溶蚀，水流浸泡；不合理利用；风沙掩埋竖井口，造成坍塌；竖井口冻胀破坏而坍塌；石油开采、机电井使用导致水位下降，上游地下水水位下降，致使坎儿井水量减少；竖井因冻融循环而坍塌；暗渠因为地质构造、冻融循环及石油勘探等方面原因而坍塌；明渠渗漏严重，水量锐减。

五、对于调查结果的相关认识

（一）年代问题

长期以来，由于坎儿井的起源问题存在争议，坎儿井的始现年代也就无从定论。大致来讲，主张中亚传入说的基本认定吐鲁番坎儿井是在18世纪80年代左右出现的；主张中原传入说的则认为新疆坎儿井至迟在唐代就已经出现，并有可能在汉代就已从中原传入新疆。

尽管新疆坎儿井的起源及始现时间问题目前依然存在争议，但关于嘉庆十二年（公元1807年）吐鲁番已有坎儿井这一说法确已达成共识，其根据为和瑛在《三州辑略》卷三中记载了嘉庆十二年吐鲁番地方有人“情愿认垦雅尔湖潮地一千三百四十亩，请垦卡尔地二百五十一亩……”此处所提“卡尔”即指坎儿井，这算是史籍中首次明确提到坎儿井的存在。

笔者曾亲身参与“吐鲁番地区第三次全国不可移动文物普查”工作，并主要参与了两县一区的“坎儿井专项普查”。上文中分析提到的坎儿井年代也是“坎儿井专项普查”核定的。核定的标准：一是水利部门于2003年整理的《坎儿井实录》；二是普查队在调查过程中对坎儿井年代的走访。根据现场的走访和调查，我们发现《坎儿井实录》中记载的坎儿井年代绝大部分还是可信的。当然，我们也十分期待再次对吐鲁番坎儿井进行科学的测年，以尽快明确吐鲁番坎儿井的绝对年代，为我们保护、利用好坎儿井提供科学的数据支撑。

（二）坎儿井命名方式分类

吐鲁番的每条坎儿井都有自己的名字，其命名方式是十分多样的，大致来说可以分为以下几种。

（1）以挖掘坎儿井的坎匠名字或出资者的名字命名。如“米依木坎儿井”“努尔坎儿井”“马志坎儿井”“赛里木坎儿井”等。

（2）以挖坎人外号命名。如“恰拉能坎儿井”，其中“恰拉能”是做事不彻底的意思；又如“托哈依坎儿井”，其中“托哈依”是五更鸟的意思。

（3）以掘井人或者所有者的职业命名。如“库什其拉坎儿井”，其中“库什其拉”是养鸟人的意思；或如“跑鲁奇坎儿井”，其中“跑鲁奇”意为做抓饭的师傅。

（4）以坎儿井主人的官衔或当地的官员称谓来命名。如“伯克能坎儿井”，“伯克能”指吐鲁番维吾尔族君王下属的官员；又如“帕夏坎儿井”，“帕夏”为国王之意。

（5）以维吾尔族妇女的名字命名。如“帕热地汗克其克坎儿井”“艾合太尔坎儿井”等。

（6）以动物名称命名。如“吐勒开坎儿井”，“吐勒开”意为狐狸。

（7）以植物名称命名。如“托格拉克坎儿井”，“托格拉克”是梧桐树的意思；又如“龙勒滚坎儿井”，“龙勒滚”意为红柳。

（8）以附近的地形、地物命名。如“帕日恰奥提坎儿井”，“帕日恰奥提”意为零星草场，该坎儿井因经过草场而得名。

（9）以附近建筑物命名。如“达朗坎儿井”，是因为该坎儿井边有一栋土楼房而得名，“达朗”意为楼房。

（10）以所在村村名命名。如“大庄子坎儿井”“夏拉村坎儿井”等。

（11）以水质命名。如“阿其克坎儿井”，“阿其克”意为苦、苦涩，该坎儿井因井水苦而得名。

（12）以坎儿井的水量大小、新旧等来命名。如“克其克坎儿井”，意为小坎儿井；“琼坎儿井”，意为大坎儿井；“英坎儿井”，意为新坎儿井；“克热坎儿井”，意为老坎儿井。

（三）坎儿井的优点与缺点

坎儿井是人类的经验智慧和与荒漠戈壁斗争的伟大创举。其优点主要有：

第一，坎儿井适应自然的取水方式（地下水引出地表，减少蒸发量，并可防止风沙侵袭，避免风沙掩埋输水建筑物），形式简洁，技术含量不高，有效解决了人类生产生活用水需求与盆地内干旱少雨的直接矛盾，且便于推广，对绿洲农业生产和文化进步贡献良多。

第二，坎儿井不用提水工具，利用地形，通过暗渠，引取埋深几十米甚至百多米的地下潜流，向下游引出地面自流灌溉，克服了之前缺乏动力提水设备的困难。

第三，开凿坎儿井所使用的施工工具简单，均是当地农家生活中常见的，如刨锤、镢头、坎土曼、红柳筐等，在过去生产工具落后的时代，其技术易为群众掌握而推广，间接解决了人口增长与耕地不足的矛盾。

第四，坎儿井出水量相当稳定，其水质清澈如泉水，除供农田灌溉外，又便于解决人畜饮水问题。

第五，炎炎夏日，坎儿井的存在也给当地居民提供了一个避暑纳凉的休憩场所。

虽然坎儿井有以上诸多优点，但放眼当下，坎儿井的一些弊端也开始逐渐显现，主要表现在坎儿井开凿时间长、劳作艰辛、容易塌方、日常维护频繁和水量控制不便等方面。

六、小结

吐鲁番坎儿井大部分地处荒漠戈壁，至今这一农业灌溉系统仍在继续发挥效用。当地居民创新地解决了早期干旱地域供水的问题，创造了沿用至今的挖井和维护工艺。坎儿井本身与葡萄园、聚落相结合，具有不断自我完善的特点，并对周边地域产生影响，是在特殊的地域环境条件下运用自然、改造自然而产生的景观，是人类集体智慧的结晶。吐鲁番坎儿井与当地独特的绿洲文化相生相伴，与当地的环境和谐共存，其历史体现了当地人与自然的长期和谐关系，体现了当地各文化族群的认同建立和交流过程，其遗存体现了历史上和至今延续着的本地农业和社区生活，具有较高的历史和人类学价值。

今天，吐鲁番坎儿井仍然是当地生产生活的基础设施之一，并且延续着与当地人的精神联系。吐鲁番坎儿井的保存有助于保护当地的文化多样性，有助于维护社区归属感，有助于民族团结和交流。吐鲁番坎儿井本身既可以满足农业、聚落的用水需求，又有助于环境保护。此外，坎儿井在提供水源的同时，也维系着本地社区的社会结构，延续着与当地人的精神联系，具有重要的精神情感价值。

吐鲁番坎儿井的分布与现状

李春长

吐鲁番盆地位于新疆维吾尔自治区东部，天山南麓，是南疆极端干旱地区的典型代表，但是，其在历史上却养育着众多民族，特别是在丝绸之路南道逐渐衰弱、中道逐渐兴盛的时期，该地区来往的商贾络绎不绝，出现了众多城市，呈现欣欣向荣的景象。然而，在各个历史时期繁荣的背后，则是当地居民对吐鲁番盆地水资源的利用。坎儿井作为吐鲁番居民开发利用比较晚的水利设施，在吐鲁番近现代史上为吐鲁番的发展做出了不可磨灭的贡献。

坎儿井在新疆乌鲁木齐市、昌吉回族自治州、哈密市及南疆的喀什地区、和田地区与克孜勒苏柯尔克孜自治州均有分布，而在吐鲁番盆地数量最多，使用最为广泛。

鉴于此，在国家文物局和自治区地方政府机构领导下，新疆维吾尔自治区文物局、吐鲁番地区文物局（吐鲁番市文物局旧称）借助第三次全国文物普查契机，组织吐鲁番第三次全国文物普查队对吐鲁番盆地“两县一市”所有坎儿井进行了拉网式普查，结合以往吐鲁番水利部门的相关调查数据，通过遥感卫星图像和实地调查相结合的方式，记录每条坎儿井的具体名称、开挖时间、使用和保存情况及历史沿革，并将其录入第三次全国文物普查数据库。其间，普查队还通过参考大量研究成果和资料，掌握了整个吐鲁番盆地坎儿井的分布现状（见图 1），以及国内有关坎儿井的研究状况。

一、吐鲁番坎儿井分布

坎儿井的形成除了与气候有着密切的关系外，还与地形地势密切相关。坎儿井的水通过自然地形由海拔较高的山地流向海拔较低的平原或者洼地，从天山脚下到

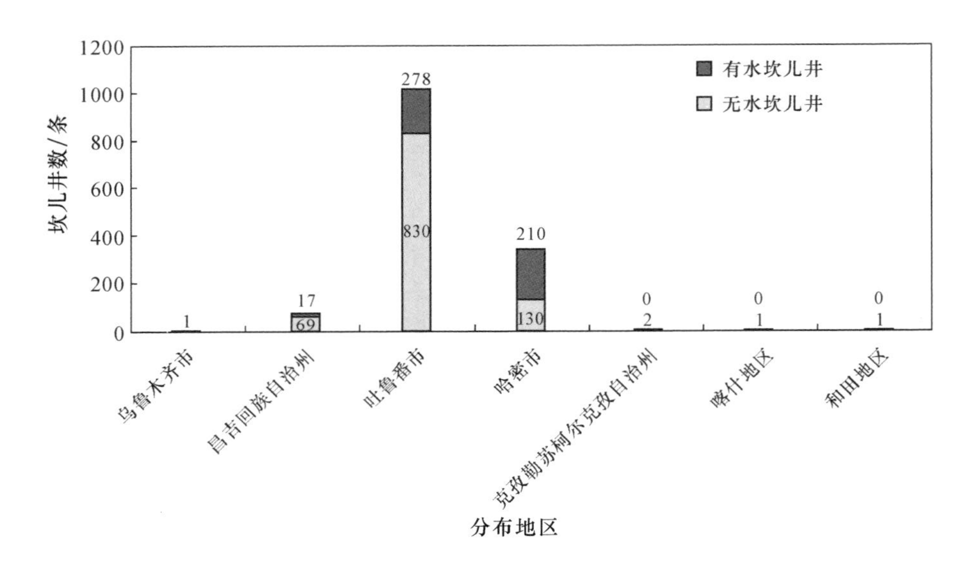

图 1　新疆坎儿井分布情况柱状图

艾丁湖畔，水平距离仅 60 千米，而海拔高低差竟有 1400 多米，地面坡度平均约 1/40，地下水的坡降与地面坡变相差不大，这就为开挖坎儿井提供了有利的地形条件。① 吐鲁番盆地具有开挖坎儿井的天然优势。吐鲁番地区位于天山东段的山间盆地，四面环山，西起阿拉山沟口，东至七角井峡谷西口，北部为博格达山山麓，南抵库鲁塔格山。吐鲁番的坎儿井利用北部天山支脉博格达山的冰雪融水补给，常年水流比较稳定。② 每当夏季大量融雪和雨水流向盆地，渗入戈壁，汇成潜流，便会为坎儿井提供丰富的地下水水源。③ （见图 2）

因此，探索坎儿井的分布，必须从坎儿井的地形着手进行分析，并结合其水系分布情况，以及坎儿井与古代文化遗迹的位置关系等方面来进行探讨。

① 邓正新、胡居红：《吐鲁番盆地坎儿井的利用与保护探讨》，《干旱环境监测》2008 年 9 月第 3 期。
② 吐鲁番地区地方志编纂委员会编：《吐鲁番地区志》，新疆人民出版社，2004 年。
③ 邓正新、胡居红：《吐鲁番盆地坎儿井的利用与保护探讨》。

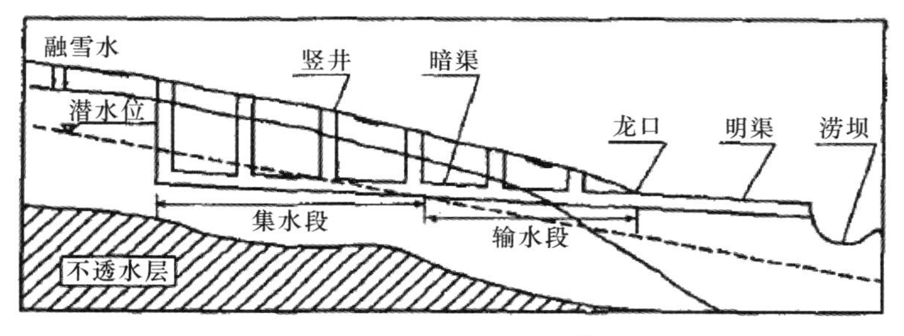

图 2 坎儿井结构示意图[①]

第一，从地形来看，吐鲁番盆地的坎儿井在吐鲁番市的“一区两县”均有分布，但是，高昌区和鄯善县分布的坎儿井相对较多，而托克逊县相对较少。吐鲁番市北部和南部的山区则由盆地最外一环高山雪岭组成，并无坎儿井分布，坎儿井主要集中分布于盆地的第三环带，此地大部分属于山前倾斜平原，堆积着大面积细土质冲积物，因火焰山横卧在盆地中央，使潜水位抬高，在山体的南北缘形成一个溢出带，从而形成了南、北两部分最具生命力的、诱人的绿洲平原带。在最外环与中间一环之间往往是坎儿井竖井穿越的茫茫戈壁区，特别是在鄯善县，这里的坎儿井竖井常常穿过火焰山以北 40 千米的茫茫戈壁，最终在村庄附近破土而出。

第二，从水系分布来看，在柯柯亚水系、二塘沟水系、恰勒坎水系、煤窑沟—木头沟—胜金水系、大河沿水系、白杨河水系和阿拉沟水系等相对较大水系流过的地方并无坎儿井分布。如煤窑沟—木头沟—胜金水系沿线下游并无坎儿井出现，在此水系经过的火焰山峡谷中分布着古城、古墓葬和石窟遗址，遗迹众多，反映了历史上在此活动的人群对地表径流量较丰富的河流依旧采用直接使用的方式，并没有采用其他利用方式。

第三，从坎儿井与古代文化遗迹的位置关系来看，坎儿井基本离古代文化遗迹较远，甚至有些古城在其周边 5 千米范围内没有坎儿井分布，只有个别文化遗迹有坎儿井穿过。吐鲁番盆地保存较好的高昌故城周围并无坎儿井分布，交河故城附近分布的坎儿井较少，因两地有吐鲁番盆地内流量较大的白杨河水系下游形成的亚尔乃

① 赵丽、宋和平等：《吐鲁番盆地坎儿井的价值及其保护》，《水利经济》2009 年 9 月第 5 期。

子沟和煤窑沟—木头沟—胜金水系流经此处，如今，这两个故城周围种植葡萄的农民在 6 月份灌溉葡萄的时候仍然利用来自这两条水系的大水[①]。 目前来说，唯一一处有大量坎儿井穿过的古代文化遗迹就是鄯善县吐峪沟乡洋海夏村附近的洋海古墓群。 洋海古墓群分布在三个相对独立的台地上，在其 5.4 万平方米的分布区范围内[②]，多条坎儿井呈东北—西南向穿过，但是并未发现墓葬被坎儿井竖井打破的现象。

第四，从坎儿井竖井分布的密度来看，我们都知道，坎儿井水源补给依赖北部天山的冰雪融水，而北部天山与盆地中心边缘的绿洲之间有一片较广阔的戈壁地带，这就使得坎儿井上游的竖井在戈壁滩上分布较稀疏，而越是靠近绿洲村庄的时候，竖井分布就越密集，有的甚至出现了下游好几条坎儿井共用一条上游的坎儿井的状况。 也就是说，我们在调查中发现的坎儿井到了中下游出现了分支，即在分支点以北竖井间的距离较远，竖井密度较小，而分支点以南即下游竖井之间的距离较近，竖井密度较大。 特别是到了村庄附近，有可能出现暗渠相通的情况。

第五，从坎儿井竖井的保存情况来看，坎儿井的竖井在戈壁滩上即上游保存情况较好，而在下游则保存情况较差，废弃的竖井较多，更改的新竖井离废弃的旧竖井较近。

第六，从坎儿井的城乡分布来看，坎儿井在城市中分布较少，绝大多数分布在乡镇和农村。 据调查，如今高昌区的城区仅有 3 条坎儿井穿过，其他均分布在周边的乡镇和农村。 这 3 条坎儿井采用了现代技术进行了加固保护，因此得以保存下来。

二、吐鲁番坎儿井发展和现状

（一）坎儿井的水源补给不足

近些年，受全球气候变暖影响，位于吐鲁番盆地北部的天山支脉博格达山上的

---

① 当地农民对夏季山上下来的水的称呼。

② 新疆文物考古研究所、吐鲁番地区文物局：《新疆鄯善县洋海墓地的考古新收获》，《考古》2004 年第 5 期。

冰雪随着气温升高融化逐渐加速。在夏季冰雪融化较快，在洪水季节融水流量较大，地表水流速加快，无法及时渗透到地下形成地下水，从而导致了地下水供给不足，减少了坎儿井水源补给，而在枯水季节水源补给本就不足，这使得坎儿井水源补给不够稳定。

同时，由于吐鲁番盆地加大了开发力度，人口数量不断增长，饮用水需求不断增加。此外，当地还涌进了大量工矿企业，石油开采更是加大了对水的需求。坎儿井水源间接受到影响。①

垦荒和开荒，扩大了农业灌溉区的面积，导致用水量不断增加，由此使得吐鲁番盆地内的地下水不断被开采，地下水水位降低，无法及时补给坎儿井水源。新华网吐鲁番2003年7月25日电，据新疆吐鲁番市水利局普查显示，由于吐鲁番盆地地下水水位持续下降，在海拔－153米的艾丁湖，12条坎儿井已有10条完全干涸。村里105岁的老人阿那依提说，他年轻的时候，在庄子村的土地上，马蹄踩下去便会有水渗出。

（二）坎儿井的数量、流量及所能灌溉的耕地面积不断减少

1957年，吐鲁番盆地坎儿井数量为1237条，径流量达5亿立方米。② 根据1962年统计资料，新疆共有坎儿井1700多条，总流量约为26立方米每秒，灌溉面积达50多万亩，其中大多数坎儿井分布在吐鲁番盆地和哈密盆地，如吐鲁番盆地共有坎儿井1100多条，总流量达18立方米每秒，灌溉面积达47万亩，占该盆地总耕地面积（70万亩）的67.1%。

20世纪60年代，吐鲁番坎儿井减少到1161条；70年代，坎儿井减少到924条；90年代，流水的坎儿井减少到700余条；2003年，据新疆吐鲁番市水利局普查显示，当地596条坎儿井已有240条断流；③2004年，流水的坎儿井已减少到355条。坎儿井自1957年至2004年，于47年间折损了800多条，平均每年减少18条。④

---

① 赵丽、宋和平等：《吐鲁番盆地坎儿井的价值及其保护》。

② 张勇、陈明勇：《坎儿井能否走出生存困惑》，《中国水利报》2005年4月第2159期。

③ http://news.xinhuanet.com/newscenter/2003－07/25/content_993469.htm。

④ 张勇、陈明勇：《坎儿井能否走出生存困惑》。

而根据 2000 年 8 月 15 日《科技日报》的报道，随着自然生态环境恶化，吐鲁番的坎儿井呈衰减之势。水资源十分短缺，加之不合理的开发利用，造成地下水水位不断下降，坎儿井流量减少，甚至干涸。

2008—2009 年自治区文物局“新疆坎儿井保护项目实施规划”调查统计显示，新疆现存坎儿井 1473 条，主要分布在吐鲁番、哈密地区。吐鲁番地区共有坎儿井 1091 条，坎儿井暗渠总长度达 3724 千米，竖井总数为 150153 眼。其中有水坎儿井 404 条，总流量 7.35 立方米每秒，年出水量 2.31 亿立方米，总灌溉面积 0.88 万公顷（13.20 万亩）；干涸坎儿井 687 条，其中通过维修保护可以恢复的有 185 条，可恢复年出水量 0.50 亿立方米，灌溉面积 0.19 万公顷（2.85 万亩），不可恢复的有 502 条。①

（三）坎儿井水源遭受污染

吐哈油田在吐鲁番盆地开发，如果在坎儿井附近钻油井，还会使坎儿井面临被油污染的危险。1997 年，吐哈油田在坎儿井的上游发生油井与坎儿井交汇的情况，出现油渗水现象，但是，由于缺乏进一步的监测手段，油田对水质的深层影响目前尚难判断。②

（四）河流上游修建水库影响坎儿井水源补给

一些河流上游修建水库，大坝截流后，下游水源枯竭。水库的建设总的来讲能够起到调节吐鲁番盆地季节性水补给的作用，但是对受地形影响比较大的坎儿井来说，一部分位于地势较高地方的坎儿井的水源补给肯定会受到影响。

（五）国家文物局启动了对坎儿井的加固保护项目

2006 年，新疆维吾尔自治区第十届人民代表大会常务委员会审议通过了《新疆维吾尔自治区坎儿井保护条例》，从而将新疆坎儿井的保护工作纳入了法制的轨道。

---

① 盛春寿：《关于坎儿井保护维修的思考》，《西域研究》2011 年第 2 期。

② 赵丽、宋和平等：《吐鲁番盆地坎儿井的价值及其保护》。

于是，吐鲁番地区除将坎儿井列入农业水利的一部分进行维修保养外，还组织了“坎儿井研究会”，并成立“坎儿井监测站”，随时观测坎儿井水位、水质等的变化。①

如今，政府逐渐重视坎儿井的管理和保护。自 2009 年 12 月以来，直到 2014 年，国家文物局已经投入大量资金开展了五期坎儿井加固工程（见图 3），于 2010 年完成 31 条坎儿井加固的工作，2011 年加固 23 条，2012 年加固 18 条，2013 年加固 36 条，共计加固 108 条。目前，一期工程的 31 条坎儿井经掏捞加固后出水量提高了 69%，灌溉面积增加了 83%。② 就目前来说，所维修的坎儿井水量不断增大，加固后的坎儿井出水量较加固前增加了 20%，坎儿井周边生态环境得到很大改善。③

图 3　坎儿井暗渠加固情况

---

① 王毅萍等：《新疆坎儿井的现状及其发展》，《地下水》2008 年第 6 期。

② 新疆维吾尔自治区文博要闻 2010 年 12 月 29 日，http://www.xjww.com.cn/news/show-6530.aspx。

③ 吐鲁番新闻 2014 年 12 月 18 日，http://www.tlf.gov.cn/info/305/108946.htm。

（六）坎儿井明渠和涝坝保护环境较差

因为明渠和涝坝（见图 4）的水都属于地表水，主要供饮用，次为灌田。[①] 这样就容易受到牲畜和雨水破坏，以及周围灌木、草、柳树等植物枝叶和秸秆腐殖质的污染。 此外，部分村民在涝坝中洗菜或者洗衣服等，也容易造成涝坝中水源的污染。

图 4　涝坝及其周围环境

（七）新开挖的坎儿井较少，主要是维护现有的坎儿井

吐鲁番盆地如今除了政府部门组织实施的坎儿井加固掏捞工程外，并无开挖新的坎儿井的情况，而在边远地区仍然依靠坎儿井提供人畜饮用水和农田灌溉水。 由于地下水的开采，现如今已经不具备开挖新坎儿井的条件，能够确保如今 278 条坎儿井的水量稳定已实属不易。

① 《中国公共卫生》1986 年 5（6）补 1985 年 4(6)：11《试谈天然水分类》一文。

三、坎儿井面临衰减的原因

吐鲁番盆地绿洲经济形成和发展经历了相当长的历史过程。从1万年以前的石器时代开始，人们利用有限的河流径流水、泉水等地表水，以及其所养育的动植物，过着采集和渔猎生活。距今2800年前后的青铜时代到铁器时代早期，当地居民依然使用天然的沟谷，以畜牧业为主，经营园圃式农业，过半游牧的生活，处在原始社会后期。①吐鲁番出土文献记载，到了晋唐时期，生活在吐鲁番的居民摆脱了天然沟谷和泉水的限制，开始利用兴建的灌溉渠道。当地不仅有依靠天然河流和地下水灌田的“泽田”，还有大量依靠蓄水的陂地灌溉的“潢田”，设水官管理。②这种以人工修建的灌溉系统为主、以天然河流为辅的水资源利用方式促进了吐鲁番绿洲经济的形成和发展。民国时期，形成了以坎儿井为主要灌溉方式的绿洲农业经济。新中国成立及改革开放后，加大了对吐鲁番的开发，逐渐形成了坎儿井、水渠、机电井相互交叉的灌溉农业方式。如今，在政府倡导下，当地形成了以滴灌节水方式为主的绿洲农业经济。因此，坎儿井是吐鲁番盆地居民对当地水资源利用历史过程中的一个时期的一种形式，是历史文化发展过程中阶段性的选择，而坎儿井也终将退居次要地位。但是，这种传统而科学的利用水资源的方式，应当依据当地农业发展状况，得到一定的继承和发扬。因此，对于其衰减的原因，我们除了要进行上述历史原因分析，还要结合现在的实际情况进行科学分析。

2000年8月15日《科技日报》分析，坎儿井衰减的原因，主要是地下水开发利用缺乏全面规划管理，地表水资源调度运用不合理，如部分水库和机井的建设、石油的开采缺乏科学布局，给坎儿井造成了严重不良影响。

坎儿井作为在生土地层下开挖的地下水利工程，历经岁月沧桑后，暗渠、竖井由

① 新疆吐鲁番学研究院、新疆文物考古研究所：《新疆鄯善洋海墓地发掘报告》，《考古学报》2011年第1期。

② 魏新民：《试析中国古代西域农田水利建设的历史特点》，《农业考古》2008年第6期。

于自然原因而冻融、淤堵、淘蚀、渗漏、裂隙，最终坍塌（见图 5），这种情况经常发生。人为因素，如水资源的盲目开发利用、人畜活动的践踏及车辆碾压、基本建设及生活取土、地质勘探、维修失当等，也产生了多种危及坎儿井安全的隐患。[①]

图 5　坎儿井暗渠坍塌

四、坎儿井保护研究现状

实际上，新疆坎儿井的保护和研究从一开始就不是只依靠水利部门就能做好的。坎儿井是东西方文化交流的产物，是丝绸之路沿线物质和文化交汇融合的结晶，很早就受到了中国历史学家们的重视。

对于坎儿井的来源，中国历史学家们众说纷纭，但不外乎西来说、中原传入的井渠说和本地发明说。这些历史学家有王国维[②]、黄盛璋[③]、柳洪亮[④]和鸠崎昌[⑤]等。

① 盛春寿：《关于坎儿井保护维修的思考》。
② 王国维：《西域井渠考》，《观堂集林》卷第十三，河北教育出版社，2001 年。
③ 黄盛璋：《新疆坎儿井的来源及其发展》，《中国社会科学》1981 年第 5 期。
④ 柳洪亮：《新疆坎儿井综述》，《中国农史》1986 年第 4 期。
⑤ 黄盛璋先生介绍了日本学者鸠崎昌的观点，详见黄盛璋：《新疆坎儿井的来源及其发展》。

他们从清代地方官员的活动纪实和农民开凿坎儿井的记载、清末西方探险家探险活动记录等文献记载中来推测坎儿井产生的时间，也有从坎儿井分布范围来分析坎儿井的传播路线的。但是，有一点比较明确，新疆坎儿井是在吐鲁番盆地大规模开凿利用，并由此向其他地方传播的。

新疆坎儿井的研究和保护工作，原来仅由水利部门承担，现在文物保护部门也逐渐参加进来。如前面所述，国家文物局组织领导的第三次全国文物普查将坎儿井纳入普查范围，从文化遗产角度给予了坎儿井高度关注。此后，坎儿井被列入中国文化遗产名录，并且在国家文物局、新疆维吾尔自治区文物局、吐鲁番市文物局等文物部门倡导下，于 2012 年被列入《中国世界文化遗产预备名单》。

在此期间，新疆维吾尔自治区相关政府部门和文物管理部门邀请了清华大学等高校和科研机构参与坎儿井保护专项规划的编制和施工，并且制定了针对坎儿井保护的专项法规，从而给坎儿井保护工作提供了法律依据。①

从 2010 年开始，吐鲁番各级文物、水利部门团结协作，各县市、乡镇政府全力配合协助，已经组织了五期对坎儿井的加固保护工程。工程充分考虑当地群众生产生活的需要，积极调动和引导当地群众的主动性，充分利用民间工匠的传统技术，组织基层掏捞队，让保护成果直接惠及当地群众，同时也使得传统技艺得以传承。同时，所采取的保护措施既以传统工艺为主，又融入了现代技术，采用两者相结合的方式进行，主要是通过对竖井、暗渠、明渠、龙口和涝坝（又叫蓄水池）等的维修来开展加固保护。在这五期加固保护工程的实施过程中，设计和所用材料经过检验不断进行了更新，明渠改用 U 形渠，暗渠加固使用钢筋混凝土预制涵。不过，因大量回填土方的做法有悖于文物保护原则，建议选取其他做法，以最大限度保持坎儿井历史原貌和传统工艺。

---

① 盛春寿：《关于坎儿井保护维修的思考》。

五、小结

吐鲁番的坎儿井起源于什么时候，发源于什么地方，是由什么人创造的，虽尚无公认的答案，但有一点很明确，就是坎儿井从清代中晚期到现在，融入了吐鲁番居民的灵魂，坎儿井已经代表了吐鲁番的文化。如今，当地政府和相关部门已经将坎儿井作为一种历史文化来发掘，建设了坎儿井博物馆、坎儿井乐园等多处旅游景点，每年吸引了数以百万计的中外游客。坎儿井给方兴未艾的“吐鲁番学”留下的是一部取之不尽、用之不竭的“坎儿井文化史”。现在，作为一种生产技术和历史文化，坎儿井的价值是不可估量的，当地已经积极开展坎儿井的世界自然文化遗产申请工作。

吐鲁番坎儿井旅游景区游客调查报告

邓永红　张海龙

坎儿井与万里长城、京杭大运河并称为中国古代三项伟大工程，坎儿井和吐鲁番人民生活息息相关，是火洲的生命之源。来到吐鲁番，就会听到这样一首歌："坎儿井的流水清，葡萄园的歌儿多……"如今来到流淌清澈坎儿井水的地下，清凉、舒适的感觉一定会使游客格外满足。对坎儿井的来源，现在有很多种说法，但可以肯定一点，它是古代劳动人民生存于高温、干旱环境下的一种智慧创造。它不需要动力提灌，又不怕高温蒸发，四季长流，冬暖夏凉。可以说，有了坎儿井，才有了吐鲁番瓜甜果香、棉海麦浪的美丽绿洲风光。

在吐鲁番有两处坎儿井旅游景区，一处是吐鲁番坎儿井民俗园，另一处则是坎儿井乐园。随着经济发展速度的不断提高，两处坎儿井基础设施不断完善，游客已经成为推动吐鲁番经济发展的一个重要的特殊群体，为详细了解坎儿井景区游客满意度的情况，提升旅游服务质量，我们从两处坎儿井旅游景区的游客量、游客满意度等方面进行了调查分析。

一、调查研究区概况

（一）坎儿井民俗园

吐鲁番坎儿井民俗园位于高昌区亚尔镇新城西门村，地理坐标为东经 89° 08′ 33″，北纬 41° 57′ 7″。该景区于 2000 年 11 月由中外合资企业乌鲁木齐市辰野名品有限责任公司投资兴建，注册资金 2200 万元，占地面积 14680 平方米。

民俗园景区主要有古坎儿井、坎儿井博物馆、民族歌舞餐厅、民居宾馆、葡萄园和商场，是集餐饮住宿、民族歌舞、休闲度假、观光购物于一体的景区。

近两年来，景区经过不断地完善硬件设施，加强软件建设，以“一流的资源、一流的管理、一流的业绩”得到了当地政府的高度肯定，每年接待数十万计的国内游客，取得了良好的经济效益和社会效益。

在景区的发展过程中，坎儿井民俗园不但取得了良好的效益，而且在打造全国精品景区方面也取得了不俗的成绩：先后被吐鲁番政府评为“军民共建单位”“地区级青年文明号”“地区花园式单位”；2004 年，被国家旅游局评为首批“全国农业旅游示范点”和“国家 AAA 级景区”；2009 年 11 月，又被自治区工商局评定为守合同、重信用企业。 坎儿井民俗园现为 AAAA 级景区。

（二）坎儿井乐园

1992 年，新疆坎儿井研究会在吐鲁番投资兴建了坎儿井乐园。 1993 年 5 月 16 日，吐鲁番坎儿井乐园正式向国内外游客开放，其位于吐鲁番市高昌区境内，312 国道南侧 2 千米处，占地面积 7 亩，地理位置优越，交通便利，区内流水淙淙，林木参天，景色迷人。 景区内二层坎儿井展厅里，陈列着丰富的书画、图片、模型和实物，包括邓小平、王震、赛福鼎・艾则孜、王恩茂、司马义・艾买提、铁木尔・达瓦买提等同志参观坎儿井的图片和题词。

吐鲁番坎儿井乐园与民俗园构成部分基本相同，由暗渠、竖井、明渠、涝坝等四个部分组成，不同的则是娱乐设施。 坎儿井乐园是坎儿井研究会创办的旅游景点，特点是在创造经济效益的同时，尽量让国内外游客都真正了解坎儿井的历史，了解它的伟大，令国内外游客认识到没有坎儿井就没有吐鲁番绿洲文明这样一个事实。

因此乐园内的每一个参观项目都与坎儿井和它的历史有关，乐园大门很形象地反映了坎儿井的全貌，是一个坎儿井的缩影；坎儿井博物馆以图片、动态模型、陈列文物等通俗的方式展现了坎儿井的结构、分布、功能、历史演变、研究成果、各级领导的关怀等内容，为人们大体了解坎儿井提供了一个较为简便的途径。 坎儿井施工展示区反映了坎儿井地面施工的全部过程。 葡萄园内游客可以品尝用坎儿井水浇灌的葡萄，还可以参观葡萄晾房、葡萄长廊并观看维吾尔歌舞演出。 在坎儿井乐园内到处都洋溢着坎儿井文化气氛并且有有关坎儿井的娱乐活动，导游讲解的过程可以使游客清楚地了解到它是独具特色的旅游景点，这是向全世界介绍坎儿井历史文化的方式。

二、研究方法

本次调查采用问卷调查法。来坎儿井旅游景区的游客按其参观目的大致分为四类:无特殊目的，只是慕名前来参观；观赏坎儿井、游玩以及体验吐鲁番的特色;本身对坎儿井历史文化有一定了解，专程前来接受科普教育和进一步学习（此多为学生）;本身是专门从事坎儿井及相关水利文化研究的工作者，专程来园进行交流学习、科普考察或科研工作。为了便于统计，问卷按参观者的年龄、身份等特征分为两种:一种专门针对学生，一种针对除学生以外的参观者。

问卷的内容主要分为三个方面:

（1）游客信息，包括游客的居住地、年龄阶段、性别、文化程度等，用以分析游客结构特征。

（2）具体问题包括以下方面:该景区的配套设施安全、方便吗？该景区内工作人员的服务态度如何？景区交通是否便利？该景区周边餐饮、住宿是否方便？该景区的景点设置都能够突出自己的特色和文化精髓吗？您觉得该景区中，还缺乏什么，哪些做得还不够？您是否见到过关于该景区景点的广告宣传？哪种类型的旅游景区更能勾起您的旅游欲望？您一般是通过何种途径知道该旅游景区的名称的？您所见到过的景区广告宣传对您的出行借鉴意义怎样？您每年在旅游上的花费大约是多少？您认为景区游客参观路线设置是否合理？您认为该景区周边环境与景区发展理念是否相吻合？

（3）主要针对外部交通状况、内部游览线路设计、观景设施、路标指示、景物介绍牌、宣传资料、导游讲解、服务质量、安全保障、环境卫生、厕所卫生、商品购物、旅游秩序和总体印象等方面。

问卷设计的问题简短、直接、易答。在调查中，游客回答每个问题选择一项或一项以上答案的都视为有效问卷。问卷调查主要集中在 2016 年 6 月至 9 月（旅游旺季）:在每个月里随机抽取几天（涵盖游客较多和较少的日子），在这几天里，每一天主要于 9：00—11：00、12：00—13：00、14：00—16：00 三个时间段向游客随机发放问卷。发放地点在两处坎儿井入口处的最佳摄影点附近（这是每个游客必停的阴凉处）。第一时段是最佳参观时间，天气较为凉爽，参观者主要为前一晚留宿在吐鲁番的游客或吐鲁番本地人;第二时段为次佳参观时间、最佳照相时间，参观者主要为前一晚留宿在乌鲁木齐，当天一早赶到坎儿井的游客;第三时段为最差参观时间，此时正值一天中最热（有时气温可达 40℃）之时，参观者多为专门体验火洲热度或没有经验的外地人，因此大多游兴不佳，参观时间很短，范围较小，有些只在入口处拍照而不深入参观。

此外，游客调查问卷采用随机取样法，样本大小根据游客数量确定，按照 Lin（1976）的方法，吐鲁番坎儿井乐园 2016 年的游客量为 47 万人，取置信度为 95%，估计误差为 5%。为确保获得足够数量的样本，共发出调查问卷 1000 份，收回问卷 1000 份，回收率为 100%。本次调查对问卷调查的结果做频次统计，并对游客结构特征和游客对本问卷各项问题的选择做频次分析，以了解游客在两处坎儿井旅游景区的参观情况。

三、两处坎儿井游客问卷调查情况对比分析

（一）游客数量对比

此统计表为 2016 年度吐鲁番坎儿井民俗园、坎儿井乐园两处景区各月份游客参观数量对比情况。统计数据显示坎儿井民俗园的游客数量在 1、2、3、4、7、8、10、11、12 月少于坎儿井乐园，在 5、6、9 月高于坎儿井乐园，其年度总游客接待数量高于坎儿井乐园。总体来看，受限于北方天气等因素，1—3 月、11—12 月是两处坎儿井的旅游淡季，游客数量较少。4—10 月，随着天气等自然因素的改变，旅游市场开始回暖，游客数量涨幅较大。（见图 1、附表 1）

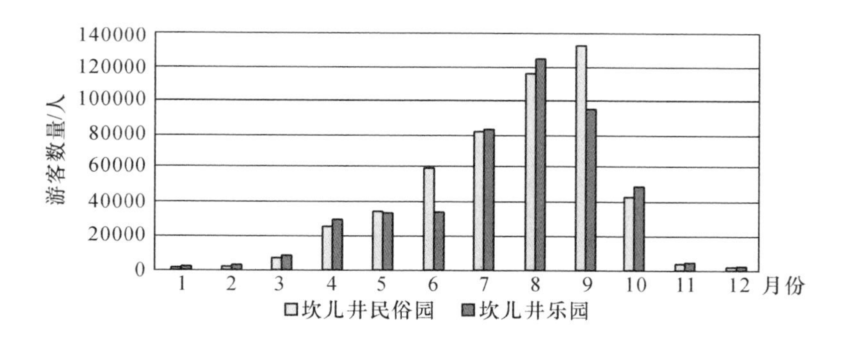

图 1　2016 年度坎儿井民俗园及坎儿井乐园游客数量对比

（二）两处坎儿井游客背景对比分析

这次调查采取问卷形式，调查主要由游客和景区工作人员来承担，两个景点各收回调查问卷 500 份，共 1000 份。问卷设计了 10 道选择题，采取打钩选择的形式，尽量避免占用游客过多的时间。最后的问卷统计工作由两处坎儿井景区工作人员完成。

1. 调查目的

针对坎儿井旅游景区各项服务和坎儿井旅游景区建设展开问卷调查，以了解游客在两处坎儿井旅游景区的参观情况，总结坎儿井旅游景区存在的不足，提出相应的改进建议，以期更好地为游客提供服务。

2. 调查内容

主要包括游客个人信息、参观原因、参观感受、对坎儿井景区硬件设施评价及景区管理发展建议等几大部分。

3. 问卷发放地点

坎儿井民俗园、坎儿井乐园景区出口处。

4. 调查方式

采用随机抽样的方式请游客填写问卷。

5. 调查情况及结果分析报告（见表 1、表 2）

（1）游客性别比例：此次回收的 1000 份问卷中，男性游客 463 人，女性游客 537 人，从游客性别来看，女性游客的比例高于男性游客，说明两处坎儿井旅游景区对于女性有着更大的吸引力，同时，可能为游客总体数量中女性比例高于男性。男性比例较低，其原因可能是工作等因素，没有空闲时间进行旅游。

（2）游客年龄：根据统计表，在不同年龄的观众中，20岁及以下来坎儿井旅游景区的比例最低，31～40岁参观游客次之，41～50岁游客数量较大，为此次调查研究的主要对象。50岁以上游客比重同31～40岁游客所占比重接近，其原因可能为出游时以家庭为单位的游客所占比重较高。

表1 游客性别与年龄统计表

调查人数	性别		年龄				
	男	女	20岁及以下	21～30岁	31～40岁	41～50岁	50岁以上
1000	46.3%	53.7%	11.3%	22.7%	18.4%	28.4%	19.2%

（3）游客来源：两处坎儿井游客以新疆本地游客为主，外省（区、市）游客加总起来所占比重与本地游客接近，国外游客占9.8%。

（4）游客职业结构：从调查统计表来看，学生游客所占比重为17.4%，其数据显示可能借长假外出游玩。事业单位工作人员所占比重为14.3%，其出游时间应该主要集中在休假时间。自由职业者所占比重为27.5%，所占比重较高，其原因是自由职业者有较多的空闲时间及经济实力可用于外出旅游。退休职工所占比重为32.8%，是游客群体中数量最大的，其原因一方面是中老年退休职工有较多空闲时间，多为组团出游，另一方面是因为近年来旅游市场健全了游客服务机制，为广大游客出游提供了保障。

表2 游客来源与职业结构统计表

来源			职业				
本地	外省（区、市）	国外	学生	事业单位工作人员	自由职业者	退休职工	其他
46.8%	43.4%	9.8%	17.4%	14.3%	27.5%	32.8%	8.0%

两处坎儿井旅游景区的调查结果显示，新疆本地游客所占比重较高。这主要是因为吐鲁番坎儿井游客主要以新疆本地游客为主，同时，近年来外地来吐鲁番的游

客数量较大，所以两项所占比重接近。 坎儿井对于外地游客来说是一个展示古代伟大工程的神秘之地，可以陶冶情操的游玩之地，对于国外游客来说是一个有着丰富水资源而又非常神奇的地方，对于本地游客来说是一个夏季避暑胜地。 因此，两个坎儿井旅游景区对于各地游客都具有极大的吸引力。

这次调查结果将为吐鲁番两处坎儿井旅游景区今后的工作提供宝贵的依据，由于这次调查的时间短、人数少，调查问卷的内容设计还不完善，游客大部分是跟随旅行团的，为了赶时间大都是选一名团队代表填写调查问卷。

四、两处坎儿井旅游景区游客满意度调查分析

（一）调查方式

为提升游客服务质量，建立完善的游客服务机制，本次调研采取科学分析数据的手段，对坎儿井民俗园、坎儿井乐园进行游客满意度调查分析。 项目组成员在两处坎儿井景区分不同时间段发放调查问卷 1000 份。 问卷内容主要针对两处景点在硬件设施及软件设施方面进行具体调查统计。

（二）调查项目

调查主要分为 14 项内容，主要涉及外部交通状况、内部游览线路设计、观景设施、路标指示、景物介绍牌、宣传资料、导游讲解、服务质量、安全保障、环境卫生、厕所卫生、商品购物、旅游秩序、总体印象。 针对以上内容，游客根据自己的体验，进行匿名评分。 调查表共设四个等级：非常满意、满意、一般、不满意，统计结果见附表 2。

（三）调查结果分析

1. 外部交通状况

从调查统计情况来看，两处坎儿井景区外部交通状况的游客满意率（包括非常

满意和满意，下同）接近七八成，但也有一定不可忽视的不满意群体。两处坎儿井景区均处在亚尔乡郊区，受限于地理位置等因素，交通状况尚存在不足，两处坎儿井景区在外部交通方面有进一步优化提升的空间。

两处景区相比较，坎儿井民俗园外部交通状况非常满意率高于坎儿井乐园，原因可能是坎儿井民俗园修建较晚，基础设施建设方面更为合理。

2. 内部游览线路设计

从统计调查情况来看，坎儿井民俗园游客对景区内的游览线路设计满意率高达92.2%，相较于坎儿井乐园79.1%的总体满意率高出13.1个百分点。在两处坎儿井景区的内部游览线路设计方面，选择不满意的游客比重都低于1%，说明从整体来看，两处景点在内部游览线路设计上整体水平较高。

针对此项统计分析，由于两处景点均为小型人文景观，景区结构单一，景点间的串联紧密，在游览线路设计上比较简单。同时两处坎儿井旅游景区均为单一主题展示景区文化，景区游览主线简单明了，所以内部游览线路设计评价较高。

3. 观景设施

从统计结果来看，坎儿井民俗园游客对景区观景设施的总体满意率高达92.8%，坎儿井乐园游客对景区观景设施的总体满意率为93%，两处坎儿井游客均对景区观景设施评价满意度高。

针对此项进行分析，其原因可能为坎儿井民俗园内部景点设置比较完善，有基础性的坎儿井观景设施，如坎儿井博物馆、民族歌舞餐厅、民居宾馆、葡萄园和商场，观景设施资源丰富。而坎儿井乐园景点设施单一，仅有坎儿井基础性观景设施及具有地方特色的民族展厅。两处坎儿井相比较，民俗园观景设施更为丰富，有吸引力。

4. 路标指示

从统计结果来看，两处坎儿井景区游客的总体满意率均在85%以上，相对较高。同时两处景区游客对路标指示项目评价项中的一般、不满意项目的选择比重在11%～13%左右，说明两处坎儿井景区在路标指示上需进一步提升。

针对此项进行分析可知，坎儿井民俗园及坎儿井乐园均为小型景点，占地面积较小，观景点较少，因而景区可能认为不需要花费太多用于布置路标指示。

5. 景物介绍牌

从统计结果来看，坎儿井民俗园景物介绍牌的总体满意率为95.8%，坎儿井乐园景物介绍牌的总体满意率为95.9%。对两处坎儿井旅游景区景物介绍牌的一般、不满意比例均低于4%。

针对此项统计进行分析，可知两处坎儿井景区在景物介绍牌方面做得比较科学合理，游客满意度高。由于两处坎儿井在景物介绍牌方面均采用比较规范、合理的设计，用与景区展示思路协调的模板及复古材料制作景物介绍牌，游客在参观时能够在景物介绍牌上详细了解景点情况，并感受坎儿井文化之精髓。

6. 宣传资料

从统计结果来看，两处坎儿井游客对景区宣传资料的总体满意率在75%以上。其中坎儿井民俗园为79.5%，坎儿井乐园为76.9%，坎儿井民俗园略高于坎儿井乐园。两处景区宣传资料一般、不满意项所占比重在20%～24%左右，说明两处坎儿井在景区宣传资料方面存在较大欠缺，有待进一步提升。

根据统计分析，坎儿井民俗园及坎儿井乐园在宣传资料方面存在不足，分析其原因可能为两处坎儿井均为个体投资，景区范围小，相较于大景区游客承载量有限。现有游客数量基本与景区可提供服务相一致。同时可能因为两处坎儿井景区均为旅游企业整体规划发展，在宣传上往往会顾此失彼，因而缺乏足够丰富的宣传资料。

7. 导游讲解

从统计结果来看，坎儿井民俗园导游讲解服务评价的总体满意率高达95.9%，坎儿井乐园导游讲解服务评价的总体满意率为90.9%，此项统计数据坎儿井民俗园高于坎儿井乐园5个百分点。坎儿井民俗园导游讲解服务评价一般、不满意率为4.1%，坎儿井乐园导游讲解服务评价一般、不满意率为9.7%，此项统计数据坎儿井乐园高于坎儿井民俗园5.6个百分点，说明坎儿井民俗园整体讲解服务水平高于坎儿井乐园。

坎儿井民俗园在游客讲解服务上总体评价高于坎儿井乐园，分析其原因可能为，坎儿井民俗园景区参观游览设施丰富，导游在讲解素材方面比较充足，同时有大量的景物与导游讲解形成互动，整体讲解效果好。坎儿井乐园相较坎儿井民俗园，景点单一，缺乏足够的景点支撑，所以讲解服务评价较低。

8. 服务质量

从统计结果来看，坎儿井民俗园服务质量的游客总体满意率为86％，坎儿井乐园服务质量的游客总体满意率为83.4％，坎儿井民俗园服务质量满意率略高于坎儿井乐园。

分析其原因可能是，坎儿井民俗园相较坎儿井乐园游客服务机制更为健全，坎儿井乐园游客服务机制需进一步健全，服务水平有待提高。

9. 安全保障

统计结果显示，坎儿井民俗园游客调查安全保障的总体满意率为97.9％，坎儿井乐园游客调查安全保障的总体满意率为94.9％，坎儿井乐园整体评价略低于坎儿井民俗园。

两处坎儿井旅游景区在安全保障方面，游客满意率均较高，其原因可能为吐鲁番乃至新疆注重旅游安全保障，相关部门不断出台相关政策法规，完善旅游安全体系。

10. 环境卫生

统计结果显示，坎儿井民俗园景区环境卫生的总体满意率为80.2％，坎儿井乐园景区环境卫生的总体满意率为80.1％，两处景区环境卫生满意率接近，但两处坎儿井景区游客对景区环境卫生不满意评价中，坎儿井民俗园所占比重高于坎儿井乐园，说明坎儿井民俗园在景区环境卫生上有待进一步提升。

两处坎儿井景区在景区环境综合评分中接近且数值较高，说明其整体环境卫生较好。同时不满意评分统计显示，坎儿井民俗园相较坎儿井乐园高2.4个百分点，说明坎儿井民俗园在环境综合评分上不及坎儿井乐园，有待进一步提升。两者景区环境布局有异，可能为造成此项评分差异的原因。

11. 厕所卫生

统计结果显示，坎儿井民俗园厕所卫生的总体满意率为48.3％，坎儿井乐园为52.7％，两处景区厕所满意率均在五成左右。针对两处坎儿井景区厕所卫生这一项，选择不满意的比重分别为26.7％和23.9％，所有评分项目中，厕所环境卫生不满意率最高。

坎儿井民俗园及坎儿井乐园景区厕所卫生状况均存在严重不足，是制约景区发展的一大瓶颈。分析其原因可能为所处区域内景区环境整体厕所卫生水平较低，旅游旺季时景区综合服务接待管理能力不够完备，因此须进一步加强景区厕所环境卫生整治，为游客提供健康卫生的厕所环境。

12. 商品购物

统计结果显示，坎儿井民俗园景区购物的总体满意率为85.5%，有待进一步提升。坎儿井乐园景区购物的总体满意率为78.8%，非常满意率仅为46.7%，说明两处景区内部商品购物服务都有待进一步提升。

两处景区在商品购物上，选择非常满意的游客比重均较低，分析其原因，两处坎儿井景区在商品购物上比较单一，仅为游客提供一些基础性的食品。为进一步提升服务质量，两处坎儿井景区须在商品购物上进行改进，研发有特色的旅游纪念品。

13. 旅游秩序

统计结果显示，坎儿井民俗园旅游秩序的总体满意率为97.2%，坎儿井乐园旅游秩序的总体满意率为94.5%，坎儿井民俗园略高于坎儿井乐园。在旅游秩序不满意度统计中，坎儿井民俗园为1.1%，坎儿井乐园为2.9%，坎儿井乐园高于坎儿井民俗园。

根据统计结果分析，两处坎儿井在旅游秩序上综合评分较高，总体旅游秩序良好。但两处景区相比较，坎儿井乐园相较于坎儿井民俗园有些微差距，有待进一步改善。

14. 总体印象

统计显示，坎儿井民俗园总体印象的游客总体满意率为96.55%，坎儿井乐园为94.5%。两处坎儿井总体印象游客不满意评价所占比重皆在0.5%左右，所占评价比重很低。

根据统计分析，两处坎儿井景区在总体印象上满意度均较高，两处坎儿井均为历史人文景观，能将坎儿井历史文化展示出来，对于国内外游客皆有比较大的吸引力。游客在两处景区均能看到坎儿井基本状况，了解坎儿井的现状及历史，所以两处坎儿井景区总体印象评分相接近。

通过对比分析可以发现，两处坎儿井景区整体旅游质量较好，但综合比较，坎儿井民俗园游客满意度高于坎儿井乐园。 分析来看，坎儿井民俗园修建较晚，规划合理科学，基础设施完善，经营者善于对景区进行科学有序的管理是民俗园整体评分较高的重要原因。 坎儿井乐园由于修建较早，在规划设计上与旅游发展上逐渐出现不协调，有待进一步改善，以提升旅游服务质量。

五、 结语

坎儿井民俗园、坎儿井乐园两处景区是来吐鲁番旅游的必选之地，两处坎儿井景区每年接待游客数量在100万左右，是吐鲁番中小型景点里游客所占比重最高的景区。 两处坎儿井景区综合评价满意度较高，说明坎儿井景区在旅游功能的挖掘上还是很成功的。 人们对于坎儿井景区向公众传播坎儿井历史文化，增强文物保护、水资源保护意识，弘扬爱国主义精神，陶冶情操，修养身心的作用，不仅能理解、接受，还很支持和赞赏。

如何将坎儿井保护研究科研力量转化为旅游项目，从而刺激游客的消费，将是今后吐鲁番坎儿井保护部门工作者们的创新重点。 另外，吐鲁番两处坎儿井景区文物保护、旅游开发宣传工作非常重要和关键，不妨也借鉴市场经济中的品牌效应，这一定会为坎儿井景区开辟新的旅游市场。 如果能利用吐鲁番的自然资源、科研资源将坎儿井打造成一个综合性的人文景区，并且让大家认识和了解，将会进一步吸引国内外游客，极大满足游客的消费动机，从而促进景区游客数量的增加。

吐鲁番坎儿井景区修建具有新疆特色的民族历史文化景观，其是旅游开发公司针对吐鲁番地域特色、民族风貌、历史文化底蕴而修建的中小型旅游景区。 如坎儿井民俗园里坎儿井博物馆历史文化的展示，民俗街、民居宾馆等都是对地方特色最直白的表达。 来参观坎儿井的游客绝大多数都是慕名而来的，了解一定的坎儿井历史文化知识，将坎儿井的历史文化与吐鲁番民族建筑、葡萄架巧妙结合起来，有助于游客更深入地了解坎儿井历史知识，充分利用人类智慧，了解与自然和谐共处的新、奇、美等方面的文化，丰富游客的体验和收获，使游客觉得来这里参观的性价比很高，如果能再增加坎儿井历史文化科普知识的视频播放就更能够满足游客的旅游精神需求了。

游览坎儿井乐园的游客虽然可以看到坎儿井水利工程的原貌，但其单调的景点展示对于满足游客参观欲望是不足的。坎儿井乐园虽在二层展厅展示名人题字供游客参观，但其展厅面积较小，展览单一，对游客吸引力较小。到坎儿井民俗园旅游虽可满足游客的精神动机，但吐鲁番的燥热环境着实让初来乍到的外地游客受不了，如何能多些纳凉的巧妙设计（如葡萄长廊、雕塑等），让游客虽有严酷的体验，却无身体的辛苦，是工作人员要考虑的。只有“留得住”游客，才能为游客开发新的旅游项目，进一步刺激游客的消费动机，也更能满足其精神动机。

附表1　2016年度两处坎儿井旅游景区游客数量统计表

时间	坎儿井民俗园参观人数/人	坎儿井乐园参观人数/人
1月	1324	1554
2月	1836	2593
3月	7718	9017
4月	26259	29919
5月	34853	33865
6月	60479	34521
7月	82799	83341
8月	116207	124211
9月	132361	94552
10月	43526	50268
11月	4280	4690
12月	2228	2611
全年	513870	471142

附表 2　坎儿井民俗园、坎儿井乐园游客满意度调查统计表

单位：%

景区名称	总体评价	外部交通状况	内部游览线路设计	观景设施	路标指示	景物介绍牌	宣传资料	导游讲解	服务质量	安全保障	环境卫生	厕所卫生	商品购物	旅游秩序	总体印象
坎儿井民俗园	非常满意	68.3	82.4	88.6	74.6	87.6	63.8	88.4	73.4	88.7	68.3	34.2	58.1	84.3	90.2
	满意	17.8	9.8	4.2	12.3	8.2	15.7	7.5	12.6	9.2	11.9	14.1	27.4	12.9	6.3
	一般	9.7	7.3	3.4	8.5	3.4	12.9	2.1	9.8	1.8	13.6	22.3	11.3	1.7	2.8
	不满意	4.2	0.5	3.8	4.6	0.8	7.6	2.0	4.2	0.3	6.2	26.7	3.2	1.1	0.7
坎儿井乐园	非常满意	66.8	76.2	85.4	75.8	88.7	58.5	81.7	66.7	83.6	57.4	40.6	46.7	80.3	87.6
	满意	12.3	14.6	7.6	13.2	7.2	17.4	9.2	16.7	11.3	22.7	12.1	32.1	14.1	7.1
	一般	11.7	8.4	4.8	7.3	3.7	12.8	5.8	7.4	3.7	16.1	23.4	14.8	2.7	4.7
	不满意	9.2	0.8	2.2	3.7	1.4	11.3	3.9	9.2	1.4	3.8	23.9	6.4	2.9	0.6

第二篇　吐鲁番坎儿井的保护与维修

吐鲁番坎儿井的保护与维修概述

朱海生

坎儿井被地理学界誉为“地下运河”，并与长城、京杭大运河合称为我国古代三大工程。它是吐鲁番劳动人民开发利用地下水的一种很古老的水平集水工程，适用于山麓、冲积扇缘地带，主要是用于截取地下潜水来进行农田灌溉和居民用水。吐鲁番现存的坎儿井，多为清代以来陆续修建。

坎儿井的结构，大体上是由竖井、地下渠道（暗渠）、地面渠道（明渠）和“涝坝”（小型蓄水池）四部分组成。竖井用于开挖暗渠时定位、进入、出土和通风；暗渠，也称集水廊道或输水廊道；明渠与一般渠道基本相同，横断面多为梯形；涝坝，又称蓄水池，用以调节灌溉水量，同时对于改善周边区域生态环境也有着极其重要的意义。

据 1987 年统计，吐哈盆地坎儿井数量为 1448 条，其中吐鲁番盆地的吐鲁番市（现为高昌区）有 508 条，鄯善县有 376 条，托克逊县有 224 条，哈密盆地的哈密市有 340 条。总的出水流量约 13 立方米每秒，共灌溉面积 2 万公顷，约占这四处全部灌溉面积的 28.9％。其中吐鲁番盆地坎儿井总出水量为 10 立方米每秒，约占吐鲁番总引水量的 20％。上述四地既是我国著名的葡萄瓜果之乡，又是长绒棉生产基地。

吐鲁番盆地坎儿井最多时达 1237 条（1957 年统计），暗渠总长约 5000 千米，竖井深度总计约 3000 千米，总土方量超过千万立方米。1957 年以后，由于耕地面积扩大、防渗渠道修建和机电井的大力发展，干扰了坎儿井水源，使坎儿井水减少了 1.52 亿立方米，条数减少到 824 条。据 2002 年统计，吐鲁番盆地尚存坎儿井 1091 条，其中有水坎儿井 404 条，干涸坎儿井 687 条（可望恢复干涸坎儿井 185 条，不可恢复干涸坎儿井 502 条）。但坎儿井灌溉面积仍占到当地总引水量的 22.3％。随着对坎儿井掏挖和加固技术的改进，它仍将是吐鲁番盆地的重要灌溉和生活水源之一。

一、吐鲁番坎儿井的重要科学价值

水利科学技术是人类在对自然界水资源控制、利用和改造过程中，逐步认识、掌握水循环规律的结晶。吐鲁番坎儿井作为新疆特殊地理环境下的水利工程，对科学技术的发展特别是水利科学技术的发展，起到了十分直接而重要的作用。

（一）坎儿井工程符合水利科技原理

吐鲁番盆地北部的博格达山和西部的喀拉乌成山，春夏时节有大量积雪和雨水流下山谷，潜入戈壁滩下，人们利用山地的坡度，巧妙地创造了坎儿井，引地下潜流灌溉农田。坎儿井不因炎热、狂风而大量蒸发水分，因而流量稳定，保证了源源不断的自流灌溉水源。简单说，坎儿井主要是由竖井、地下暗渠、地上明渠、涝坝组成的。它们的位置、结构、尺寸、方向等的安排，与盆地的地势、周围的地理条件、上游的来水和来沙条件等相互结合，组成了一个有机的整体，达到了巧妙引水、蓄水、灌溉等目的。

在掏挖坎儿井的过程中，当地群众所发明使用的定向灯及定向木棍，竖井口掏挖和加固等生产技术，是非常符合科技原理并能经受实践考验的。

（二）吐鲁番坎儿井符合水利管理和水利维修技术的要求

坎儿井能长期使用至今，与它的定期维护管理制度密不可分。暗渠的掏挖与疏浚，明渠的防渗，竖井口的加固防水等定期维修保护作为一项传统的不成文的制度一直延续至今。长期积累的掏挖经验与技术规范，不是以深奥难懂的形式存在，而是以手工传承、实践学习形式表现出来，一代代口耳相传，使群众易于理解与掌握，从而深深地扎根于平民的土壤之中。同时，历年对坎儿井的维修维护，均采用简便易行的传统技术，包括出水口的简单支护、竖井口周边卵石干砌、竖井口井壁土坯砌筑等等，无一不是就地取材，用随处可见和极为方便的土坯、卵石作为工程的材料。

从管理科学上来讲，农户全面直接参与坎儿井工程的灌溉、维修管理。从目前的史籍文献和考古资料看，至少还没有较为完善的管理机构负责对其实施管理。除林则徐在吐鲁番期间，依靠其个人影响力实施过大规模的修缮、恢复活动外。无论掏挖、疏浚还是维修，大多由民间自行管理。管理以坎儿井所有人为主，费用由农户自征，工程由农户自养，政府仅起督导作用。

在这种农户参与式的灌溉管理制度下，坎儿井灌区内的各条坎儿井均为农户自修、自管、自用，灌区基本上能实现经济自立，不需依靠政府的投资。

这种独特的灌溉管理模式，一定程度保证了整个灌区内所有水利工程的完善与更新。加之工程管理与维护的技术规范浅显易懂，施工技术易于掌握，工程材料随处可得，使坎儿井较少受到人力、物力、财力与技术操作的局限。这种农户广泛参与的管理模式，保证了整个灌区效益的永久发挥。

（三）坎儿井对环境资源科学研究具有重要价值

坎儿井在长期存在和使用过程中，不仅解决了当地居民的饮水问题，也为野生动植物提供了水源。其所形成的人工生态环境，对有关环境资源科学研究具有十分独特的意义。

1. 减少蒸发，防止风沙

坎儿井是一项地下工程，其巧妙构造可有效防止被风沙淹没，减少水量蒸发。干旱区每年春季的风沙，常常淹没农田、道路和河渠。而坎儿井如果井口遮盖得好，可以说，几乎不受什么影响 ，干旱区蒸发量年平均一般可达到3000毫米，而降水量年平均大多在 16 毫米以下。而坎儿井水量蒸发减少有着重大的现实意义。

2. 减少能源消耗，降低环境污染

坎儿井是人工开掘，纯粹利用重力进行输水的一种用水方式。不用复杂的提水设备，就可以引取上游深埋几十米，甚至上百米的地下水潜流，在下游引出地面，进行自流灌溉。这种用水方式，不但在过去克服了缺乏动力取水的困难，而且在今天也节省了动力提水设备的投资及能源使用，在节能减耗、减少环境污染等方面起到了积极作用。

3. 营造特有的良性生态系统

坎儿井分布环境形成了坎儿井的动植物生态环境的独特条件，较为丰富的食物、水资源成了动植物生存的物质基础，并可引种其他植物来丰富动物种类的多样性。 在戈壁、沙漠极其严酷的条件下，坎儿井灌溉而形成的绿洲为人类的生存营造了优越的自然环境，同时亦为各种动物的生存创造了多种多样的栖息环境。

围绕坎儿井本身即形成了一个独特的生态系统，竖井口堆积的土丘成了穴居动物的栖息地。 有些鸟类则利用坎儿井的内壁筑巢、繁殖、隐蔽或御寒。 涝坝则成为鱼类、两栖动物生存的“小天堂”，涝坝中的水生植物、两栖动物及浮游生物种类相当丰富。 坎儿井涝坝面积不大，约 1 亩，具有数量多、分布广的特点，因而具有一定的渔业价值。 涝坝周围和明渠两侧则是各类植物的生存地，营造出了一个优雅舒适的小气候。

4. 具有较高的水资源利用率

上游段下渗的水量往往又成为下游的补给水源，而不是全部白白流失，由于地层的过滤作用，坎儿井出水流量相当稳定，水质清澈，可利用率较高。

二、坎儿井的重要历史价值

坎儿井是干旱区人类活动的一大创造，反映着当地人民同干旱做斗争的光辉业绩，是干旱区绿洲农业发展史上的一个里程碑。 它记载着人类农业水利技术上的飞跃，是当地劳动人民摸索出的最理想的利用地下水的灌溉方式。 研究绿洲历史和文明，必须把坎儿井放到一个重要位置上。 在保护好坎儿井的前提下，对坎儿井进行系统的多学科交叉研究，是吐鲁番学、西域历史，乃至中西方文明交流研究的重要组成部分。

（一）通过对坎儿井的研究，能进一步清晰地勾勒历史和补充史料

新疆的多样化文明发展过程是与坎儿井密不可分的。 通过对坎儿井的保护，我

们可以发现许多历史的踪迹和细节，从而更好地去探索历史发展的进程和规律。比如在吐鲁番市原种场亚克恰勒坎村，有一条林则徐1842年在吐鲁番时督促建成的谢里甫坎儿井，人称“林公井”，通过它，我们现在才能比较清晰地了解和掌握林则徐在吐鲁番期间所提倡和推广坎儿井的事迹。大量的史迹目前还能得到体现，通过这些线索，我们可以进一步了解清末新疆地区的社会经济状况。又如目前坎儿井起源年代尚存争议，在这个研究过程中，我们能不断地掌握部分历史时期的水利工程，如唐代西州的水利灌溉系统及管理制度。不管最终定论如何，在研究过程中是离不开坎儿井本体的存在的，研究人员只有依托保护好的坎儿井及有关文献，才能描绘出清晰的历史脉络。

再如明代至清初，吐鲁番本地史料匮乏，目前研究这一时期的历史大多依靠正史、游记等史籍，由于出发点的不同，所记录内容就会有偏颇甚至不实之处。而通过对坎儿井的研究，我们能更客观地了解这一时期的历史原貌。

（二）吐鲁番坎儿井研究能体现东西方文化交流的重要意义

目前虽然关于坎儿井的起源有外传说、自创说等不同的争论，但是，不论其起源如何，坎儿井的发展过程一定是受到各方面影响的。在伊朗、俄罗斯、中亚等国“坎儿井”的语言发音是极为相似的，另外在水利工程技术方面既有各自特点，也有共同之处。从地理位置而言，吐鲁番是古代东西交流的重要通道，也是世界多种文明交汇融合衍生之地，同时也是经济文化传播的受益之地，从这些角度来看，东西方交流过程中相关文化技术的传播，应该对坎儿井的本地化形成起到过非常重要的作用。

坎儿井的使用发展过程，也是支持和推动东西方文化交流的过程。正是因为坎儿井的使用，作为极干旱地区的吐鲁番，才具备了进一步提升和发展的基本条件。再综合其他各方因素，吐鲁番才能成为一个世界文明交汇的聚宝盆。也许广大的吐鲁番劳动人民并没有意识到，正是他们的一铲一锹，在取沙、疏泥、吱吱扭扭的轱辘声中，不经意间推动着两个世界的大交流、大融会。从东西方交流的大框架下来看，坎儿井是众多推手中不可或缺的重要组成部分，在世界文明史中书写了辉煌的篇章。

（三）通过对坎儿井的保护与研究，可以更清晰地了解各时期社会经济状况

虽然就整体而言，掏挖疏浚坎儿井的整体工艺没有明显的变化，但是一些具体的工具和技术应当是有所改变和调整的。比如各个时代定向方式的不同与演变，井下作业的工具变化，牵引运送泥沙方式的不同，等等。

坎儿井的总数量及灌溉面积的变化与趋势，可以反映出盆地内各个时期人口、社会结构的发展态势。通过对其所有权、掏挖及管理形式的研究，可以掌握和了解各时期生产关系的基本情况，也可以通过各时期掏挖工程量、资金量、管理的水平及程度，了解生产力的实际情况。

三、保护好吐鲁番坎儿井的重要社会经济价值

坎儿井目前仍在吐鲁番农业经济中发挥着积极作用。坎儿井的存在使得极度干旱缺水地区的人们具备了顽强持续的生存能力，也孕育出了一个个“绿洲”。星罗棋布的绿洲与坎儿井唇齿相依，相互呼应，见证了西域地区独特的发展轨迹，促进了当地经济、社会、文化的发展。

全国第三次文物普查结果显示：吐鲁番现存坎儿井 1108 条，其中有水坎儿井 278 条，干涸坎儿井 830 条。总长度约 4000 千米，竖井总数约 10 万个，年径流量达到 2.1 亿立方米，可灌溉农田 13.2 万亩，约占全地区总灌溉面积的 8%，坎儿井仍然是吐鲁番农业灌溉的重要方式。由于水资源的匮乏，吐鲁番未来耕地和林果面积将控制在 100 万亩左右，设施农业发展到 20 万亩，作为农业发展的一项重大革命性措施，要把推行现代节水技术和调整农业产业结构紧密结合起来。通过节水达到“活水”，以此来适应以农业经济为主向工业经济为主的经济形态的转变。

作为吐鲁番重要的取水手段，只要我们加强保护，科学利用，提高效率，坎儿井将再一次站在时代的前沿，成为吐鲁番实现强市战略目标的重要手段。

四、坎儿井的保护与利用

（一）工程筹备情况

吐鲁番坎儿井日常管理以各村、队（组）为主，划分依据主要是坎儿井所涉及的地域，有的坎儿井管理权涉及两三个小队。坎儿井冬暖夏凉，一般每年冬季为坎儿井最佳清淤或掏捞时节，也正值老百姓冬闲时节，经代代延续，每年冬季掏捞变成了老百姓共同默契遵守的规律并传承至今。掏捞队伍由各村、队根据每户家庭人员劳动力情况而定，费用由每户村民分摊一部分，小队或水管所适当分担一些费用。出人掏捞的家庭可不用再分担费用，一般每户家庭出资几十元左右。

此外，在坎儿井被列入文物保护单位之前，水利部门也会积极拿出部分资金用于坎儿井的保护，但由于争取到的资金来源无法得到有效保障，用于坎儿井的费用常常是杯水车薪，坎儿井掏捞维修资金仍是由各村、队及老百姓自行解决。坎儿井最基本的保护及掏捞工作时断时续，加之机电井大量开发使用，各种水利设施的新建、日常生产生活中无序开垦和私搭乱建等行为导致坎儿井水源断流，暗井坍塌，明渠和涝坝直接被毁，坎儿井以每年几十条的速度不断消亡，照此下去，五十年后坎儿井将基本绝迹。

自2006年坎儿井被列为全国重点文物保护单位以来，坎儿井的保护和利用工作被越来越多地从文化遗产保护的角度所关注，坎儿井的维修加固工程和申报世界文化遗产工作，经过多次专家论证和缜密筹备，取得了实质性进展。坎儿井维修加固工程也被各级政府提上重要议事日程。坎儿井保护工作从此进入了新篇章，尤其是文物部门大规模组织维修坎儿井，开创了吐鲁番坎儿井保护的新型模式。

为进一步做好坎儿井保护与利用工作，在国家文物局的大力支持关心下，在市委、市政府的正确领导下，吐鲁番文物局于2008年在全市展开了坎儿井专项调查工作，此次专项调查规模之大、战线之长、范围之广、调查队伍的专业性之强等方面远胜以往，在各区县政府、文物部门、水利部门、乡政府、大队等各方的通力合作下，调查工作进展颇为顺利，调查人员对坎儿井遗存、管理状况等方面均进行了深入调查走访，并利用GPS对每条坎儿井走向和竖井口进行了精准定位，用高清相机现场采集图片，运用普查软件录入信息、成图，进一步建立完善了坎儿井电子信息档案。调查工作前后历时一年的时间，调查人员较为全面系统地掌握了吐鲁番坎儿井的基本状况，为今后坎儿井的保护奠定了坚实的基础。

2009年3月，新疆坎儿井保护与利用培训班在吐鲁番召开，对基层从事坎儿井保护、维修的能工巧匠，从文化遗产保护角度进行理论知识的培训。时任国家文物局局长单霁翔亲自授课，为坎儿井维修工程的顺利实施打下了坚实的理论基础。

2009年11月，吐鲁番地区坎儿井保护与利用工作领导小组第一次会议召开。会上通过了《吐鲁番地区坎儿井保护工程分级管理（试行）办法》，与会专家组对各县市部分典型坎儿井维修加固方案进行了充分论证，并最终确定了一期工程维修加固的31条坎儿井。通过招投标，工程最终确定由吐鲁番地区水利水电勘测设计研究院承担监理工作，并委托新疆华赋工程造价咨询有限公司承担工程审计事务。至此，坎儿井一期工程实施的各项筹备工作均已完成。2009年12月17日，坎儿井保护与利用工程正式启动，清淤掏捞工作全面展开。发放各种掏捞作业工具，包括拖拉机30台、专用掏捞井架30座、专用皮桶60个，并为掏捞加固人员配备专用作业服装、铁锹、十字镐、安全绳、安全帽、钢丝绳、交通工具、掏捞人员人身保险等，确保了一期工程各项工作的顺利实施，并顺利通过领导小组的验收。

（二）工程主要内容

工程实施阶段主要分为掏捞清淤和加固维修两个阶段。我们遵循“两个坚持、两个离不开”的方针：坚持以科学发展观统领各项工作，坚持具体问题具体分析，创造性地开展工作；工程的顺利推进离不开各级政府、有关部门的团结协作，离不开广大群众的参与和支持。

掏捞清淤工作坚持采取每条坎儿井全程掏捞，重点清理暗渠淤泥、杂草等堆积物，通过掏挖及修理边坡等方式适当加深和拓宽暗渠。加固维修工作主要包括暗渠加固、龙口加固及恢复、竖井口井座（盖）安装、明渠维修及防渗、涝坝维修加固等。遵循重点部位重点加固的原则，对易发生坍塌、堵塞部位重点加固，兼顾可预见范围内存在危险的区域。

在一期工程的成功案例背景下，坎儿井二期工程各项筹备工作按照既定的模式和经验有序开展。工程管理方面严格执行《吐鲁番地区坎儿井保护工程分级管理（试行）办法》，明确三级领导机构负责制，强化二级领导小组和乡（镇）长工作职责，做到专人专岗，责任到人，逐级汇报，层层落实，为坎儿井保护与利用二期工程各项工作的开展起到了积极有效的作用。

为保障掏捞加固队员的人身安全和工程的顺利实施，工程为两县一市 23 个代表队，共计 270 多名队员购买了人身意外伤害保险，发放了坎儿井掏捞加固专业设备（作业服装、头灯、安全帽、安全绳、铁锹、十字镐、钢丝绳、卡子等），同时邀请了专家就掏捞设备的安全检查、操作规范做了专题培训，提高了施工队员的安全系数和工作效率，使二期工程推进期间未发生一起安全事故。

在国家文物局、自治区文物局不断关心支持下，三期、四期、五期坎儿井维修工程在前两期所积累的经验基础上，工程按照既定计划和目标逐步展开，在各方面，尤其是技术及资金上，都得到了充分保障。广大基层干部职工及长期奋战在坎儿井掏捞加固一线的老艺人，依据前期维修经验，为后续的维修积极建言献策，最大限度地保障了实施方案的科学性和可操作性，保证了从局部到整体对坎儿井文物本体进行有效的加固修缮。

（三）开展的主要工作

1. 建立责任机制，强化工程领导

成立了吐鲁番坎儿井保护与利用工作领导小组，明确了领导机制，细化了领导职责，做到了责、权、职三位一体。各区县分别成立了坎儿井领导机构，逐级签订《坎儿井维修加固保护工程目标管理责任书》，做到专人专岗，责任到人，逐级汇报，层层落实。

2. 强调安全、高效施工，确保施工人员安全及工程质量

工程开展之初，就为两县一市掏捞人员配备了机械设备和安全器具，并为掏捞

队员购买了人身保险，大大提高了工作效率和施工人员的安全系数。截至目前，未发生一起安全事故。

3. 严格执行财务制度，做到专款专账专用

经坎儿井领导小组讨论研究，专门成立坎儿井保护工程资金管理小组，做到凡涉及坎儿井专项资金的申请、使用，都采取先书面申请，经审批再行核拨的程序。从工程专项资金的逐级拨付，到具体使用，均办理了专用账户，确保工程项目专款专用。

4. 做好审计和监理工作

相关部门委托专业的工程造价咨询机构具体把关工程总体决算，对坎儿井工程进行全程跟踪审计。坎儿井保护与利用领导小组对以上监理和审计工作实时监控、整体把关，最终提交审计局进行审核。

5. 注重解决问题和总结经验

在吐鲁番，由政府主导组织坎儿井维修加固工作尚属首次，工程实施没有成功的模式和经验可以借鉴，因此领导小组坚持工作例会制，定期研究工程实施过程中存在的问题，不断地摸索和探究坎儿井工程实施的新思路、新方法、新标准，从而保障了工程的顺利实施，为后期工程的实施打下了基础，增强了信心。

6. 重视工程资料整理、汇总、存档工作

相关部门邀请自治区重点文物保护项目领导小组执行办公室专家做专题培训，形成了完整系统的工程资料归档大纲，明确了工程资料工作方向，派专人到自治区资料档案中心实地参观学习。同时，会同当地质量监督部门，创造性地编制完成了坎儿井保护与利用各项工程资料整理归档工作，系统培养工程资料工作人员实际操作能力，抽调专人组成坎儿井工程资料工作小组，有效保障了工程各类资料的管理工作。

7. 认真做好工程验收工作

在坎儿井领导小组办公室的指导监督下，各县（市）坎儿井领导小组办公室组织工程设计、审计、监理、施工等单位联合开展工程自验收工作，坎儿井工程掏捞阶段的验收工作由掏捞队、当地乡政府、当地旅游文物局、审计方、监理方等五方共同组成。前期由农民掏捞队组织内部验收，通过书面形式汇总上报，再由当地文物部门牵头，

组织四方联合验收小组对工程实施进行总体验收，根据实际情况出具验收报告。

验收结果表明，工程能充分结合坎儿井文物、水利两个特性，在坚持文化遗产保护原则的基础上，通过优化设计、量化任务、统一技术标准、严格把关预制构件生产关等方式，既圆满完成了工程任务，又将文化遗产保护成果惠及民众，取得了较为圆满的成功。

为进一步加大坎儿井保护与利用工程对外宣传力度，2011 年年初坎儿井领导小组与新疆人民出版社发行了《守望坎儿井》一书，该书对坎儿井一期工程的成果进行了真实记录，反映了坎儿井保护工作取得的巨大成就，弘扬了坎儿井精神。同年 7 月，坎儿井纪录片《神奇的力量》的制片工作完成，该纪录片围绕时任国家文物局局长单霁翔多次在全国文物局长会议上高度赞扬的新疆坎儿井的保护案例，讲述坎儿井保护工程的背景，集中宣扬“谁创造了文化遗产？谁是文化遗产的真正主人？谁是文化遗产保护的主要力量？”这一主题，重点介绍了坎儿井维修加固工程工艺以及坎儿井完工后取得的效益，有力地宣传和展示了坎儿井保护与利用工程的价值和意义。（见图 3-1、3-2）另外，领导小组注重科技成果转化，积极与浙江大学合作，启动了《坎儿井研究》一书的编制工作。

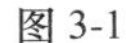
图 3-1

图 3-2

图 3-1、3-2　坎儿井工程纪录片截图

同时，为进一步扩大提升吐鲁番坎儿井的影响力与知名度，机构主动采取多种宣传手段，积极配合国内外媒体单位，不断加大坎儿井宣传工作力度。新华社用英文在国际上报道了《被祝福的井和井边的人》，其中记录了吐鲁番坎儿井的故事，同时刊出了五篇文字稿。中央电视台新闻频道《走基层·吐鲁番蹲点日记》节目，对吐鲁番坎儿井保护工程进行了广泛宣传报道，通过这些方式，有力地宣传和展示了坎儿井保护与利用工程的价值和意义。（见图 4、图 5、图 6-1 和 6-2）

图 4 新华社记者采访坎儿井掏捞艺人

图 5　新华社拍摄坎儿井掏捞场景

图 6-1

图 6-2

图 6-1、6-2　中央电视台新闻频道报道坎儿井保护工程

2011 年 7 月，在自治区文物局的大力支持下，工作小组特别邀请了国际古迹遗址理事会副主席、中国古遗址保护协会副主席兼秘书长、国家文物局巡视员郭旃来吐鲁番视察指导坎儿井申遗工作，实地考察了吐鲁番市 5 条具有代表性的坎儿井：亚尔乡（今亚尔镇）琼坎儿井、克其克坎儿井、五道林坎儿井、原种场琼坎儿井和恰特喀勒乡克其克阔什坎儿井。当天下午召开了坎儿井申遗工作座谈会，就坎儿井的申遗与保护管理问题展开深入讨论。（见图 7-1、7-2）

为全面了解一期工程的保护现状、维修加固后的使用情况，检验工程实效等状况，地区坎儿井保护与利用工作领导小组办公室主任潘世文带领工作人员，对维修

图 7-1

图 7-2

图 7-1、7-2　坎儿井申遗工作实地考察与座谈会现场

加固的坎儿井进行了全面的回访调查。回访工作共涉及 41 条坎儿井，主要采取实地调查，通过与掏捞队长、村民交谈等方式展开，共计走访调查了 15 个乡（镇）、35 个村，现场约谈当地村民近百人（见图 8-1、8-2）。调查结果显示，坎儿井保护与利用一期工程效果良好，作用明显，有效解决了坎儿井本体易坍塌、淤积严重等多种病害，同时给人民群众带来社会、经济等多方面的效益。

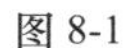

图 8-1

图 8-2

图 8-1、8-2　坎儿井回访调查现场

（四）工程创新

坎儿井的保护与利用对吐鲁番来说史无前例，没有现成的经验可以借鉴。为了做好此项工程，我们经过充分调研，在工程管理、文物保护、施工工艺、坎儿井利用等方面都进行了大胆的尝试和创新。在坎儿井工程管理方面，制定了科学高效的三级管理模式，细化了坎儿井工程的各项管理制度和资金使用制度；坎儿井工程涉及文物和水利工程的多重属性，我们在施工过程中遵循“不改变文物原貌”的原则，坚持做到文物保护、水利建设、现场施工三个标准的融合统一。 实际操作中，掏捞阶段以水利建设标准为主、文物保护标准为辅，加固阶段以文物保护标准为主、水利建设标准为辅，现场施工标准贯穿整个工程各个阶段；在预制构件生产方面，针对部分坎儿井所在土层碱性偏大的情况，通过采用高抗硫酸盐水泥、环氧沥青防腐处理等方式，有效地解决了这一难题，对工程预制构件进行了调色处理，使其外观上与坎儿井原始土色外观相协调；在坎儿井二次坍塌掏捞清淤方面，通过实地勘察、组织设计变更等方式，及时解决了因气候反常而导致的部分坎儿井二次坍塌的问题，保障了坎儿井工程的顺利实施；在工程施工工艺、管理模式等方面，研究制定并落实了工程定额标准、操作规程、技术规范、资金管理、工程分级管理办法和规章制度，形成了一套顺畅有效的运行机制。

根据国家文物局尽量减少现代工艺对遗址本体影响，鼓励采用传统技艺进行可逆性加固维修的原则，针对性地做出了调整，主要包括：一是针对性设计，对塌方严重、亟待加固维修的危险地段实施局部加固，在满足保护需求的情况下尽量减少预制构件的使用。 二是对掏捞清淤及暗渠、龙口、竖井等关键部位的加固，实施量化标准。 三是鼓励当地掏捞加固队员尽可能采用传统技艺施工，实现传承。

（五）工程意义

1. 有效保护了坎儿井本体

工程有效缓解了坎儿井的病害破坏，遗址本体得到了妥善保护，最大限度遏制了坎儿井的消亡速度，确保了坎儿井的有效保护和利用。

2. 全面凸显了坎儿井保护工程惠民利民的实质

工程的实施主体为坎儿井所在村的村民解决了农村富余劳动力就业问题，同时也培养了一大批年轻的坎儿井技艺传承人，使他们在参与坎儿井的维修加固工程中，掌握了坎儿井的掏捞技术，有了一技之长，得到了广大基层群众的广泛赞誉。

据统计，2009 年至 2010 年，每位参与维修的当地村民平均直接获益 7000 元。2011 年至 2012 年，工程用于掏捞加固队员的劳务费、人身保险及加固维修工具费用共计300余万元，惠及两县一市276位当地居民，人均创收约10500元。

2013年至2014年，工程已累计向参与工程实施的当地居民发放劳务费、保险费、工具费等200余万元，惠及两县一市30余个村（组），直接受益的农户达400余户。2015年至2016年，每位参与维修的当地村民平均直接获益5000元以上，覆盖7个乡镇、12个村组。

工程累计发放坎儿井掏捞加固专业设备（作业服装、头灯、安全帽、安全绳、铁锹、十字镐、钢丝绳、卡子等）一千余件，人身意外伤害保险受益人达到约1500人。

3. 改善了坎儿井周边的人居和生态环境

通过维修加固工程，坎儿井水量普遍增加。在有效解决当地住户用水困难的同时，通过掏捞清淤，淤泥沿原封土堆有序堆放，清理坎儿井周边生产、生活垃圾，恢复龙口原始外观等措施，坎儿井原始风貌得到有效保护，坎儿井及其周边生态环境得以改善。坎儿井周边还成为当地村民休闲娱乐的场所。

4. 积极发挥坎儿井文化引领作用，进一步提升了当地群众文化遗产保护意识

坎儿井历经时代的变迁、岁月的洗礼，依然以其不可替代的使用价值和独树一帜的文化价值流淌在新疆的广袤大地。它是世界水利史上的奇迹，是先辈们与恶劣环境顽强搏斗的大无畏精神的写照，是因地制宜、创造性解决问题的智慧体现，是各族人民携手共建美好家园的具体产物。重塑坎儿井文化，既是我们对历史的尊重和回顾，也对当前环境下，团结全疆各族人民携手共创美好未来具有重大引领作用。

文化遗产保护的主体是人民，此次坎儿井保护维修工程秉承“文化遗产回归到人民中去”的保护理念，通过让群众参与坎儿井文物保护工程的各个环节，使其认识到坎儿井不仅仅是用于灌溉的水利设施，更是吐鲁番绿洲文化的载体，是祖辈遗留下来的珍贵的历史文化遗产，保护与利用并重是我们肩负的神圣使命。

通过坎儿井保护工程的实施，一是有效治理了坎儿井文物本体稳定性及耐久性、抗震性较差等主要病害，提高了水资源的利用率，延续了坎儿井“活”的文化遗产，也使古老传统的掏捞技术、工艺得以保留传承。二是提高了出水量，增加了灌溉面积，提高了农民经济收入，真正实现了坎儿井的惠民利民性，同时也培养了人才，锻炼了队伍，提高了广大人民群众的文化遗产保护意识。三是明显提升了当地村

民的文化遗产保护意识，大家积极主动地参与到文化遗产保护中去，把自己当作文化遗产的真正主人，积极保护和宣传，让文化遗产拥有更高的尊严，让生活更加美好。

据初步统计，已加固维修的坎儿井出水量均有不同程度增加，平均增加比率超过40%。其作用包括：一是减少了机电井使用频率，对于节能减排、降低当地居民生产生活成本有积极作用。二是有效保障了当地居民生活及牲畜用水，方便了生产生活。三是坎儿井引用地下潜流的模式，保障了水资源的可持续循环，能有效缓解水资源匮乏、地下水水位持续下降的压力，这成为贯彻吐鲁番市“节水战略”的重要措施。

吐鲁番坎儿井保护与维修面临的病害

李　刚

一、坎儿井及其相关问题

坎儿井历史悠久，是干旱地区的先民根据自然条件和水文地质特点创造的地下水利设施，它利用地面坡度引取地下潜水来提供农田灌溉和居民用水，由竖井、地下暗渠、地面明渠和涝坝几个部分组成。这种特殊架构的坎儿井可以说极大地缓解和克服了地表水蒸发和损失严重的弊端，是古代劳动人民智慧和汗水的结晶，被誉为中国古代的“三大工程（京杭大运河、万里长城、坎儿井）”之一，是正在为广大劳动人民所使用的、被称为承载和传承浓重文化与传统工艺的“活的文化遗产”。2006 年 5 月，坎儿井地下水利工程正式被国务院公布为第六批全国重点文物保护单位。

坎儿井在维吾尔语中被称为“kariz（坎儿孜）”，它是干旱地区人们进行农业灌溉的一种特殊水利工程。坎儿井分布在伊朗、阿富汗、叙利亚、巴基斯坦、乌兹别克斯坦、吉尔吉斯斯坦、摩洛哥及我国新疆等地。新疆的坎儿井主要分布在吐鲁番和哈密，另外在新疆的奇台县、木垒县、库车县、皮山县及阿图什等地也有分布。

关于坎儿井的起源，由于受文献和考古资料限制，缺乏文字记载，遗址、遗物亦难确证。新疆的坎儿井多集中在吐鲁番盆地，这与吐鲁番的自然环境和地理条件有直接关系。吐鲁番盆地四周环山，山岭靠盆地的内缘是一圈戈壁砾石带，再向里是绿洲带。绿洲带中心是中国海拔最低的湖泊艾丁湖。吐鲁番盆地北部的博格达山与西部的喀拉乌成山的春夏季雪融水和雨水径流向盆地中心输送，进入戈壁砾石带后，由于砾石透水性极强，水流入地下，形成了一个巨大的潜水带。而砾石由于黏土或钙质胶结，质地坚实，因此掏挖后不易坍塌，成为坎儿井得以挖掘的重要条件。吐鲁番干旱酷热，水分蒸发量大，风季时尘沙漫天，往往风过沙停，水渠被黄沙淹没；而坎儿井是由地下暗渠输水，不受风沙的影响，水分蒸发量小，流量稳定，可以常年自流灌溉，因此坎儿井非常适合当地的自然条件。这个原因也是目前学界不少学者认为坎儿井起源于新疆的主要依据之一。

二、吐鲁番坎儿井的特点及现状

坎儿井在吐鲁番和哈密盆地至今仍发挥着效用，究其原因，是坎儿井具备以下优点：其一，不用进水工具，利用地形的自流灌溉。其二，施工工具简单。其三，坎儿井暗渠里的水不会蒸发[①]，利于维持生态平衡。其四，坎儿井能自流供给人畜饮水和灌溉。其五，避免风沙掩埋输水建筑物，吐鲁番盆地一旦风起，会夹带大量风沙，将沟渠埋没，坎儿井在地下，只要将竖井井口及时封盖，风沙就不能侵入，可以保证灌溉和人畜饮水正常供给[②]。其六，坎儿井的水质达到饮用标准[③]。其七，坎儿井与当地农民成为一体[④]。其八，便于管理。第三次文物普查坎儿井专项调查数据显示，吐鲁番坎儿井总数为 1108 条，其中：吐鲁番市（现高昌区）有水坎儿井 157 条，无水坎儿井 351 条，共 508 条；鄯善县有水坎儿井 83 条，无水坎儿井 293 条；托克逊县有水坎儿井 38 条，无水坎儿井 186 条。吐鲁番地区有水坎儿井共计 278 条，已干涸的 830 条，总长度约 4000 千米，竖井总数约 10 万个，年径流量达到 2.1 亿立方米，可灌溉 13.23 万亩农田，约占全地区总灌溉面积的 8%，坎儿井仍然是吐鲁番农业灌溉的重要方式。尽管如此，每年依然有大量坎儿井出现不同程度干涸，究其原因主要有几方面：一是地表水资源的大量开发利用导致坎儿井水源地地下水补给量减少；二是机井布局不合理对坎儿井的影响；三是缺乏合理有效的地下

---

① 吾甫尔·努尔丁·托仑布克：《坎儿井》，新疆人民出版社，2015 年。

② 王毅萍、周金龙、郭晓静：《新疆坎儿井现状及其发展》，《地下水》2008 年第 6 期。

③ 吾甫尔·努尔丁·托仑布克：《坎儿井》。

④ 王毅萍、周金龙、郭晓静：《新疆坎儿井现状及其发展》。

水资源统一规划；四是环境保护意识淡薄，随意倾倒垃圾丢弃废物，坎儿井水源污染严重；等等。这些都是导致坎儿井逐渐衰竭直至干涸的主要原因。正是由于这些原因，当地文物部门牵头，积极向国家申请专项经费，有针对性地对坎儿井进行了维修加固。2009年至2016年，坎儿井保护加固工程共完成了五期，已加固维修130条坎儿井。通过这几期工程的实施，坎儿井的水量锐减速度得到了有效的控制，部分坎儿井在维修加固后又焕发出了勃勃生机，这势必会为吐鲁番的农业经济做出更多的贡献。

坎儿井是吐鲁番的象征，是吐鲁番人民勤劳智慧的象征，是吐鲁番文化的象征。在悠久的历史发展中，它已成为承载当地人民乡愁的载体，亦是连接新疆吐鲁番与其他区域心灵的桥梁。坎儿井不仅是水利工程，更是一处人文景观，是吐鲁番旅游着力深挖的文化资源。坎儿井是我国古代劳动人民留下的宝贵的“活的文化遗产”，极具历史、文化价值，尤其在强调生态开发的今天，坎儿井有着其他资源不可匹敌的旅游开发价值。吐鲁番围绕着坎儿井，开发了坎儿井博物馆、坎儿井乐园等多处旅游景点，每年吸引了数以百万计的中外游客。坎儿井是世代居住在吐鲁番的各族劳动人民改造和利用大自然的巧妙创造，是吐鲁番人民生产生活的重要组成部分。

三、坎儿井保护与维修的必要性

（一）坎儿井具有重要的生态环境价值

1. 减少水量蒸发，防止风沙填埋

坎儿井是项地下工程，它巧妙的构造，可有效防止其被风沙淹没，减少水量蒸发。干旱区水的蒸发量年平均一般可达3000毫米，而降水量年平均大多在16毫米以下。而坎儿井这样的工程，在减少水量蒸发方面，有着重大的作用。

2. 降低能源消耗，减少环境污染

坎儿井是人工开掘的纯粹利用重力进行输水的一种用水方式，不但在过去克服了缺乏动力输水的困难，而且在今天也节省了动力提水设备的投资及能源的使用，为减少环境污染起到了一定的作用。

3. 营造良好环境，促进生态平衡

坎儿井的存在形成了一个独特的生态系统，竖井井口堆积的土丘，成了穴居动物的栖息地。有些鸟类则利用坎儿井的井壁筑巢、繁殖、隐蔽或御寒。涝坝则成为鱼类、两栖动物生存的特殊环境。涝坝周围和明渠两侧是植物的良好生存地，营造出一个优雅舒适的小气候区。[①] 坎儿井最集中的吐鲁番，坎儿井水四季长流，不仅可以保证吐鲁番的野兔和麻雀在冬天有水喝，还保护了艾丁湖的地下水水位，维系了艾丁湖的生态均衡。

（二）坎儿井具有重要的学术价值

坎儿井是我国水利文化的一个重要组成部分，是我国古代科学技术的一份宝贵遗产，弄清楚坎儿井尤其是吐鲁番坎儿井的历史起源与变迁，对探讨吐鲁番经济、水利、文化和历史的发展及今后申报世界文化遗产都有重要的现实意义，同时对于推动吐鲁番乃至新疆坎儿井的研究、保护和利用都有着重要学术价值。

（三）坎儿井具有重要的经济价值

吐鲁番坎儿井年出水量 2.1 亿立方米，灌溉面积 13.23 万亩，分别占新疆坎儿井数量、出水量和灌溉面积的 69.3%、48.5%和 52.1%。加上邻近的哈密盆地，坎儿井总数占到新疆的 97.1%。在吐鲁番坎儿井极盛时期，其灌溉面积占到吐鲁番灌溉面积的 60%以上，可见其在吐鲁番灌溉农业生产中的重要地位。20 世纪中叶以来，随着一大批防渗渠道的修建和随意开挖机井等情况的出现，吐鲁番经济发展所依赖的水源结构发生了改变，坎儿井的流水量受到严重影响，这给很多地区，尤其是过去依赖坎儿井水源进行灌溉的地区带来很大的影响，同时给吐鲁番居民的生产生活都带来诸多的不便，亦对吐鲁番的农业经济的可持续发展产生了负面的影响。

---

① 陈兰生、牛永绮：《试论坎儿井的环境价值》，《新疆环境保护》，1998 年。

（四）坎儿井具有重要的历史、文化价值

吐鲁番共有坎儿井千余条，其中有水的不足三百条。每条坎儿井的背后都有重要的历史，由于大部分坎儿井的产生时间不详，大部分坎儿井的开凿史无从考证，只能通过实地考察研究当地居民生产生活的历史信息，这份工作对我们重新研究坎儿井的历史、人文等内容意义重大。因上级文物部门重视与关心，吐鲁番市文物局积极争取坎儿井文物保护利用经费，对坎儿井实施了五期保护加固工程，取得了实效，造福了当地居民，对于呼吁公众参与保护坎儿井有重要的现实意义。同时坎儿井将给方兴未艾的“吐鲁番学”留下一部取之不尽、用之不竭的“坎儿井文化史”之书，为无数投身吐鲁番学研究的学者提供更加广阔的视野和天地。

四、坎儿井的掏挖技艺

作为全国重点文物的坎儿井，其价值不仅仅体现在其文物本体，同时更体现在坎儿井的掏挖技艺上。坎儿井开凿技艺已经被列为第一批市级非物质文化遗产名录，正待申报自治区级非物质文化遗产。坎儿井作为“活的文化遗产”一方面为广大居民所使用，另一方面不断地贡献着自己的“甘泉”，哺育着无数的村民，灌溉着广大土地，是吐鲁番经济、文化、历史和人文的重要体现。坎儿井之所以能够走到今日并继续焕发出昔日的活力，与国家的重视、吐鲁番市委市政府的关心支持以及文物、水利等相关部门的努力是分不开的，正是在这种背景之下，坎儿井前后实施的五期保护和利用工程不仅对坎儿井的保护起到了积极的作用，同时对坎儿井掏挖技艺的传承起到了推动作用。

坎儿井掏挖技艺向来被视为非物质文化遗产，并被一代代地传承下去，主要原因还在于其所使用的工具的传统性。由于坎儿井的结构的特殊性，现代化的设备无法完全应用于此，只能借助传统的掏挖工具对其进行掏捞清淤。坎儿井的掏挖工作所用工具概括起来主要有掏挖工具、提升工具、运输工具、照明工具与加固工具等。

（一）掏挖工具

目前我们已经知道的掏挖工具共有五种，主要有镢头（最古老的掏挖工具，主要用于竖井和暗渠的开凿工序）、抱锤（坎儿井的掏挖匠人在使用镢头过程中进行改进的一种工具）、坎土曼（水活和旱活通用的工具，主要用来挖掘软土层、运土石或掏挖淤积物）、尖子或十字镐（尖子也称作为人子，这是安装在抱锤上，用来开凿竖井和阴沟廊道的专用工具，并可兼为挖掘引水暗渠底部淤积之用，尖子可多存备件，便于随时更换使用）、铁铲（也称铁锨，是当今使用最广泛的手工工具）。这几种工具在吐鲁番的坎儿井保护和维修工程中交叉使用。

（二）提升工具

坎儿井的提升工具主要有三种，即辘轳（也称作辘修，现在仍有三脚架式手摇曲肩辘轳，是靠人力来提取土石和淤积物的专用工具）、电动提升工具（现在主要使用的是拖拉机等机械设备）和提升工具附属器物（因提升重量的增加，故改用钢丝绳，还可用桑树的直叉，也有专制的铁钩等附属器）等，由于现代技术的发展和经费的支持，大部分坎儿井的掏捞工作主要依靠现代机械设备完成，比较小的坎儿井和个别农户家中的坎儿井依然使用人力。

（三）运输工具

以前运输主要是靠筐子与人工传送，但是，现在的坎儿井掏捞清淤主要是使用皮桶来盛装土石和淤积之物。这些工具依旧广泛应用于吐鲁番的坎儿井保护工程之中。

（四）照明工具

在以前当地农民主要使用的是自制照明工具，如使用燃料的灯葫芦。灯葫芦除了照明之外还能预测井内是否缺氧或有瘴气，避免出现人员伤亡事故，所以尽管防水灯或手电等先进的照明工具早已问世，但清淤时，掏捞人员仍然将灯葫芦悬挂于暗渠之内，两者配合使用，可谓相得益彰。这算是传统工具与现代工具的完美结合。

（五）加固工具

传统的加固工具有三种，一种是水闸，又称杈。坎儿井暗渠内，因输水廊道的土质不同，有些地段比较疏松容易坍塌，所以选取桑叶加工制作成水闸，用来加固，确保暗渠输水畅通。一种是撑子，分上幅和下撑。还有一种是闸板，也叫作架板。现在改用水泥管，埋于坍塌部位，从而保证水流畅通。这些工具大多应用于南疆的坎儿井作业中。

五、坎儿井保护与维修面临的病害

（一）目前坎儿井的保护情况

迄今为止，吐鲁番市文物局已经保质保量地实施了五期坎儿井加固维修工程，先后对吐鲁番市现（高昌区）、鄯善县、托克逊县三个区域的 128 条坎儿井进行了集中加固维修，整个过程主要采取了掏捞清淤和加固维修两种方式。掏捞清淤方面，采取每条坎儿井全程掏捞、清理河道堆积淤泥杂草等，特别在暗渠或竖井口严重坍塌段进行重点清淤，保障河道水流畅通。加固维修方面，主要包含坍塌段暗渠加固、龙口加固、竖井口井座（盖）安装、明渠防渗等四项工作内容，遵循重点部位重点加固的原则，对易发生坍塌、堵塞部位重点加固，兼顾可预见范围内存在危险的区域，突出做好龙口段的加固及恢复原始外观工作。整个加固修缮工程均是传统工艺与现代技术的有机结合，坎儿井工程涉及文物和水利工程的多重性，施工过程中遵循“不改变文物原貌”的原则，坚持做到文物保护、水利建设、现场施工三个标准的融合统一。具体操作中主要采取以下手段：掏捞阶段以水利建设标准为主，文物保护标准为辅；加固阶段以文物保护标准为主，水利建设标准为辅；现场施工标准贯穿整个工程各个阶段。在预制构件生产方面，针对部分坎儿井所在土层碱性偏大的情况，通过采用高抗硫酸盐水泥、环氧沥青防腐处理等方式，较为有效地解决这一难题。遵循“最小干预、实现可逆”思路，逐步改善坎儿井竖井及竖井口全部使用水泥预制构件加固的方式，采取竖井口使用木质井盖板加固、竖井采取水泥套管加固的新方式。同时，委托自治区水利相关机构，制订了新疆吐鲁番坎儿井人工费定额标准，结束了坎儿井施工人工费无依据的历史。探索出了掏捞清淤动力绞盘竖直运输、暗渠加固水平滑轨运输等新技术，丰富了坎儿井工艺，探索出竖井口套管加固、龙口外观恢复、木质井盖板加固等新工艺。

（二）坎儿井保护工作中面临的病害

作为全国重点文物保护单位，古老的坎儿井历经了千百年的流水冲刷、风沙侵蚀和人为扰动，在许多不利因素的影响下，其安全性和耐久性已明显降低，严重威胁坎儿井的长期留存和使用，已有大量坎儿井损毁、消失。根据现场调查，目前吐鲁番坎儿井面临的病害主要体现在以下几方面。

1. 竖井口冻融破坏

坎儿井开挖之初，劳动人民已经认识到竖井口受当地极端气候的影响，冬春季节会发生坍塌。所以每年初冬季节多用胡杨木树枝（或其他树枝）将洞口覆盖，再用砂土覆盖（砂土的覆盖厚度以保证底部饱水的砂土不冻结为宜）。这样，顺竖井上升的湿热空气遇到胡杨木树枝后冷凝液化，以水珠形式落入暗渠。覆盖井口的砂土透水性好，毛细作用不明显，仅底部少量砂土饱水，覆盖层顶部的砂土仍然保持干燥。近几十年来，引水渠、水库、机井等水利设施迅猛发展，坎儿井已不再是当地唯一的水源，所以吐鲁番当地人对坎儿井的重视程度逐渐降低。冬季覆盖井口的任务未能有效落实，致使井口发生冻融破坏后引起坍塌，井口扩大，来年井口覆盖难度增加，从而导致恶性循环现象的发生（见图 1-1、1-2）。此外，竖井口坍塌落入井底的砂土阻塞暗渠水流，抬高了暗渠水位，使暗渠侧壁饱水软化，进而引起暗渠与竖井交汇处的坍塌以及相邻暗渠的坍塌。大量统计数据表明，与保存完整的竖井口相对应的暗渠与竖井交界处保存相对完好。虽然暗渠与竖井交界处在结构上属于薄弱环节，存在“先天不足”，但是竖井口坍塌是引起暗渠竖井交界处加剧破坏的诱发因素，所以我们将暗渠与竖井交界处的破坏划归为竖井口冻融破坏类型。

如果严冬季节竖井口封闭不严实，在温差、湿差作用下，暗渠内的湿热水汽将沿

图 1-1

图 1-2

图 1-1、1-2　受冬季从竖井内冒出的热蒸汽冻融循环破坏坍塌的竖井口

竖井上升并从竖井口飘出，由于竖井口内外极短距离内存在巨大的温湿度差，湿热水汽在竖井口快速冷凝，使井壁四周土体的含水率持续上升。此外受地下水毛细上升作用的影响，竖井口土体的温湿度也会升高。冬季吐鲁番盆地极端最低温度可达零下二三十摄氏度，冻结作用使土体中毛细水向冷端迁移，进而又会增大竖井口段土层中湿度，零下低温使土体中毛细水冻结成冰，导致竖井口周围土体立即膨胀；当气温升高，土体解冻融化，应力释放，结构便会松弛。夏天土体中水蒸发，土体失水收缩，表面出现裂纹，这样周而复始的作用，使土体结构遭到破坏，凝聚力丧失。竖井口段土层先是底部片状剥落破坏，然后随塑性区扩展发展成块状剥落破坏，最后形成大面积坍塌破坏，最终竖井口坍塌成巨大的漏斗状。目前有些竖井口已坍塌成漏斗状，面积达数十平方米，根本无法覆盖。由于坎儿井暗渠截面积一般情况下很小（1～2 平方米），加之渠水流量小、流速低，所以大量坍塌的砂土很容易在暗渠与竖井交界处堵塞水流，导致上游水位被抬高，渠壁软化，暗渠与竖井交界处和相邻暗渠坍塌。此外，随着人类活动的加剧，竖井口堆积的砂土多被运走当作建筑材料，夏季地表径流极易大量流入井口，继而引起竖井侧壁的坍塌。综上所述，竖井口冻融破坏是对坎儿井影响最大的一种破坏形式。

2. 暗渠冲击荷载破坏

新中国成立以前，吐鲁番交通设施落后，坎儿井所在区域几乎没有什么高等级道路，人们主要生活在涝坝附近及以下的区域，坎儿井保存状态较好。新中国成立以后，特别是改革开放以来，随着社会经济的高速发展，目前吐鲁番已建成较为完善的公路、铁路交通网络。兰新高铁、兰新铁路、连霍高速公路、312 国道由于道路建设等级较高，所以一般修建时会采用相应的加固措施。但是过去人们对坎儿井的认识程度较低，预加固往往采用大面积高压注浆、钢筋混凝土衬砌等措施，这些措施改变了地下水的流动场，打破了地下水流动的动态平衡。大量事实证明，由于铁路、公路横穿坎儿井暗渠地段，坎儿井水量呈持续减少趋势。受人口增加的压力，坎儿井绿洲农耕区由龙口附近向上游不断延伸，靠近涝坝的输水段地层多为黏土，暗渠的覆盖层很薄，由于此段土质易于耕种，靠近水源，便于开荒，目前村落密集，乡村道路密布。受限于当地居民的认识水平，修建道路时一般未考虑避让坎儿井暗渠或采取预加固措施。有些坎儿井输水段有多条便道横穿。目前农用车辆在吐鲁番已很普及，在车辆冲击震动荷载反复作用下暗渠很容易坍塌。

3. 暗渠渗流条件遭破坏

近些年坎儿井出水量持续减少，严重制约农业和畜牧业发展。为增加坎儿井水量，当地老百姓利用坎儿井所在地层渗透系数大、当地降水集中的特点，垂直于坎儿井修建了拦水坝，使得汇聚到坝前的雨水下渗进入暗渠，以便增加坎儿井的出水量。这种做法短期内会增加坎儿井的输水量，但是雨水下渗过程中，暗渠所在围岩饱水，力学性能降低，加之动水压力和静水压力对暗渠的持续作用，使得暗渠不断坍塌。所以修建拦水坝对坎儿井保护来说无异于饮鸩止渴。

4. 暗渠植物根劈遭破坏

植物根劈作用对坎儿井暗渠的破坏主要集中在输水段，该段地层多为黏土，易于开荒耕种，逐渐被开垦为农田，并栽种树木作为农田和暗渠的分界线，栽种的树木多为根系发达的红柳等耐旱植物，发达的根系会根据土壤含水量的变化一直向暗渠生长，获取生长所需的水分。考察中我们发现在暗渠内频繁看到手臂粗细的根系（见图 2），巨大的根劈作用力造成暗渠渠壁开裂，继而坍塌失稳。反之，暗渠顶部没有开荒种地、种树的坎儿井地段，暗渠内几乎见不到植物根系，坍塌现象明显减少（见图 3）。

5. 暗渠应力释放破坏

（1）暗渠应力释放破坏现状。受限于坎儿井开挖者的认识水平，暗渠截面开挖

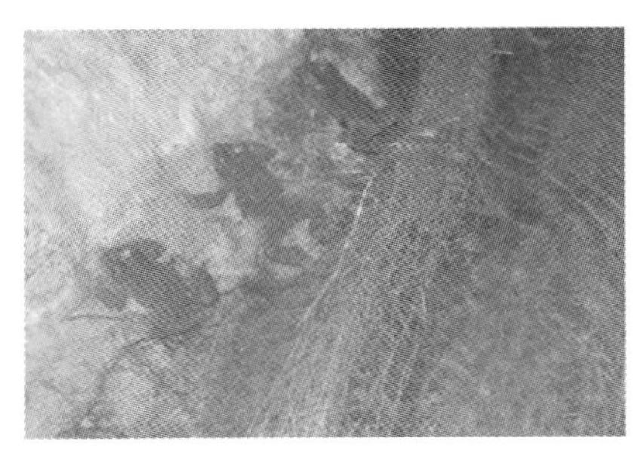

图 2　暗渠渠底的植物根系

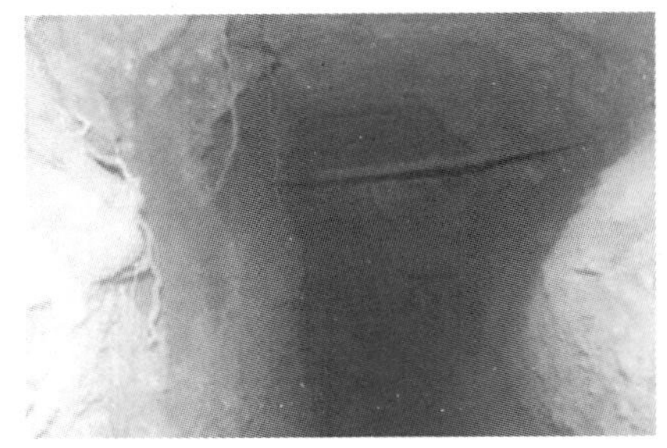

图 3　暗渠渠顶的植物根系

多为顶尖侧直，类似于矩形截面（见图 4）。坎儿井暗渠开挖地层输水段多为黏土、亚黏土，埋深小、自稳能力低，历经长时期的应力释放和变形，暗渠截面逐渐演变为椭圆形截面。如果没有外界不良因素的影响，这种截面是稳定的。笔者在暗渠内考察时发现，这种截面形状的暗渠保存最为完整。坎儿井集水段暗渠多为胶结程度较好的砾石层，且埋深大，一般情况下远离人类生活区，受外界的影响小，所以暗渠历经百年仍然保持着开挖时的截面现状，渠壁的开槽痕迹清晰可见。所以坎儿井暗渠严重坍塌段多集中在埋深较小、人类活动频繁的输水（多为土坎段）区域。

图 4　未经应力释放的暗渠（渠壁开凿痕迹清晰呈矩形）

（2）暗渠应力释放破坏机理。暗渠开挖后围岩应力会在应力扰动区引起应力重分布，形成二次应力场。这种应力扰动区的范围是有限的，在距暗渠一定距离的地方围岩仍能保持原围岩应力状态，根据理论分析可知，在距暗渠中心 4r（r 为暗渠断面宽度的一半）处，可认为岩体能保持原围岩应力状态。在围岩与衬砌结构接触压力试验中可以得到这样的结论：除在拱顶、拱底方向接触压力会随侧压力系数的增大而略有减小外，其他各方向接触压力均随侧压力系数的增大而增大，而且影响比较明显，尤其是在拱腰处，随着侧压力系数的增大，接触压力会显著增大。而暗渠埋深达到一定深度后，暗渠拱顶压力会向暗渠两侧扩散，暗渠侧向压力就会增大。因此，随着暗渠顶部覆盖厚度的增加，暗渠拱腰处岩体应力会明显增大，当应力超过拱腰处岩体稳定极限状态后，暗渠拱腰处应力扰动区岩体则会发生破坏而破落坍塌，直到暗渠围岩应力释放完成，围岩二次应力才能趋于稳定，最后表现为暗渠渠壁呈椭圆形（见图 5）。

图 5　应力释放后的暗渠

6. 暗渠冲刷破坏

坎儿井在开挖过程中，为了实现自流，需要暗渠保持一定的水力坡度，受当时生产力水平的制约，不同地层的合理水利坡度也未能量化，只能凭借开挖者的经验和感官认识决定，所以有些坎儿井水利坡度过大，流速过快，水流对暗渠底部和渠脚的冲刷加剧，造成渠脚被掏空，暗渠横向跨度增大（类似于浅埋大跨度隧道），在外界干扰作用下极易失稳坍塌。

暗渠洞顶土层因稳定性较差而严重脱落或由于地质构造原因（流砂层）造成大面积集中坍塌、淤积严重，洞内坍塌严重部位直径有的已达 2.5～10 米，给暗渠稳定带来极其严重的隐患（见图 6）。

图 6 暗渠坍塌

7. 文物周边环境问题

（1）人为活动的不利影响：

①工程建设对文物周边环境的不利影响。 由于坎儿井延伸较远，目前在坎儿井延伸方向上存在采砂、石油勘探、公路施工以及天然气管道建设等人类工程和生产活动，这对位于地下和地表的坎儿井造成了不利影响。

②日常使用及维护中存在的问题：随着吐鲁番境内引水渠道、水库、机井的大量使用，坎儿井已经不像开挖当初那样是当地农业灌溉的唯一水源，加之过去人们对大规模超量开采地下水的危害认识不足，使得人们对机井灌溉的依赖性越来越高，

投入持续增大，反之对坎儿井的投入却逐年减少。通过实地调查发现：明渠大多渗漏严重、多年失修；多数涝坝淤积渗漏严重，已丧失调节蓄水功能，有些涝坝生活垃圾污染严重，在夏季成为滋生蚊蝇的藏污纳垢之地（见图 7）。

图 7　明渠污染

（2）自然环境的不利影响：

①风沙影响。坎儿井集水段地处戈壁，常年经受风沙侵蚀，由于竖井口多未设置井盖，风沙常将大量砂石吹入井内，堵塞井渠，污染井水。

②温差影响。吐鲁番属典型戈壁气候，季节温差及日夜温差较大，坎儿井井壁长年处于干湿、冻融循环状态，这使得井壁岩土体结构日益松弛，进而导致坍塌失稳现象发生。

六、坎儿井主要病害成因分析

经济的飞速发展和坎儿井自身等因素致使地表水资源被大量开发利用，导致坎儿井水源地地下水补给量减少，加之人们对水资源的利用率逐年提高，坎儿井的病害情况日益严重。近些年来，吐鲁番境内电站、引水渠、渠道、机井等水利设施发展迅猛，对坎儿井的长期保护产生了不利的影响，在一定程度上加剧了坎儿井病害的发生，其病害成因主要有以下几方面。

1. 机井布局不合理

吐鲁番地下水资源较地表水资源丰富，且埋藏浅、易于开采，为了解决工农业生产严重缺水的问题，解放后机井在吐鲁番境内迅速发展。但是机井建设过程中缺乏整体规划，带有一定的盲目性，造成机井布局不合理，地下水超采严重，致使大批坎儿井的出水量出现衰退。监测数据显示机井抽水量与坎儿井出水减少量（与出水最大年份比较）大致相当，据此可以得出这样的结论：机井开采的地下水与坎儿井的供水含水层基本上是同一水源，机井超量开采地下水是坎儿井出水量趋减的关键所在。

2. 坎儿井所处地层的工程地质特性及地形地貌特征是其稳定性病害发生的内因

坎儿井暗渠段洞壁砂砾石基本无胶结，由于密实程度不同，在砂砾石密实度较差的部位易于坍塌；特别是在坎儿井的竖井节点部位，由于竖井和暗渠结合部位洞壁临空面增大，更易产生坍塌；竖井出口近地面部分，砂砾石亦较松散，易产生坍塌。而由于坍塌，每年对坎儿井都要做大量的清淤工作。

3. 水的不利影响是坎儿井井壁发生失稳破坏的直接原因

水的不利影响主要表现为以下两方面：一是流水直接冲刷掏蚀，二是毛细水及水汽软化井壁岩土。

4. 气候条件的不利影响

气候条件的不利影响是坎儿井耐久性不断降低的重要原因。季节的更替和水位的不断变化，使得井壁岩土长期处于干湿、冻融循环的状态中，岩土密实度和强度不断降低，稳定性随之变差。

5. 周边工程及生产、生活的不利影响

周边工程及生产、生活的不利影响也是坎儿井被破坏的诱因之一。公路、桥梁、天然气管道等的施工和石油勘探活动均对位于地下的坎儿井的稳定造成了不利影响。

6. 坎儿井维修加固措施的局限性

随着技术水平的提高，目前当地群众大多采用钢筋混凝土加固竖井井口，并用钢筋混凝土井盖对其予以加盖，这种方法有一定的局限性：一是破坏了坎儿井原有的建筑风貌，使外观与周边环境不协调，有悖于文物保护的理念；二是不能克服冻融循环破坏、耐久性差等问题。

七、如何应对坎儿井病害

针对目前坎儿井保护工作中所面临的病害现状和类型，结合坎儿井保护工作的特殊性和实际，可以采取如下措施来应对坎儿井病害的发生和蔓延。

（1）统筹兼顾，全面覆盖。目前，吐鲁番坎儿井的保护，要有工作重点，要统筹全局，兼顾不同保护等级、不同保存状况、不同使用效益的坎儿井，综合考虑以下因素：兼顾水源充足、居民密集、灌溉面积大的重点区域坎儿井与一般区域的坎儿井；兼顾已列入全国重点文物保护单位的坎儿井与一般仍在利用的坎儿井；兼顾列入《中国世界文化遗产预备名单》的坎儿井和尚未列入的坎儿井；兼顾长年有水和季节有水的坎儿井。从而稳步推进，全面做好维修加固工作。

（2）根据坎儿井保护状况实施保护、维修工程，充分发挥社会各方面的作用。保护与维修过程中需要做好两个结合：一是文物保护程序的规范严格介入，依据《文物保护法》《新疆坎儿井管理条例》等相关规范与坎儿井特殊的保存状况，把没有资质的农民掏捞队伍引入坎儿井的保护工作中来，加强专业与非专业队伍的结合，以专业规范引导地方保护力量开展坎儿井的保护和维修；二是把现代多学科新技术如锚杆加固、券顶支护等技术运用到竖井、暗渠的加固支护中，同时正确使用当地农民的传统技术、掏捞工艺进行暗渠的淘挖、清淤等，实现新技术与传统技术相结合。

（3）加强对坎儿井的日常维护，每年组织掏捞；对龙口进行加固维修，对明渠进行清淤及对周围环境进行整治；坎儿井暗渠内修建沉砂池。在暗渠内每300～500米修建一个顺水长方形的沉砂池，深度和宽度各为1米，长度为2.5米，以达到沉淀流砂的目的，这样可以有效缓解暗渠的压力，减轻暗渠内作业的强度和危险，从而起到保护暗渠的目的。

（4）全面规划布局机井建设，合理利用有限的地下水资源，大力发展节水农业，提高水资源利用率；坎儿井保护核心区严禁开荒，严禁修建违章建筑，对于已经“身陷”农田、村落的坎儿井进行合理有效的退耕、拆迁；对涝坝进行全面维修，严禁砍伐涝坝四周的树木，严禁盲目扩大涝坝面积。

（5）完善管理协调机构。保护传承文化遗产是每个公民、每个社会团体的共同职责，坎儿井保护涉及土地、水利、文物以及其他部门的相关利益，坎儿井的保护、维修工作需要利益相关者都参与进来，发挥好各自的作用，共同探索坎儿井水利工程管理体制改革，充分发动社会力量保护坎儿井。

（6）加强地方管理人员及当地民众的培训，让文化遗产更好地惠及当地民众。国家文物局已于 2009 年 3 月对吐鲁番、哈密坎儿井所在地的各级主管领导、乡村掏挖队伍进行坎儿井知识的系统培训，更多的乡村干部参与了学习。这对正在使用坎儿井的当地农民的观念转化起到了积极的引导作用，使他们认识到坎儿井不仅仅是他们赖以生存的水源地，更是我们中华民族的“活的文化遗产”，保护好、利用好它是每个公民的光荣义务。通过培训能很好地引导他们在日后的生产活动中更加注重坎儿井的维护，并吸引周围更多的民众参与到坎儿井的保护工作中来。

尽管新疆吐鲁番市的坎儿井保护与利用加固维修工程已经顺利实施了五期，但是由于坎儿井的双重性和特殊性，坎儿井保护工程中还有许多细节问题值得商榷和探索，加之国内目前尚无一家正式或专门从事坎儿井保护研究的科研学术机构，许多保护手段和技术尚未与国际接轨。因此当下，一方面应对坎儿井病害进行深入分析，不断实施文物保护工程，另一方面应加紧与国际坎儿井保护研究机构接轨，加强交流与合作，从中汲取更加先进的技术，加快科研成果的转化，提升坎儿井的保护技术，这些工作是我们今后实施坎儿井保护与利用工程中的重要内容。

吐鲁番坎儿井的掏挖、维修工艺

路　莹

一、吐鲁番坎儿井的基本现状

据 2008—2009 年自治区文物局 “新疆坎儿井保护项目实施规划” 调查统计，新疆现存坎儿井 1473 条，主要分布在吐鲁番市和哈密市。 吐鲁番市共有坎儿井 1091 条，现有坎儿井暗渠总长度 3724 千米，竖井总数 150153 眼。 其中有水坎儿井 404 条，总流量 7.35 立方米每秒，年出水量 2.31 亿立方米，总灌溉面积 0.882 万公顷（13.23 万亩）。 干涸坎儿井 687 条，其中通过维修保护可以恢复的有 185 条，可恢复年出水量 0.5 亿立方米，灌溉面积 0.19 万公顷(2.83 万亩）；不可恢复的有 502 条。 从规模、数量、直接灌溉效益角度分析，近年来坎儿井已呈现衰败趋势。 这与吐鲁番地区绿洲外围生态环境恶化及当地社会经济发展有着密不可分的联系①。

随着吐鲁番社会经济发展，工农业用水量猛增，对水资源的开发利用缺乏统一规划，不合理的水量调度和水量分配，导致地下水补给减少，地下水水位下降。 机井投资少、效率高，得以广泛使用，使得坎儿井的维护使用率下降。 一些河流上游修建水库，大坝截流后，下游水源枯竭。 已建的柯柯牙水库和坎儿其水库就直接威胁到了下游近百条坎儿井的水源。

坎儿井作为在生土地层下开挖的地下水利工程，历经岁月沧桑后，暗渠、竖井由于自然原因产生的冻融、淤堵、淘蚀、渗漏、裂隙最终造成坍塌现象经常发生。 人为因素的影响，如水资源的盲目开发利用、人畜活动的践踏及车辆碾压、基本建设及

① 盛春寿：《坎儿井保护维修的思考》，《西域研究》2011 年第 2 期。

生活取土、地质勘探、维修失当等，也使得坎儿井产生了多种危及安全的隐患，表现为多种病害的伴生发育。在《新疆维吾尔自治区坎儿井保护条例》出名前，由于坎儿井的不同权属及分布范围的差异，其在保护利用上缺乏规范的统一管理、维护措施和维护资金。坎儿井自身独特的生土建筑构造，存在着不稳定因素，随着时间的推移，本体的耐压力、抗侵蚀力大大降低，加之暗渠输水泥沙沉积造成的淤积堵塞等原因，暗渠、竖井部分极易坍塌。迫于引水需要进行的一些小规模的维修活动，基本是当地农民的自发行为，大多情况是放任自流，任其废弃。

二、坎儿井的传统掏挖技术与结构

吐鲁番坎儿井里的水来自天山，而挖掘坎儿井却是从远离天山的村庄开始的。如何让地底下的暗渠准确连接两口竖井？当地人想出了木棍定位法和油灯定位法。

1. 竖井

竖井是开挖或清理坎儿井暗渠时运送地下泥沙或淤泥的通道，也是送气通风口。井深因地势和地下水水位高低不同而有深有浅，一般越靠近源头竖井就越深，最深的竖井可达 90 米以上。竖井与竖井之间的距离，随坎儿井的长度而有所不同，一般每隔 20～70 米就有一口竖井。一条坎儿井，竖井少则 10 多个，多则上百个。井口一般呈长方形或圆形，长 1.0 米，宽 0.7 米。乘车临近吐鲁番时，在那郁郁葱葱的绿洲外围的戈壁滩上，就可以看见顺着高坡而下的一堆一堆的圆土包，形如小火山锥，坐落有序地伸向绿洲，这些，就是坎儿井的竖井口。

2. 暗渠

暗渠又称地下渠道，是坎儿井的主体。暗渠一般是按一定的坡度由低往高处挖，这样，水就可以自动地流出地表来。暗渠一般高 1.7 米，宽 1.2 米，长度短的为 100～200 米，最长的可达 25 千米，暗渠全部是在地下挖掘，因此掏捞工程十分艰巨。

在开挖暗渠时，为尽量减少弯曲，确定方向，吐鲁番的先民们创造了木棍定向法。即相邻两个竖井的正中间，在井口之上，各悬挂一条井绳，井绳上绑上一头削尖的横木棍，两个棍尖相向而指的方向，就是两个竖井之间最短的直线。然后再按相同方法在竖井下以木棍定向，地下的人按木棍所指的方向挖掘就可以了。

在掏挖暗渠时，吐鲁番人民还发明了油灯定向法。油灯定向是依据两点成线的原理，用两盏旁边带嘴的油灯确定暗渠挖掘的方位，并且能够保障暗渠的顶部与底部平行。但是，油灯定位只能用于同一个作业点上，不同的作业点又怎样保持一致呢？挖掘暗渠时，在竖井的中线上挂上一盏油灯，掏挖者背对油灯，始终掏挖自己的影子，就可以不偏离方向，而渠深则以泉流能淹没筐沿为标准。

暗渠越深空间越窄，仅容一个人弯腰向前掏挖而行。由于吐鲁番的土质为坚硬的钙质黏性土，加之作业面又非常狭小，因此，掏挖出一条25千米长的暗渠，要付出巨大的努力。据说，天山融雪冰冷刺骨，而匠人掏挖暗渠必须要跪在冰水中挖土，因此长期从事暗渠掏挖的匠人，寿命一般都不超过30岁。所以，总长5000千米的吐鲁番坎儿井被称为“地下长城”，真是当之无愧。

暗渠另外的好处是水在暗渠不易蒸发，而且水流地底不容易被污染，再有，经过暗渠流出的水，经过千层砂石自然过滤，最终形成天然矿泉水，富含众多矿物质及微量元素，当地居民数百年来一直饮用至今，不少人活到百岁以上。

3. 龙口

龙口是坎儿井明渠、暗渠与竖井口的交界处，也是天山雪水经过地层渗透，通过暗渠流向明渠的第一个出水口。

4. 明渠和涝坝

暗渠流出地面后，就成了明渠。顾名思义，明渠就是在地表上流的沟渠。人们在一定地点修建了具有蓄水和调节水作用的蓄水池，这种大大小小的蓄水池，就称为涝坝。水蓄积在涝坝，哪里需要，就送到哪里。

三、坎儿井现代维修工艺

吐鲁番坎儿井的保护加固工程自2009年启动，截至2016年已实施了五期维修工程，五期共维修加固坎儿井131条。上述五期的坎儿井维修设计方案都是经国家文物局批准后，由吐鲁番市文物局具体实施。前期的设计方案根据国家文物局建议，坎儿井的维修加固工程以传统工艺为主，且最大限度保持了坎儿井历史原貌。设计方案的暗渠保护加固方案是：采用比较经济的传统工艺即以掏捞为主，以卵形钢筋混凝土预制涵加固为辅的方式。同时卵形钢筋混凝土预制涵在制作过程中，适当地加入外加剂，将混凝土的颜色调制成和原状土相同的颜色，使其最大限度地保护坎儿井历史原貌。主要措施有以下几点。

（一）暗渠加固工程

1. 清淤掏捞

对坎儿井原渠体进行清理开挖。暗渠洞顶土层因稳定性较差而严重脱落，或由于地质构造造成大面积集中坍塌，淤积严重。因此暗渠加固首先要将暗渠内淤积的表层淤泥质土和腐殖土清除。（见图1）

2. 暗渠加固

采用卵形钢筋混凝土预制涵加固，卵形钢筋混凝土预制涵设计高1.70米，壁厚0.08米，每段长0.30米。卵形钢筋混凝土预制涵内轮廓尺寸由长、短半轴分别为1.30米和0.40米的半个椭圆及半径为0.40米的半圆内切而成。为了保证卵形钢筋混凝土预制涵在制作、运输和安装过程中的完整性，配有钢筋网。（见图2）卵形钢筋混凝土预制涵的优点是抗压性能好，便于人们下井检查、清淤，减少水量渗漏损失，且经济实惠。

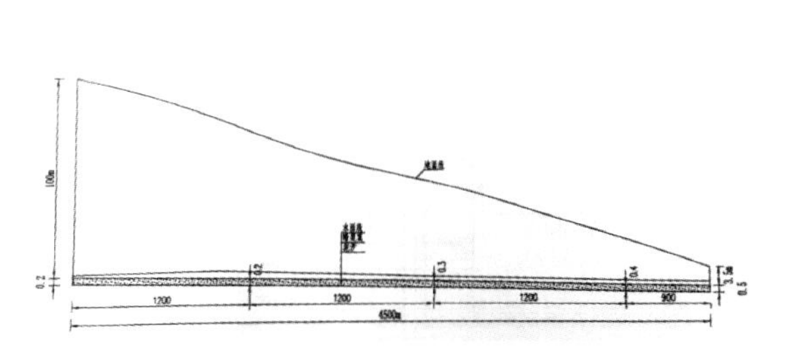

图1　坎儿井掏捞纵部剖面示意图

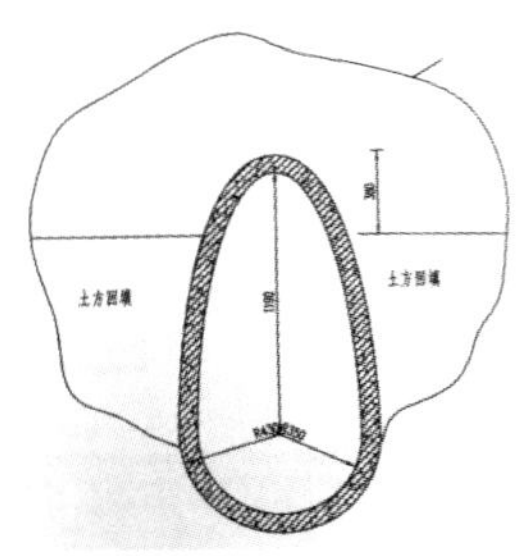

图2　暗渠加固剖面图

3. 土方回填

为使卵形钢筋混凝土预制涵对坎儿井井壁完全起到支撑作用，并使卵形钢筋混凝土预制涵保持稳定，在卵形钢筋混凝土预制涵安装过程中，每安装完两段（即0.60米长），就将涵壁与原坎儿井井壁之间的空隙用土填满。

4. 与道路交叉处特殊处理

在本次设计的40条坎儿井中，有5条坎儿井穿越的乡村道路均为土路。为防止人们生活交通对卵形钢筋混凝土预制涵的破坏，工作组首先对穿越道路的20米长段暗渠实施明挖措施，临时开挖边坡为1：1，开挖成形后安装卵形钢筋混凝土预制涵，并回填至原路面高程，对回填土要进行压实。

（二）竖井加固工程

1. 井口防护

竖井加固采用预留下人孔的钢筋混凝土矩形盖板覆盖井口。矩形主盖板长2.00米，宽2.00米，厚0.08米。主盖板中央预留圆形下人孔，孔径0.80米。预留孔上设圆形钢筋混凝土预制附盖板，可方便开启或关闭井口，附盖板直径0.90米，厚度0.08米。

为最大限度地保持坎儿井的历史原貌，方案将竖井盖板和井盖在混凝土制作过程中，适当地加入外加剂，将混凝土的颜色调制成和原状土相同的颜色。

2. 井底侧壁支护

对井底侧壁支护分为两种情况，一种是土坎，另一种是部分有沙坎。土坎的井底侧壁采用锚杆挂网人工混凝土护面的支护形式。部分有沙坎的井侧壁和与竖井底接口处的暗渠采用锚杆挂网人工混凝土护面的支护形式。其中竖井底侧壁支护高1.00米，暗渠支护长度竖井口两边各1.00米。锚杆采用Φ20螺纹钢筋，长0.50米，孔排距0.80米，人工混凝土护面厚0.05米。工程所用挂网采用塑料土工格栅。

（三）竖井与暗渠交接处加固工程

坎儿井的竖井与暗渠交点处采取了以下措施：由于在该交接处坎儿井的塌方严

重，暗渠内空间比较大，因此可在竖井与暗渠交点处留 1 米长段不安装卵形钢筋混凝土预制涵，将 1 米长段用浆砌石砌成外廓高度为 2.06 米，内轮廓底部内切成半径为 0.40 米的半圆，上口做成圆形，顶上盖上砼井盖即可。 盖板直径 0.90 米，厚 0.08 米。

（四）龙口段加固工程

坎儿井龙口是坎儿井暗渠和明渠的分界线，也是坎儿井水利用的初始点，因此为了提高坎儿井出口的结构稳定性、美观性和取水方便性，对坎儿井龙口采取一定的保护和加固处理措施。 其主要措施是卵形钢筋混凝土预制涵对坎儿井的暗渠末端 5 米长段进行加固，暗渠终点处（卵形钢筋混凝土预制涵末端）用人工夯实的黏土挡土墙挡土，挡土墙底部厚 1.50 米，宽 1.96 米，顶部厚度 0.60 米，宽 5.16 米，高 3.20 米。 卵形涵末端与明渠防渗 U 形渠道连接。

（五）明渠防渗工程

对坎儿井龙口到涝坝段的明渠保护加固措施比较少，坎儿井的明渠一般都比较短，而且位于透水性相对弱的土质水区域，要想保持其原貌，一般不做保护加固，只是简单地清除泥土和杂草，最多是用砌石或 U 形渠。

四、坎儿井掏挖与现代维修

坎儿井的掏挖工艺基本上仍沿袭着古老的传统。 掏挖方式首先根据耕地或拟垦荒地位置，向上游寻找水源并估计潜流水位的埋深，确定坎儿井的布置。 根据可能穿过的土层性质，考虑暗渠的适宜纵坡，然后开挖暗渠。 一般从下游开始，先挖明渠的首段和坎儿井的出水口，然后向上游逐段布置，开挖竖井。 每挖好一个竖井，即从竖井的底部向上游或下游单向或双向逐段挖通暗渠。 最后再从头至尾修正暗渠的纵坡。 为了防止大风把沙土刮进坎儿井，并避免冬天被冻坏，竖井口处冬季常用树枝、禾秆及土壤分层封盖。挖暗渠时因工作面较窄，一处只能容一人挖，靠油灯照明并定向。其定向方法，主要是在竖井内垂挂两个油灯，从这两个灯的方向和高低，可以校正暗渠的方向和纵坡。坎儿井的掏挖工作一般需 4 至 6 人，即内井底挖掘暗渠 1 至 3 人，井口提土 1 人，井外倒土 1 人，驾驶拖拉机（历史上曾用人力或耕牛）1 人，遇到松散砂层时，需局部用板支撑，避免塌方，并防止以后水流淘刷。

坎儿井掏挖工艺从最原始的人工技艺发展到现在保护加固中的现代工艺，其目的就是更好地保护好这一伟大的水利工程。在现代维修中仍然沿用古老的掏挖工艺，在具体实施中通过不断地探索和大胆创新，坎儿井保护加固措施也在不断完善和提升。一是根据坎儿井暗渠构造特点，预制构件卵形涵从最初的方形构件，改进为卵形构件，再由大尺寸变为小尺寸，满足了坎儿井保护实际需求；二是竖井盖板由方形水泥构件改进为木质盖板，有效解决了井盖板盐碱化和拆卸不方便的不足；三是针对坎儿井龙口、明渠及涝坝设施陈旧、缺乏文化氛围的问题，积极改善龙口、明渠及涝坝周边环境，打造坎儿井文化广场，令其成为村民休闲娱乐的好去处。

通过维修加固工程，坎儿井文物本体得到有效保护，坎儿井传统工艺得以延续，同时该工程惠及广大群众，也使当地群众文化遗产保护意识得到显著提升。文化遗产保护的主体是人民，而坎儿井保护维修工程秉承“文化遗产回归到人民中去”的保护理念，让群众认识到：坎儿井不仅仅是用于灌溉的水利设施，更是吐鲁番绿洲文化的载体，是祖辈遗留下来的珍贵的历史文化遗产，保护与利用并重是我们肩负的神圣使命。

吐鲁番市文物局五期维修加固坎儿井述略

徐　静

2009 年 12 月 17 日，吐鲁番地区（今吐鲁番市）举行坎儿井保护与利用工程启动仪式，仪式当天为两县一区掏捞人员发放了各种掏捞作业工具，包括拖拉机 30 台，专用掏捞井架 30 座，专用皮桶 60 个；配备专用作业服装、铁锹、十字镐、安全绳、安全帽、钢丝绳、交通工具、掏捞人员人身保险等，总计价值 223 万元。至此，坎儿井工程实施的各项筹备工作均已就绪，清淤掏捞阶段的工作随即在两县一区全面展开。

从 2009 年起，国家文物局累计投入资金上千万元，在吐鲁番各级政府的组织领导下，在各级文物、水利部门团结协作，各县、乡镇政府全力配合协助下，共组成 36 个掏捞队，对年久失修、暗渠淤塞、局部坍塌严重的坎儿井进行掏捞和维修加固。

一、坎儿井维修加固背景

（一）分布

据全国第三次文物普查结果统计，全疆共记录坎儿井 1540 条，其中乌鲁木齐市 2 条、昌吉回族自治州 86 条、哈密地区 340 条、阿图什市 2 条、喀什地区 1 条、和田地区 1 条。此外，吐鲁番市有坎儿井共计 1108 条（详细分布情况见图 1），其中有水坎儿井 278 条，已干涸 830 条，总长度约 4000 千米，竖井总数超过 10 万个，总灌溉面积约占吐鲁番市灌溉总面积的 8%。[①]

① 新疆维吾尔自治区文物局编：《新疆维吾尔自治区第三次全国文物普查成果集成：新疆坎儿井（一）》，科学出版社，2011 年。

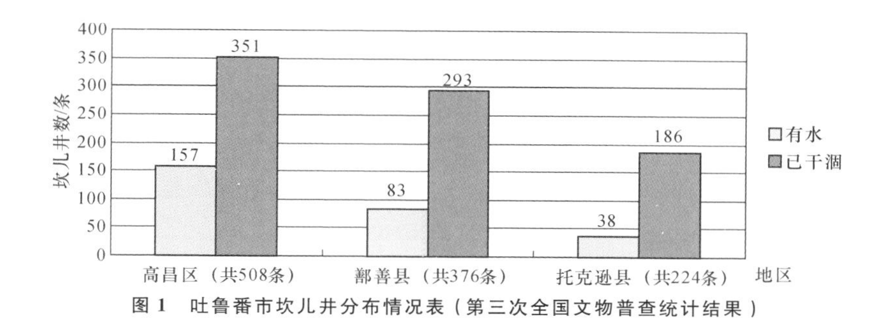

图 1　吐鲁番市坎儿井分布情况表（第三次全国文物普查统计结果）

（二）作用及地位

吐鲁番坎儿井记载着人类农业水利技术上的飞跃，是当地劳动人民摸索出的利用地下水灌溉最理想的模式，它成本低，水质好，水流稳定且长年不断，可以部分代替渠水。坎儿井在长期的发展中，对当地人们的生产生活等方面都有重大的影响，形成了独特的社会文化。随着对坎儿井掏挖和加固技术的改进，它仍将是吐鲁番盆地生产生活用水的重要补充。

坎儿井现阶段能够发挥的作用已不是单纯的农业灌溉，更重要的是其历史价值及旅游价值，因此加强对坎儿井的保护意义重大。

二、坎儿井维修加固介绍

（一）维修加固工程的实施

自 2006 年坎儿井地下水利工程被公布为国家重点文物保护单位以来，坎儿井的保护和利用工作受到了来自文化遗产保护界人士的关注。坎儿井的维修加固工程和申报世界文化遗产的工作，经过多次论证和缜密筹备，取得了实质性进展，坎儿井维修加固工程被提上重要议事日程。

2009 年 3 月，新疆坎儿井保护与利用培训班在吐鲁番召开，对基层从事坎儿井保护、维修的工匠，从文化遗产保护角度进行理论知识的培训，为工程的顺利实施打下了坚实的理论基础。

2009 年 11 月，原吐鲁番地区坎儿井保护与利用工作领导小组第一次会议召开。会上通过了《吐鲁番地区坎儿井保护工程分级管理（试行）办法》，与会专家对各县市部分典型坎儿井维修加固方案进行了充分论证，确定了一期工程维修加固名单。

（二）维修加固工程涵盖内容

坎儿井由竖井、暗渠、龙口、明渠和涝坝（蓄水池）五部分组成，坎儿井维修加固工程主要针对暗渠、竖井及龙口部分，明渠及涝坝的维修较少。

1. 暗渠维修加固

（1）暗渠加固工程主要措施：

①掏捞清淤。暗渠洞顶土层因稳定性较差而严重脱落，或由于地质构造原因造成大面积集中坍塌，淤积严重。坍塌严重的区段大多位于人口密集的村庄内，公路、铁路附近，因此暗渠加固首先要布置工程安全措施。其余 95%～97%的区段仅需通过传统的掏捞工艺，将暗渠内淤积的表层淤泥质土和腐殖土清除，即可满足人民的生产、生活用水需要。

②暗渠加固。采用卵形钢筋混凝土预制涵加固，第一、二、三期坎儿井维修加固工程采用卵形钢筋混凝土预制涵加固，卵形钢筋混凝土预制涵设计高 1.70 米，壁厚 0.08 米，每段长 0.30 米。卵形钢筋混凝土预制涵内轮廓尺寸由长、短半轴分别为 1.30 米和 0.40 米的半个椭圆及半径为 0.40 米的半圆内切而成。为了保证卵形钢筋混凝土预制涵在制作、运输和安装过程中的完整性，配有钢筋网。卵形钢筋混凝土预制涵的优点是抗压性能好，造价低廉，便于人们下井检查、清淤，减少水量渗漏损失。

2. 竖井维修加固

（1）井口防护：第一、二、三期坎儿井维修加固工程竖井加固采用预留下人孔的钢筋混凝土矩形盖板覆盖井口。

①A 类井口加固措施。竖井加固采用预留下人孔的钢筋混凝土矩形盖板覆盖井口。

②B 类井口加固措施（井口坍塌半径大于 1 米）。部分竖井井口坍塌较为严重，坍塌半径大于 1 米，故需要对这部分竖井进行加固。

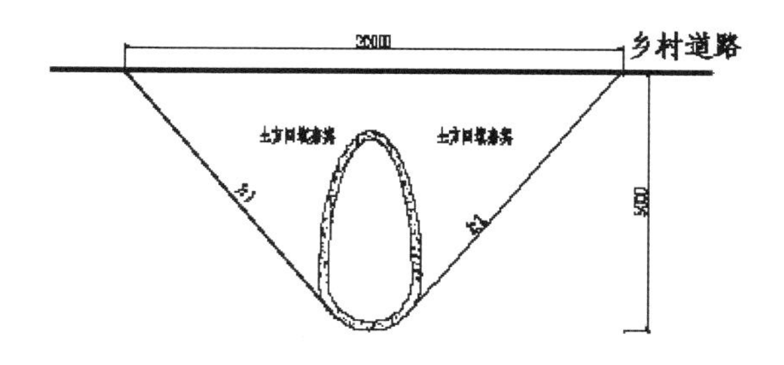

图 2　与道路交叉处特殊剖面处理图

③C 类井口加固措施（井口坍塌半径小于 1 米）。竖井口坍塌较为严重，坍塌半径大于 1 米。

④D 类井口加固措施（井底侧壁支护）。吐鲁番坎儿井根据土质可区分为沙坎和土坎，加固工程中据每条坎儿井现场勘察具体情况，制定其井底进行侧壁与竖井底接口处的暗渠加固，工程所用挂网采用塑料土工格栅的规划。（见图 9、图 10）

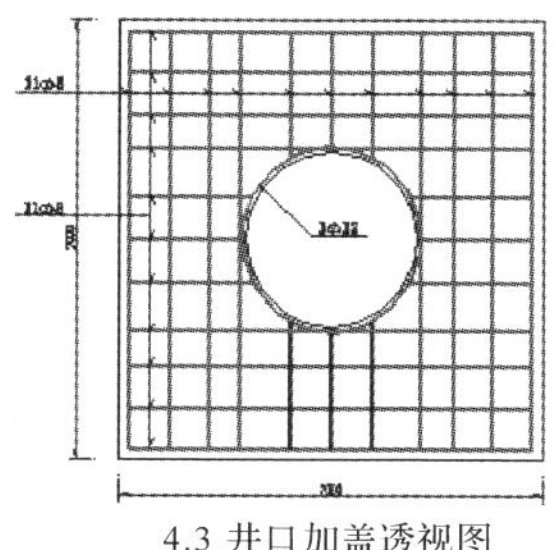

4.3 井口加盖透视图

图 9　井口加盖透视图（1：10）

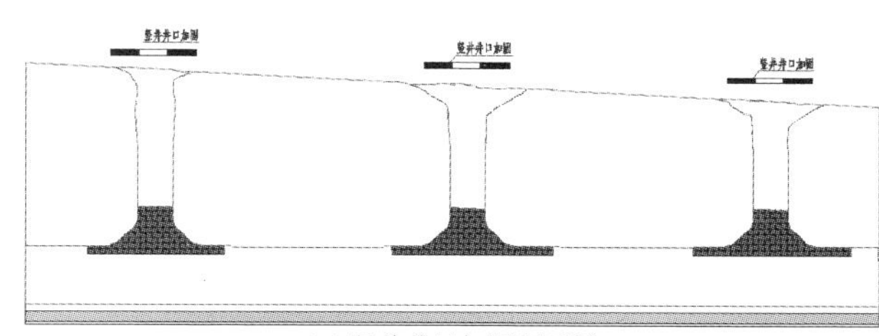

4.4 竖井井口加固剖面图

图 10　竖井口加固剖面图（1：10）

3. 竖井与暗渠交接处加固工程

由于竖井与暗渠交接处坎儿井的塌方严重，暗渠内空间比较大，因此可在竖井与暗渠交接处留 1 米长段不安装砼卵形预制涵，将这 1 米长段用浆砌石砌成外廓高度为 2.06 米、内轮廓底部内切成半径为 0.40 米的半圆，上口做成圆形，顶上盖上砼井盖即可。盖板直径 0.90 米，厚度 0.08 米。

4. 龙口维修加固

坎儿井龙口是暗渠和明渠的分界线，也是坎儿井水利用的初始点，因此为了提高坎儿井出口的结构稳定性、美观性和取水方便性，需要对坎儿井龙口采取一定的保护和加固处理措施。坎儿井龙口采取的主要工程措施是用卵形钢筋混凝土预制涵对坎儿井的暗渠末端5米长段进行加固，暗渠终点处（卵形钢筋混凝土预制涵末端）用人工夯实的黏土挡土墙挡土，挡土墙底部厚1.50米，宽1.96米，顶部厚0.60米，宽5.16米，高3.20米。

5.明渠及涝坝

坎儿井龙口到涝坝段的明渠，多为土渠，土渠渗漏损失大，容易造成水土流失。根据当地地质状况，土质类型属冻涨土，并且有些坎儿井明渠坡度小，在尽量减少对堤岸林木破坏的前提下，我们采用0.06米厚预制U形砼板作为坎儿井明渠段的防渗层，每段长0.50米，接缝处用砂浆填缝，这样可有效降低坎儿井明渠输水段沿途水量损失，提高坎儿井水利用效率。部分坎儿井保持原貌，不做保护加固措施，只做简单的清除泥土和杂草。

（三）维修加固工程的重要意义

通过采取有效的工程措施，达到防坍塌、防淤积、防渗漏和保护水源、提高水的利用率、减少维护工作量的保护加固目标，最大限度遏制坎儿井的消亡速度，确保坎儿井的有效遗存，达到延长其中的历史信息的留存期的目的。

三、维修加固工程作用及展望

（一）经济推动作用

吐鲁番坎儿井不仅具有很高的历史文化价值，而且在现代水利灌溉事业中也发挥着重要作用。目前吐鲁番仍有278条有水坎儿井，为当地人民的生产生活提供助力。坎儿井工程实施主体为坎儿井所在村的村民，每位参与维修的当地村民平均直接获益5000元以上，这不仅解决了农村富余劳动力就业问题，还给农民带来了直接的经济利益。因此坎儿井也为当地社会稳定、经济发展提供了重要保障。

（二）文物保护作用

新疆坎儿井是我国古代当地居民根据当地独特的地理环境、气候条件，利用山前冲积扇地下潜水进行农田灌溉和人畜饮用而发明创造的水利工程，是劳动人民智慧的结晶。

新疆坎儿井有着悠久的历史，见证了绿洲的繁荣和发展，对绿洲文明的养育起到了决定性作用。全疆的坎儿井暗渠总长度超过了5000千米，和广西的灵渠、四川的都江堰并列为中国古代三大水利工程，是干旱区绿洲农业发展史上的一个里程碑，而全疆的坎儿井尤以吐鲁番坎儿井最为典型。

吐鲁番坎儿井历史悠久、数量众多、发挥作用时间较长且目前仍在使用，在世界古代人工地下水利工程中占有极其重要的地位，具有极高的历史价值和科学价值。研究吐鲁番乃至整个新疆的绿洲历史，必须把坎儿井放到当地文明的重要位置上。

（三）科学价值

在古代科学技术不发达的条件下，这种结构简单、无须耗用动力、自流引出地下水的方法充分显示了古代劳动人民的勤劳和智慧。因此，坎儿井的存在反映了当地古代劳动人民通过劳动实践所掌握的地理、地质、水文、水利等相关知识的水平，以及地下渠道开挖中定向、通风、采光、出渣等高超的施工技艺，为研究当地的地质、水文、历史、文化、民俗等提供了不可多得的实物和历史信息。

吐鲁番坎儿井记载着人类农业水利技术上的飞跃，是当地劳动人民摸索出的最理想的利用地下水的灌溉方式，它成本低，水质好，水流稳定且长年不断，可以部分代替渠水。坎儿井在漫长的历史发展过程中，对当地居民生产生活产生了重大影响，形成了独特的社会文化。

（四）文化传承作用

由于开凿掏捞坎儿井方法原始，劳动强度大，维修费用高，施工条件和安全保护较差，存在较大危险性，年轻人不愿从事该项工作。坎儿井保护与利用工程正式启动以来，由于有了充足的经费保障，民间施工队在安全、技术、设备等方面都有了强有力的保障。在坎儿井保护加固过程中，也培养了一大批年轻的坎儿井技艺传承人，他们在参与坎儿井的维修加固工程中，掌握了坎儿井的掏捞技术，有了一技之长。这些技艺的传承既能保证对坎儿井的真实性实现最小干预，又有利于文化遗产的世代传承，兼顾了物质文化遗产与非物质文化遗产的双重保护。

（五）生态价值

坎儿井水除了用于农业灌溉和生活饮用外，还浇灌着大量的植被。坎儿井水是绿洲很多植被获得水源的主要途径之一，坎儿井水流淌过的地方，生态环境得到了恢复，绿化面积增大了。通过维修加固工程，坎儿井水量普遍增加30%至60%，在有效解决当地住户用水困难的同时，也使坎儿井及其周边生态环境得以改善，坎儿井原始风貌得到有效保护，以坎儿井涝坝（蓄水池）为中心的微环境也得以有效保护和改善。坎儿井的龙口及涝坝区域，逐渐成为当地村民休闲娱乐的场所。

如果发生坎儿井断流现象，现有的生态平衡便会遭到破坏，因此坎儿井对绿洲的生态起到至关重要的作用。

（六）旅游价值

吐鲁番坎儿井在解决当地居民生产生活用水的同时，还为当地旅游增添了一道亮丽风景，每年大量中外游客慕名前来，无不被其恢宏气势和巧夺天工所折服，由衷地佩服吐鲁番古代劳动人民的智慧和辛勤劳作。

在国家级旅游城市吐鲁番，每年均有成千上万的中外游客前来参观坎儿井这项伟大的地下工程，坎儿井为吐鲁番的旅游事业做出了巨大的贡献。

（七）对坎儿井的展望

第一，划定保护范围（文物保护核心区）和建设控制地带，制定管理要求，并正式公布。

第二，健全政策和综合保障体系，合理利用水资源，稳定坎儿井水源保障。

第三，着力开展坎儿井历史文化研究，充分利用坎儿井协会、吐鲁番学研究院业已打造的良好平台，发挥专家学者的重要作用，融合历史、地质、水利、结构等多学科的开放性展开相关工作；同时，通过内联外引、构建人才梯队等方式，培养专业研究人才，加强坎儿井申遗、保护等领域研究。

第四，围绕坎儿井，充分发挥其环保生态功用，开发集展示、科普、研究、利用等功用为一体的高品质展示平台，进一步扩大坎儿井的对外宣传，提高其国际影响力，推进坎儿井科研利用工作，选择合适区域新建坎儿井申遗集中展示场馆。

坎儿井涝坝的保护与再利用

芦　韬　周　芳

吐鲁番以酷热少雨著称于世，气候极端干燥，在这样的气候环境下，吐鲁番人民利用天山与吐鲁番盆地的地形高差，在渗水性较强的砂砾层土壤上，通过开挖地下暗河——坎儿井，将天山山区丰富的水资源引入吐鲁番盆地，来保障当地人们的生产和生活用水。坎儿井对吐鲁番绿洲的生存和发展起着至关重要的作用，被誉为吐鲁番的生命之源。

关于吐鲁番盆地坎儿井的起源和时代，目前学界存在争议，但从清代中期之后，有关坎儿井的记载大量见于各类中外史籍。① 2006 年 5 月 25 日，坎儿井被国务院公布为第六批全国重点文物保护单位。

吐鲁番盆地的坎儿井不是单独的一口水井，而是由地下暗渠、竖井、龙口、明渠、涝坝五部分组成的一个完整水利灌溉系统。其中，涝坝作为坎儿井最后一个部分，在涵蓄水源、维系周边绿洲、保障附近居民生产生活用水等方面，发挥着积极作用。

坎儿井涝坝又称作蓄水池，其结构比较简单，基本上由三部分组成。一是明渠流入涝坝处的注水口，位于涝坝的上游。二是作为坎儿井涝坝主体部分的蓄水池及其坝体。三是溢水口，即水从涝坝向下游流出的地方。在注水口和溢水口处，通常设置可以提升降落的闸门来调节涝坝内的蓄水量。坎儿井涝坝深度一般为 1～3 米，关于其开凿方法，据《回疆通志》记载："人家果木园中或城村附近，必修平地一段方三四丈或八九丈不等，四周挑水引渠满注其中，渠内外密植绿柳白杨，以为暑月休

---

① 《清实录》道光十九年(1839 年)乌鲁木齐都统廉敬的奏折、和瑛的《三州辑略》、陶宝廉的《辛卯侍行记》等文献，包括 19 世纪末 20 世纪初在新疆进行探险和文化掠夺的勒柯克、克兹洛夫、斯坦因、橘瑞超等外国探险家的游记，均有对坎儿井的记载和描述。

息之所，谓之伯斯塘。”[①]时至今日，吐鲁番地区的涝坝修筑还沿用此法，先向下开挖土方，形成有一定深度的大坑，然后对坑底及四壁进行平整，最后开明渠引水注入有一定水域面积的具有蓄水功能的涝坝。

坎儿井涝坝被吐鲁番当地的维吾尔族群众称为“坎尔孜考累”（kariz koli），也就是“坎儿井的湖”。虽被称为湖，但坎儿井涝坝的面积及蓄水量却各不相同。查阅2009年至2015年吐鲁番地区坎儿井保护加固工程设计方案中的数据，涝坝容量最大的坎儿井为位于鄯善县连木沁镇坎儿村的多勒昆琼坎儿井，其明渠长度为7000米，暗渠长度4000米，有竖井口95个，涝坝容量竟达25000立方米，灌溉面积120平方米。而有的坎儿井如同处鄯善县的园艺场红土坎儿井、辟展乡克孜勒生额坎儿井则没有涝坝。新疆维吾尔自治区坎儿井研究会2002年至2003年的数据显示，全疆有水的614条坎儿井中，有涝坝的有416条。[②]

一、坎儿井涝坝利用的传统方式

坎儿井涝坝对维系吐鲁番绿洲的可持续发展、保障当地民众的生产生活用水方面起着重要的作用，因此，坎儿井涝坝利用的传统方式可以归结为以下几点。

（一）灌溉功能

水是维系吐鲁番绿洲农业的重要因素，当地人民通过坎儿井成功地将天山冰川融水引入吐鲁番盆地进行农业灌溉。清代投笔从戎来到新疆的湖南诗人萧雄，在其《西疆杂述诗》中写道：“道出行回火焰山，高昌城郭胜连环。疏泉穴地分浇灌，禾黍盈盈万顷间。”[③]这正是对坎儿井灌溉功能的真实生动的写照。

在坎儿井体系中，由于暗渠深藏地下，竖井口与水面落差大而取水不易，直接发

① 和瑛：《回疆通志》卷十二，民国十四年（1924年）影印本。
② 吾甫尔编：《坎儿井》，新疆人民出版社，2015年。
③ “吐鲁番文库”编委会编：《吐鲁番诗词选》，湖南人民出版社，2016年。

挥灌溉功能的部分就是明渠和涝坝。坎儿井明渠和涝坝交汇处，通过设立分水口或直接用抽水机械，将坎儿井中的水引到水渠中，流向需要浇灌的田地。根据相关数据，在新中国成立后至20世纪80年代，吐鲁番盆地吐、鄯、托三地坎儿井灌溉面积达到历史同期最大，1949年坎儿井年径流量为4.871亿立方米，灌溉面积为23.17万亩；1957年坎儿井年径流量为5.562亿立方米，灌溉面积为26.46万亩；1966年坎儿井年径流量为6.599亿立方米，灌溉面积为31.39万亩；1975年坎儿井年径流量为5.08亿立方米，灌溉面积为24.16万亩；1985年坎儿井年径流量为2.734亿立方米，灌溉面积为21.04万亩；1995年坎儿井年径流量为2.173亿立方米，灌溉面积缩减到10.34万亩。① 进入20世纪90年代之后，随着吐鲁番地区水库、水渠、机井等水利设施的快速兴建，坎儿井的灌溉面积大为缩小，但是坎儿井在充分利用地下水尤其是在解决春旱方面，仍有不可替代的作用。根据对比研究，坎儿井水比机井水的盐碱值低，而且经坎儿井水灌溉后的土壤肥力高于机井水，对农作物生长没有抑制作用。②

在调查时，笔者发现这样一个怪现象，吐鲁番地区坎儿井涝坝容量居然与灌溉面积不成正比。以吐鲁番地区文物管理局2009年编制的坎儿井保护加固工程方案中的数据为例，鄯善县琼坎儿井涝坝容量为13500立方米，灌溉面积为50平方米，同县吉尔尕坎儿井涝坝容量为2000立方米，灌溉面积为40平方米，而同县的米里克阿吉坎儿井，其涝坝容量为800立方米，灌溉面积微乎其微。究其原因，笔者认为还是由于各坎儿井所处的自然地理环境和使用情况存在差异，尤其是明渠和涝坝在灌溉功能上的分配不同导致的，如上述提到的米里克阿吉坎儿井的灌溉功能主要通过明渠发挥，涝坝只承担蓄水功能。

（二）日常生活用水源地

坎儿井除在农业灌溉上作用极大外，还曾是吐鲁番盆地人民重要的日常生活用

① 吐鲁番地区地方志编纂委员会编：《吐鲁番地区志》，新疆人民出版社，2004年。

② 热比亚·买买提等：《吐鲁番市水资源现状及水质特征分析》，《安徽农业科学》2013年第41卷第20期。

水来源，而作为坎儿井蓄水汇水的涝坝，则成为重要的水源地。20世纪80年代之前，自来水、机井水还未普遍作为生活用水来源之时，当地民众都是从明渠或涝坝中取水烧饭、洗衣，而且坎儿井的水引自天山冰川融水形成的地下潜流，水质较好，相关科研人员通过对吐鲁番市亚尔乡（2014年5月改为镇）境内的坎儿井水进行实验室分析，得出坎儿井水pH值为7.5，对人体有影响的矿化物、阳离子（钾、钠、镁）、阴离子（氯化物、硫酸盐）的含量都达到国家《生活饮用水卫生标准》（GB5749—2006）的结论。① 新疆水环境监测中心对吐鲁番盆地69条坎儿井水质的监测信息表明：其中57%的坎儿井满足生活饮用水标准，83%的坎儿井适合于农田灌溉用水。②

（三）居民消暑休闲处

吐鲁番盆地夏季温度极高，相关气象数据显示，1961年至2012年，吐鲁番气温在40℃以上的高温天数为1987天，45℃以上的极端高温天数为87天。③ 烈日炎炎下，坎儿井涝坝周边却绿树成荫，当地群众称其为“博斯塘”，即绿洲之意。坎儿井涝坝周边因水的滋养而孕育的小绿洲，树荫翳翳，清风阵阵，在酷热的吐鲁番，成为人们消暑避夏的好去处。

吐鲁番居民在涝坝附近消闲避暑，年长点的男性居民会玩一种叫“下方”的游戏，这种游戏一般由两人进行，道具很简单，有的用的是方格棋盘配黑白子，有的直接在地面画由大小方格组成的土棋盘，然后在其中画十字线将方格等分为数块小方格，后用棋子、小石子甚至小木棍在交叉线上进行游戏。妇女们则多以边洗衣服边聊天的形式消磨时间，年轻人聚在涝坝边打扑克。由于大多数涝坝很浅，夏天那里也成为孩子们的乐园，在涝坝蓄水池中戏水、捉鱼的童年经历，让那些土生土长的吐鲁番人永生难忘。

---

① 热比亚·买买提等：《吐鲁番市水资源现状及水质特征分析》。

② 林亚：《新疆吐鲁番盆地坎儿井的天然水质特征分析及评价》，《地下水》2010年第5期。

③ 吴新玉、张庆新等：《吐鲁番≥40℃的高温天气气候特征及变化分析》，《宁夏农林科技》2013年第8期。

二、坎儿井涝坝当前面临的困境

随着全球气候变暖以及吐鲁番社会经济的飞速发展，人口增加，城镇化进程的加快，原有的传统生产生活方式发生了翻天覆地的改变，这种急速变化对坎儿井涝坝产生了一定的不利影响。

（一）干涸严重

吐鲁番盆地地处我国西北干旱区，降水量稀少而蒸发量极大。进入 20 世纪 80 年代之后，随着该区域人口数量的增加，耕地面积的扩大，大批工矿企业建设导致了用水量的激增。

为满足生产生活用水，当地大力开打机井。吐鲁番的机井最早开打于 1957 年，1967 年至 1977 年形成第一次机井建设高潮，十年间打井总计 400 眼。[①] 而到了 20 世纪 80 年代之后，机井数量急剧上升，吐鲁番市（现高昌区）1985 年开打机井 1095 眼，1990 年全市机井数量为 1233 眼，1995 年机井数量为 1529 眼。[②] 机井的不合理开打，造成了吐鲁番盆地地下水水位的下降，20 世纪 80 年代，吐鲁番市（现高昌区）机井平均深度仅为 19.7 米，但是到了 2000 年，吐鲁番市（现高昌区）机井平均深度已达 107 米。[③]

地下水水位的下降对坎儿井的生存造成了严重威胁。2009 年吐鲁番地区文物局管理第三次全国文物普查数据显示，吐鲁番盆地现存坎儿井为 1108 条，其中有水的为 278 条，仅占总数的约 25%。以 1966 年与 2009 年坎儿井相关资料做对比，坎儿井数量从 1966 年的 1161 条降至 2009 年的 278 条，减少了 76.06%；同期，坎儿井流

---

① 《（1991 年 1 月）吐鲁番市水利与农田基本建设规划》，吐鲁番地区档案馆水电局档案第 73 卷。

② 《吐鲁番市志》编纂委员会编：《吐鲁番市志》，新疆人民出版社，2002 年。

③ 李吉玫、张毓涛：《近 60 年新疆吐鲁番盆地坎儿井衰败的影响因素及环境效应》，《水土保持通报》2013 年第 5 期。

量从 20.95 立方米每秒降至 7.26 立方米每秒，减少了 65.35%；出水量从 6.61 亿立方米降至 2.12 亿立方米，减少了 67.93%；控灌面积从 25150 万公顷降至 7300 公顷，减少了 70.97%。[①] 坎儿井出水量及流量的减少，导致了涝坝缺水、淤塞乃至干涸。

（二）水体及周边污染严重

吐鲁番盆地中许多涝坝与居民生活的村庄、街道紧邻，居民用化学品制成的洗衣粉、洗衣液、肥皂在涝坝中清洗衣物，或将生活废水倾倒到涝坝中，对涝坝水体造成了污染；农业生产中大量使用化肥、农药、除草剂而造成的农田污水流入或渗入涝坝，也是涝坝水污染的重要来源。加之坎儿井水流量小，涝坝自身净化循环周期较长，随着时间积累，许多涝坝的水质极差，甚至出现水的富营养化现象。进入 21 世纪，吐鲁番盆地各区县城镇化及工业化步伐加快，工矿企业的兴建给坎儿井水质的保护带来了新的难题。

此外，部分涝坝的周边环境也不容乐观。由于吐鲁番夏季气候炎热，当地居民大多喜欢在涝坝的阴凉处避暑消闲，虽说吐鲁番当地民众有不向坎儿井中倾倒脏物的传统约定，但总有环保意识淡薄的人在涝坝周边丢弃杂物、倾倒垃圾，如果涝坝使用单位再管理松懈，不及时清扫，就会出现垃圾成堆、臭气熏天、蚊蝇乱飞的现象。（见图 1）涝坝周边杂乱无章四处横生的芦苇、杂草也影响了涝坝环境的美观度。

（三）涝坝本体维护及管理存在一定问题

坎儿井涝坝的坝体多为就地取土夯筑而成，也就是说，吐鲁番市涝坝多是土涝坝，受该地区高温、暴晒、大风及虫蚁害等因素影响，加之涝坝内水流侵蚀及人工维护不善，土质涝坝本体极易出现坍塌、开裂、渗水、蓄水池淤塞等险情，影响涝坝的正常使用。如吐鲁番市高昌区葡萄乡（2015 年改为镇）贝勒克其坎儿井，20 世纪 60 年代水流量最大时，曾日灌溉 10 亩，由于水流量减少加之涝坝坍塌、淤积等，现日

---

① 李吉玫、张毓涛：《近 60 年新疆吐鲁番盆地坎儿井衰败的影响因素及环境效应》。

图 1　吐鲁番市高昌区恰特喀勒乡萨依坎儿井涝坝，水体污染严重（2017 年 3 月 28 日摄）

灌溉不到 5 亩。[①]

此外，在《新疆坎儿井保护条例》出台之前，吐鲁番市坎儿井的管理上存在着权责不分、管理不到位的问题，具体表现是坎儿井所有权一般归属村集体或国有性质农场（包括生产建设兵团下辖的连队），而对水资源的管理是水利部门的责任，同时，坎儿井作为文物保护单位，各级文物行政主管部门对坎儿井也有管理权限。如果要对坎儿井进行维修加固，也需要建设部门和规划部门审批。缺乏立法的多头管理，给缺乏维修坎儿井资金、技术的农民带来了困惑，他们不知道该找哪个部门去解决问题，从而影响当地农民保护与利用坎儿井的积极性。

不过，最终在党和政府的高度重视下，在全社会的积极关注与干预下，坎儿井保护与利用工作克服重重困难，在 21 世纪初取得了重大突破，在实践中，吐鲁番探索出了一种坎儿井保护与再利用的新型模式。

① 新疆维吾尔自治区文物局编：《新疆维吾尔自治区第三次全国文物普查成果集成：吐鲁番地区卷》，科学出版社，2011 年。

三、坎儿井涝坝保护与再利用的新型模式

坎儿井作为一项活态的文物，在新世纪越来越多地获得了社会的关注，其保护与展示利用工作，也逐渐被吐鲁番当地各级政府纳入政府承诺实施的惠民工程之中。坎儿井及其涝坝的保护与展示利用工作，面临极大的困境，但通过当地文物部门、水利部门及参与坎儿井维修与展示利用的当地群众的探索实践，也摸索出一些新的行之有效的方法。

（一）推进坎儿井保护立法与保护加固

进入21世纪以来，随着吐哈盆地社会经济的迅速发展，人口增加、地下水超额开采等对坎儿井的人为破坏进一步加剧，因此，社会有识之士对坎儿井加强立法保护的呼声越来越高涨。在新疆维吾尔自治区党委和政府主导下，在社会各界推动下，2006年9月29日新疆维吾尔自治区第十届人民代表大会常务委员会第二十六次会议通过了《新疆维吾尔自治区坎儿井保护条例》，并于2006年12月1日起正式开始施行。《新疆维吾尔自治区坎儿井保护条例》使坎儿井文物本体和周边生态环境得到有效的法律保护，也使坎儿井的保护与管理工作权责明晰，有法可依。

与此同时，在国家文物局的指导下，新疆文物工作者积极推动，坎儿井于2006年5月25日入选第六批全国重点文物保护单位，使坎儿井的保护与利用工作在技术、资金、保护管理制度上得到了国家层面的保障，进一步为坎儿井的保护提供了坚强后盾。自此以来，坎儿井的保护和利用工作越来越多地从文化遗产保护的角度被关注。坎儿井的申遗工作，经过多次论证和缜密筹备取得了实质性进展，对坎儿井进行维修加固也被地方政府和文物行政部门提上了重要议事日程。

在各级政府的大力支持和文物管理部门的积极推动下，2009年12月17日，吐鲁番市的坎儿井抢救性保护加固工程正式启动，该项工程从立项、方案到施工组织设计，严格遵循“保护为主、抢救第一、合理利用、加强管理”的文物保护十六字方

针，在坎儿井维修过程中采用原材料、原工艺进行维修保护，最大限度地保留、还原坎儿井所蕴含的历史文化信息，最大限度地保持坎儿井的历史原状。该工程涵盖了暗渠加固、龙口加固、竖井口井座（盖）安装、明暗渠防渗、涝坝加固，维修加固过程中遵循重点部位重点加固的原则，对易发生坍塌、堵塞的部位重点加固，兼顾可预见范围内存在危险的区域，突出做好龙口段的加固及恢复原始外观工作。

为协调统一领导吐鲁番市的坎儿井抢救性保护加固工程，在吐鲁番地委和行署的牵头下，在文物、水利等部门及各县市、乡镇政府的积极参与下，坎儿井领导小组办公室成立了。同时，坎儿井领导小组办公室成立了专门的宣传机构，该宣传机构由吐鲁番电视台、吐鲁番广播电台、吐鲁番地区文物管理局抽调专人共同组成。国家文物局、自治区文物局官网和新疆各级报社、政府网站，大力宣传坎儿井保护和利用工程各阶段的实施情况和援疆惠民的重要意义。

2009年至2016年，吐鲁番坎儿井抢救性保护加固工程先后实施五期，累计完成近130条坎儿井的加固维修，有效缓解了坎儿井的病害破坏，坎儿井的暗渠、竖井、龙口、明渠、涝坝等本体得到了妥善保护，最大限度遏制了坎儿井的消亡速度，确保了坎儿井的有效保护和利用。（见图2）工程的实施主体为坎儿井所在村的村民，每位参与维修的当地村民平均直接获益5000元以上，解决了农村富余劳动力就业问题；同时也培养了一大批年轻的坎儿井技艺传承人，使他们在参与坎儿井的维修加固工程中，掌握了坎儿井的掏捞技术，有了一技之长。通过维修加固工程，坎儿井水量普遍增加了30％～60％，在有效解决当地住户用水困难的同时，也使坎儿井及其周边生态环境得以改善，坎儿井原始风貌得到有效保护。文化遗产保护的主体是人民，此次坎儿井保护维修工程秉承“文化遗产回归到人民中去”的保护理念，通过让群众参与坎儿井文物保护工程的各个环节，让群众认识到坎儿井不仅仅是用于灌溉的水利设施，更是吐鲁番绿洲文化的载体，是祖辈遗留下来的珍贵的历史文化遗产，保护与利用并重是全体吐鲁番人民肩负的神圣使命。

（二）开发旅游价值

旅游资源的独特性是旅游资源内涵价值的重要体现，坎儿井因其在炎热干燥的

图 2　鄯善县农民正在维修加固坎儿井龙口（摄于 2011 年 7 月）

气候环境下形成的独特的工程结构构造，加之围绕坎儿井形成的特殊民族风情，让其拥有了有别于其他地区人文景观的独特性。因此，开发坎儿井人文景观具有极大的价值。

坎儿井景观的旅游开发始于 20 世纪 90 年代。1993 年 5 月，吐鲁番坎儿井乐园建成并对外开放，标志着坎儿井旅游开发事业的起步。坎儿井乐园依托具有近 200 年历史的米依木阿吉坎儿井，通过对该坎儿井的暗渠、龙口、竖井口、涝坝部分及坎儿井发展历史与挖掘掏捞工艺的全面展示，让游客在炎炎夏日亲身感受坎儿井暗渠中的清凉，让坎儿井对游客更具吸引力。此后，吐鲁番市继续加大对坎儿井景观旅游开发的力度，2000 年 7 月，坎儿井民俗园落户亚尔乡（今亚尔镇）新城西门村，在坎儿井景观展示基础上，该景区又增加民族歌舞餐厅、传统民居宾馆、葡萄风情园和特产专卖商场，主打成集餐饮住宿、民族歌舞、休闲度假、观光购物为一体的现代化旅游景区。

除由政府和大型公司主导的对整条坎儿井进行的商业旅游开发外，最近几年，围绕坎儿井涝坝，一些新型的旅游方式也如雨后春笋一般，呈现在世人面前。

（三）发展养殖业

坎儿井涝坝有一定的水域面积，为鸭、鹅等家禽的养殖提供了一定的便利条件，而且鸭、鹅抗病力强，养殖技术要求不高，便于农户分散养殖。

近年来，吐鲁番加大了对农村地区的扶贫力度，并积极探索开发式扶贫新模式，变“输血式”扶贫为“造血式”扶贫，以产业扶贫带动农民增收的积极性。驻村工作组和村委会积极联络相关部门和银行，通过免费赠送或无息贷款方式将鹅苗、鸭苗发放至农民家中，帮助贫困户发展家庭养鹅、养鸭，并在种苗培育和养殖上提供技术指导。放养在涝坝中的鹅、鸭，因坎儿井涝坝水质优良，加之不用人工饲料喂养而未受污染、营养价值高，在市场深受欢迎。部分村庄现在也尝试在坎儿井涝坝中养殖鱼、虾、螃蟹等水产品，相信不久的将来可以在更多的涝坝中推广，提高涝坝空间的利用率，进一步促进当地农民的增收。

利用坎儿井涝坝发展养殖业，不仅充分利用了坎儿井生态、水利、空间上的优势，而且促进了乡村经济发展，增加了农民收入，发挥了很好的社会价值。

四、涝坝微景观改造助推美丽乡村建设

坎儿井涝坝因紧邻村庄，是吐鲁番乡村景观的重要组成部分，因此，涝坝及周边环境的整洁影响着“美丽乡村”建设的质量。为配合吐鲁番市如火如荼开展的“美丽乡村”建设，吐鲁番市文物部门改变仅对涝坝坝体进行抢险加固、对蓄水池进行清淤掏捞的传统保护利用模式，积极更新文物保护理念，秉承“让文物说话、让历史发声”的理念，积极发挥坎儿井这一“活态”文物资源在传承地区传统文化、丰富城乡文化内涵、彰显地域文化特色、优化社区人文环境、壮大乡村旅游业方面的巨大作用，因地制宜地开始实施涝坝微景观改造项目。

吐鲁番市文物部门通过实地调研，选出托克逊县大瓜克其克坎儿井、鄯善县木匠坎儿井、高昌区克其阔什坎儿井中 3 个自然风貌保存较好、植被茂密、环境优美、基本上没有工业污染的坎儿井涝坝作为微景观改造实施对象。为保证坎儿井涝坝微景观建设的科学性，文物部门委托具有相关资质的设计单位根据各涝坝地形、环境、周边人文等因素，因地制宜编制设计实施方案。同时调动当地政府和村委会的积极

性，将坎儿井涝坝微景观建设融入当地“美丽乡村”和农村文化阵地建设，在给当地村民改善生活环境、营造出休闲空间的同时，也为当地旨在丰富农民文化生活、转变村风民貌的“新农村文化阵地建设”提供了场地支持。

以大瓜克其克坎儿井涝坝微景观改造（见图 3、图 4）为例，该坎儿井涝坝位于托克逊县夏乡喀格恰克村 5 小队，在实施改造前，吐鲁番市文物局和设计单位在当地政府和村委会配合下，进行了大量的前期调研，在设计方案编制完成前，又展开多次论证，以保证其严谨性、科学性及合理性。在涝坝微景观改造过程中，紧紧围绕以下原则来开展工作：

（1）保证微景观的公益性，景观设置项目贴近居民生活。涝坝微景观改造以服务当地居民生活为主要目的，适当增加凳、桌、葡萄架、舞台等设施，为居民休闲娱乐提供便利。

（2）保持当地特色风貌和本地乡土文化，选用当地材料。绿化选择本地物种，所有设计方案中的景观元素，均取材于吐鲁番乡土建筑，如广场上的葡萄架、土坯景观墙、地面铺设的砖等。绿化植物用葡萄、胡杨，木凳用当地木头，景观墙砖用当地土坯。

（3）因地制宜，根据各选址不同的特点进行有针对性的设计。如大瓜克其克坎儿井涝坝南部空地大，便可增设舞台，将其开辟为健身区，西部、东部植被茂密，景色宜人，则可以按照亲水休闲区功能予以设计。

（4）多部门协同推进，对周边建筑场地进行合理改造。为保证该涝坝南部健身区域的建设，吐鲁番市文物局主动与恰乡恰特喀勒村委会协商并得到后者的大力支持，村委会拆除老旧大部队房屋，并将腾出的空地用于健身区域的建设。同时，托克逊县当地政府也提出要在文物部门完成涝坝微景观改造后，进一步加大投入，增加文化宣传栏、农民大舞台等内容，将涝坝健身区域打造成该县乡村文化活动阵地的样板。

图 3 托克逊县大瓜克其克坎儿井涝坝微景观改造前照片（2015 年 3 月 20 日摄）

图 4 托克逊县大瓜克其克坎儿井涝坝微景观改造后照片（2016 年 4 月 27 日摄）

（5）文化保护原则。涝坝微景观改造因属于文物保护工程，所以不能等同于旅游改造提升工程，不能改变涝坝的原始形状，也不能对涝坝周边环境做不符合本土风貌的过度改造。

（6）造价合理，降低后期维护难度。设计方案中多用当地材料，因地制宜地进行改造，这样可大为减少造价预算。由于涝坝微景观改造完成后，要交由当地村委会进行维护，为降低当地维护难度和成本，也要求在设计中多考虑用当地材料进行建设。

截至 2017 年 4 月底，吐鲁番市内三条坎儿井涝坝的微景观改造工程已基本接近尾声，良好社会效益正日益凸显。目前来看，通过实施涝坝微景观改造，涝坝本体得到有效保护的同时，与“美丽乡村”建设相结合，改善了乡村风貌和人居环境，让“生于斯，长于斯”的人们看得见火焰山，望得见坎儿井涝坝中的清水，留得住乡愁，为将来发展乡村旅游打下了坚实基础。笔者认为这才是坎儿井涝坝再利用比较好的模式。

五、对今后坎儿井涝坝保护与再利用工作的几点建议

坎儿井涝坝保护与再利用工作，除前文所述的通过立法保障进行加固维修，发挥涝坝传统的水利灌溉功能，利用涝坝深水域空间发展水产、家禽养殖，结合“美丽乡村建设”，通过微景观改造提升涝坝区域的休闲功能，今后一段时间内还可以从以下几方面开展坎儿井涝坝保护与再利用工作。

（一）加强对坎儿井涝坝的新型节水改造

1981—2012 年，吐鲁番地区年均蒸发量在 2195.426 毫米，其中仅 7 月一个月的蒸发量，就占到全年蒸发量的 16.62%。[①] 除蒸发量大外，土质涝坝渗水也影响了涝坝的蓄水量。若要充分利用涝坝中的水资源，就必须采取节水技术，最大限度保证

① 葛红燕、马静秋：《新疆吐鲁番近 32 年蒸发量变化特征及影响因子分析》，《青海气象》2014 年第 3 期。

涝坝蓄水量。

而目前对涝坝的维修多重视对坝体的加固。坝体加固采取重新夯实坝体的方法，有的涝坝护坡和蓄水池池底用水泥混凝土加固防渗，但此加固方法工艺陈旧，节水效果不明显。因此，在今后的涝坝维修中，可考虑在涝坝坝体、护坡、蓄水池底部铺设 HDPE 防渗土工膜和石墨烯防渗水塑料等新型防水材料，最大限度地减少水量的蒸发渗透。同时，改变由涝坝闸门放水浇地的不科学灌溉方式，让涝坝水通过抽水机进入滴灌系统，提高水的利用率。

（二）深入开展对坎儿井涝坝及其社会功能的科学研究

涝坝作为坎儿井的汇水区，是其重要的组成部分，而国内外研究坎儿井的专家对坎儿井暗渠、竖井部分的关注程度远高于涝坝，因而对坎儿井涝坝形制结构、施工工艺及形态演变的研究还有待加强。

由于与村庄紧密相连，涝坝成为人们夏季乘凉休闲时交流信息的场所，尤其在现代化通信设备没有产生之前，这种信息的交流对于当地人的生活显得很重要。目前学界对涝坝的社会功能研究还没有像对茶馆的社会功能研究那样深入，希望今后能借助新疆丰富的传世及出土文献，加强此方面的研究。

（三）拓宽坎儿井涝坝展示利用的思路

坎儿井涝坝除发挥传统的农田水利灌溉功能及家畜、水产养殖外，目前展示利用的新方式仅有开发旅游及微景观改造，而且规模较小，还处于探索阶段。今后，对依托坎儿井涝坝开发的各种乡村旅游项目，地方政府还须加大支持力度，同时协调住建部、旅游、水利等多个部门参与涝坝环境景观改造，扭转文物部门独木难支的局面，让涝坝微景观改造变成实实在在的惠民工程，为吐鲁番的“美丽乡村建设”推波助力。

此外，市政规划部门应做好对坎儿井涝坝的利用规划工作，尤其是将位于城镇之中的坎儿井涝坝作为城市绿地、湿地的重要组成部分，纳入城镇发展规划，令其起到美化城镇环境、净化空气、调节城镇小气候的作用。

第三篇　吐鲁番坎儿井的历史与研究

吐鲁番坎儿井的管理文化

曹洪勇

一、水官

自西汉以来，吐鲁番的水利就得到了开发。据文献记载和考古文物证明，在吐鲁番有专门的水官来管理水利建设。南北朝时，吐鲁番地区有了专门管理葡萄园水渠和分配用水的“平水官”①。到了麴氏高昌时，占有水源和供给用水成为统治者剥削农民的重要手段。据《周书·高昌传》记载，高昌诸城都设有水曹之官，专门掌管渠道与水课事务。唐代西州有管理水利的杂任，负责修理渠道及农忙时分配用水事宜。

清代新疆大的水利工程建设是由大员履勘与当地生产者的实践经验相结合而进行的，吐鲁番也不例外，其水利建设由大员和当地的行政长官管理。光绪年间，新疆设为四道，分巡各道的兵备道设立一员，督饬道属各地区水利、屯田、钱粮、刑名等事宜。

基层组织的水利管理官员，文献记载中出现了渠长、农管、乡约、水利、米喇（拉）布等名称，他们负责主持日常用水和对渠道的定期护理。户屯民户的组织形式，仍采用内地多村通行的里（保）甲编制，十甲为一里，每里选里长、渠长、约保等管理人员，负责基层的行政、赋税、生产、水利、治安等事务，渠长管理水利②。

---

① 新疆吐鲁番地区文管所：《吐鲁番出土十六国时期的文书——吐鲁番阿斯塔那 382 号墓清理简报》，《文物》1983 年第 1 期。

② 华立：《清代新疆农业开发史》，黑龙江教育出版社，1998 年。

清代吐鲁番还设立农管（官）管理水利。史载：“新疆土田全恃渠水，百姓往往上下争水，致酿大故。故农管主持分水轮灌之事。”[①]吐鲁番一带自设立行省后，户民稠密，各村置农管一人（农管由民间推选而由县官任命），“察田亩高下远近，以时启闭，更番引轮，农户皆如期约。其有遏流壅利相讼争者，皆赴农管平其曲直，盖古时田畯之遗也”[②]。

《回疆则例》规定：“回疆雨泽稀少，回众农田全借引水灌溉，以滋耕种，各城驻扎大臣于每年春夏出示晓谕，饬禁大小伯克及回众等不许侵占渠水，务使均匀浇灌。仍责成该伯克等不时察查渠道，如有损坏，即行督令阖壮回子妥为修理。倘伯克内有倚势侵占渠水或回众有恃强截流偷引浇灌者，一经查出，抑被控告，系伯克参革究办，系回众照例严惩，仍将该管伯克等治以失察之咎。”伯克霸水要严惩，百姓抢水，伯克还要承担渎职责任。水碾磨的生产经营则大多由管理商业的明伯克管理。

乡约是清朝乡村中的小吏，是不入品级的。原先在内地居民中设置，管理征粮等事务。光绪十年（1884）新疆建省后，在维吾尔族中也设此职，以所裁部分伯克充任，官府酌给租粮。乡约也管理水利，下面以一谕文来说明管水乡约的职责，内容如下：“去冬土吐属天气严寒，雪亦甚大，询之耆老人等咸称，光绪三年曾系如此，次年小麦加倍收成，果兆雪年，询属地方之福。惟是本府过虑，诚恐天气陡然和暖，山内与平地积雪同时融化，众水汇归一处，沟渠宣泄不及或将坎井冲塌，农功有碍，不可不预为防备，合函传谕为此谕，仰各处水乡约、小甲等知悉，速为传知各户，随时留心梭巡。遇雪水奔流，即等各处水路畅通，以便畅行，免得壅遏旁溢，自谕之汲如有雪水积滞等坎洞中……经本府查出勘验定等。”[③]玩忽职守之人，还要严惩。

基层水利管理者渠长、米喇布、农管等，与农民群众接触最多，是发展社会经济和维护清政府统治不可缺少的力量。

---

① 王树枬等纂修：《新疆图志》，上海古籍出版社，2015 年。
② 王树枬等纂修：《新疆图志》。
③ 新疆维吾尔自治区档案馆：档案编号 Q15-7-1913，光绪二十六年一月十一日。

二、分水规定

清朝吐鲁番地区，在分水的量数上，是“计田多寡，以定水量”①。但实际上常是水多则多浇灌，水少则少灌，缺乏比较科学经济的管理。在分水的期限上，“每户地亩汲水若干日，一放一蓄，皆有期限”②，光绪年间鄯善洋海户民分水是每年十五天一轮。

（一）水利纠纷及影响

“新疆水少地多人稀，有水则生，无水则死，有水则富，无水则贫，水之宝贵，胜于一切……人民视水如命，争水如同拼命。”③由此水利纠纷屡见不鲜，上告诉讼者很多，甚至还引起种族仇杀、流血事件。水利纠纷大多以霸水、分水不公、妨碍他人或渔业等原因引起。乡村社会的水利纠纷一般由乡约、农管等调节，当他们无法解决的时候，当事人则向上级官员递送状纸，由上级官员来派人调查后进行裁决。下面就以清代吐鲁番地区的一些水利纠纷档案资料进行初步分析。

1. 民户与水吏发生纠纷

清代水吏虽负管理水利、解决纠纷等责任，但也有贪赃枉法，成为地方一霸之辈，其中霸水则成为他们欺压百姓的手段之一。如光绪年间，吐鲁番葡萄沟民人胡尔板控告牙合甫偷挖其坎水，牙合甫申诉：“葡萄沟山口有官荒一段，小的禀恳在于官荒内开挖坎井，倘若将水挖出，好来承纳国课。刘宪当时批准，小的随即开工，于去岁□见水出。忽有头乡约阿瓦米思林己苇、二乡约海五尔等见此水畅旺，心起不良，央人前来商买，小的回答此坎不卖。该乡约见小的不遂其意，即暗唆胡尔板等来案控，又令梅立可率领数人去填小的所挖坎洞，逼迫小的，实出不已，殴打梅立

---

① 王树枬等纂修：《新疆图志》。

② 王树枬等纂修：《新疆图志》。

③ 倪超编著：《新疆之水利》，商务印书馆发行，中华民国三十七年（1948 年），第 1 页。

可属实。钱宪将小的父子均已提案笞责，又与梅立可断给养伤银数十金。”[①]

虽然牙合甫的申诉是从他自己的出发点来说，情况多少符合客观事实，我们不得而知。但也从另一个侧面说明，在封建社会，把持水利成为统治者剥削劳动人民的一个重要的手段。

2. 管理坎井而引起的水案

由于坎儿井位于两方或三方的交界地段时，往往会引起对其管理权归属问题的争端，如吐鲁番的底湖地区，二苏目沙的尔所管辖的户民阿不都热苏兄弟四人，与头苏目所辖户民纳四尔，在承平年间，各管坎井半道。兵燹后，被纳四尔一人管种。到了光绪四年（1878），双方争管坎井。头苏目裁定，纳四尔淘浚坎井花费多一些银两，命令阿不都热苏等帮给银两五十两，还是按照以前各管半道坎井。当阿不都热苏将银两付清具结后，纳四尔携款逃遁他乡，并暗地里非法将坎井全部偷当与他人管种，得银八百两，于是阿不都热苏将纳四尔呈控在案。官府令阿不都热苏出银四百两后再管坎井，但阿不都热苏一直未曾得到坎儿井的管理权，因此二苏目沙的尔向吐鲁番抚民府呈讼[②]，要求解决这件事情。

3. 分水受水霸阻挠，引起诉讼。

水霸横行乡里，阻扰公平用水，致使受害者经济、精神皆受损失，在忍无可忍的情况下，受害者联合起来进行诉讼，以讨说法。如吐鲁番户民思的克、阿思甫、色力木、艾外斗、卡子木等诉：“大人案下敬禀者为开渠分水，以昭平允。事缘三堡、西安公、大拱（公）拜三处公众，系太平年在二堡中间淌流安水平分水，历年如此办理。以后二堡户民陆续侵占官荒耕种，并务园栽种葡萄树株，时常妄浇公水，每年水不敷浇，庄稼收成歉薄。早前年，民等意欲分水时，有贼犯艾买提在二堡闹事，不敢出言。以后人欲禀请分水，有大毛拉木以登者在二堡骚扰，民等畏伊，不敢出口。数年内水不敷灌田，受害甚深。今户等齐集商议，在胜金口底下沙梁子另开渠一道，三堡、大拱拜将之水在此剖分，系二堡秋田之水。三堡、西安公、大拱拜每年给二堡水三天可以敷灌，有案可稽。今该处户民浇水五天，又夜间堵水妄浇，民

① 新疆维吾尔自治区档案馆：档案编号 Q15-10-003820，无年代。

② 新疆维吾尔自治区档案馆：档案编号 Q15-10-003820。

等不敢理论，理合联名来案禀明。叩乞仁天大人作主，俯准逾格施恩，将三处之水如此剖分，又二堡秋田之水。恳乞另立章程……”①

水利纠纷对社会政治经济及社会生活都产生了极大的影响。首先，水利纠纷危害了社会秩序，破坏了社会经济。争水双方的激烈冲突，尤其是大规模的集体械斗和流血丧命，严重扰乱了社会秩序，潜伏着社会动荡的严重隐患。而且水利纠纷发生的时间，多在土地亟待灌溉之时，延误了时间，影响了收成。发生水利诉讼时，又耗费人力、财力、物力，对社会经济发展产生极大的影响。

其次，对人们的日常生活和精神生活也产生了不可忽视的影响。水利纠纷使同村的户民或村与村户民之间反目成仇，流血事件及命案的发生，更是给人们的心灵造成了无法愈合的创伤。长时间的水利纠纷及诉讼不仅给人们带来了物质上的负担，更带来了精神上的负担，损害了人们的劳动积极性。

再次，它也促使施政者改进水利的管理政策和方法，使河渠上下游用水合理化，减少水利纠纷的发生。

三、资金来源及方式

吐鲁番坎儿井有官办、民办、官民合办三种形式。

一些大的水利工程，民间无力承办，必须由官府拿出资金，拨派军队或委员专办进行修建。民间的老百姓在官办工程中也必须出劳役。

坎儿井是利用其上有若干竖井的地下渠道引用地下水，实现自流灌溉的一种水利设施。竖井间距在上游为80—100米，下游每隔10—20米一个。每一道坎儿井，短则二三公里，长则二三十公里；打井的个数，少则数十口，多则二百口；井的深度，上游深达十余丈，下游不到一丈，每修一道坎儿井，其工程之浩大，所需人力之众多，绝非三五家普通农民所能承担。因此，坎儿井多为官修或财力雄厚的贵族和

① 新疆维吾尔自治区档案馆：档案编号Q15-10-003820。

地主私修。光绪年间，官员到吐鲁番伊拉里克等处“带同老农详细察看，宜开井，即派哨亲督赶紧开修治，以资灌溉，出力兵丁准给银赏”[①]。宣统二年（1910），吐鲁番厅请示修城北大水坎井的呈文曰：“窃卑厅于光绪三十三年，履勘城北旧有大水坎井三道，年久淤塞。一为陕西民坎，二为官坎。其民坎无业主，归入陕西会馆，据该会首称，工程浩大，无力淘修，愿作价变卖，曾有水利公司给银三百两，书立约据存案。去年冬月雇民与工新开三百二十余洞，计长十余里，抵榆树林工接修数十旧洞”，将三井合为一井，“用费五千余金，工巨费”。[②] 坎儿井工程巨大，必须由官修才可完成。

一些规模较小的水利建设则由民人独立承办或合工集资伙办。民户凭靠附近的河流与泉水开渠引水进行小规模的建设，如哈密地区有许多泉眼，人民赖以灌溉。

稍大一些的水利建设，非大户豪绅地主不可。如光绪年间，伊拉里克有一户民紫阿不都呈请开挖坎儿井，“敬禀者为恳请立案开挖坎井，事情因小的于光绪三十年，在伊拉里克迤南七十里之遥布尔见克地方有官荒地一段内新挖坎井道。今已出水，试种夏禾小麦可否有收。小的欲想加工开挖，不敢擅便，理合来辕具禀，呈乞青天大老爷俯赐立案，俟水涌出，地亩成熟之日，再请丈量升科”。这就是民人独立承办的事例，也由此可看出紫阿不都绝非穷人。

光绪年间，吐鲁番地区民人胡尔板在葡萄沟官荒地内开挖坎儿井，经三年之久，“耗费二千余金”[③]，才挖好。此项工程所用时间之长、资金之多，不但说明工程比较大，而且说明胡尔板在三年的时间里有可能在不断地筹集资金以进行开挖，一个大家族的人或是雇佣他人以充劳动力。

由民间集资的方式在水利工程修建中只占很少的一部分，而且出现的年代也比较晚一些，说明在战乱中民间的经济遭到了很大的破坏，一直到了光绪末年才得到恢复。同时也说明了如果没有官府和军队的帮助，完全依靠民间的自发力量进行水利建设是非常困难的。

---

① 新疆维吾尔自治区档案馆：档案编号 Q15-35-0052，光绪四年二月。

② 新疆维吾尔自治区档案馆：档案编号 Q15-33-002876，光绪三十四年十一月。

③ 新疆维吾尔自治区档案馆：档案编号 Q15-5-1145，光绪十八年三月二十九日。

水利公司在一定意义上是以官民合资的形式修办水利，向民间招股修建水利。宣统二年，吐鲁番厅新任巡检叶芸香上折前任巡检开办水利公司的出入银两数目清单：

计开入款项下：

一入股票市银三千两

一入借发商生息市银四千两

一入葡萄沟众户卖大河水存款市银六百两

一入回民义仓存款市银捌百一十两

一入戊申各处出息市银一十九两捌分

一入曾家属垫款市银六百四两八钱六分七厘

以上总共入市银九千三十三两九钱四分七厘。

出款项下：

一出城北坎井用费市银五千九百三十五两一钱一分

一出雅尔湖掏修坎井用费市银六百四十四两五钱六分

一出大河沿岸修渠用费银一千七十两八钱四分七厘

一出公司办事人等薪工市银七百四十三两

一出油烛纸张柴炭市银三十三两

一出杂项市银一十七两八钱

一出还股票市银二百七两

一出还发商生息市银三百八十两六钱三分

以上开挖井渠用费市银八千四百四十四两三钱一分七厘

还股票本银二百七两

还发商生息息银三百八十二两六钱三分。

总共出市银九千三十三两九钱四分七厘。①

水利公司以招股方式筹集水利资金，其建立也标志着水利开发开始趋向近代化。

---

① 新疆维吾尔自治区档案馆：档案编号 Q15-33-002857，宣统二年正月。

四、坎儿井的买卖与租用

坎儿井分为官坎与民坎两种。

官坎由官府进行管理，官坎也可以卖给私人，如宣统年间，吐鲁番城北有一道官坎，水利公司投资七八千两银子才修成，其中有户民入的股金，灌溉情况并不令人满意。后来股民纷纷请还本金，水利公司无力偿还，所以将坎井按照时价卖与“已故道员职衔童生元家属管业”[①]，所得资金归还股民等。

民坎私人之间不但可以互相租用，而且可以买卖。如光绪年间的一份当约：

立写当约文字人胡太平并亲妹丈徐世星商议，国有崖木什坎井半道，年限一十三年，有红契、老约为证，作当四址分明，同中议定价银三百两整。今因不便，两家商议，将自己半道坎井情愿当□。义德堂□内经理被，因无人耕种，原租田业主每年言定共租籽高粱四十三石整。伊将粮送城归内官斗收足。秋后租粮如若不到者，并前地价□卖。因中议定当价银一百六十两整，其银当日交清，不欠分文。若赎坎井，秋季准赎不得。来年春季狡绕，恐口无凭存，押老约一张、红契六张为证。业主胡太平欠义德堂□银六两三钱整，此银无利，准其来年秋后交还，并无异言。

张青莲

赵信

中见人：高文魁

王春有

傅天喜

立约人：胡太平

徐世星

光绪十三年十一月初十日

① 新疆维吾尔自治区档案馆：档案编号 Q15-33-002876，宣统二年十二月。

民间私人可以自由处置自己的坎井，也可酌收水租，如吐鲁番一带有专营坎井为业者”，但其利甚薄。

清代吐鲁番水利开发所取得的成就，是各族人民勤劳和智慧的结晶，上至最高统治者皇帝，中至各级官吏，下至民间百姓，无不积极参与水利的开发。清代吐鲁番水利事业是在清政府巩固西北塞防、屯垦实边的经营方针基础上，有计划、有步骤的政府行为。因此，清代吐鲁番水利事业的发展变化与清政府在新疆的政治、军事、农业开发活动息息相关，清政府经营新疆活动的盛衰直接影响着水利事业的兴废。清政府在开发新疆的过程中，认识到了归根结底只有经济的高度发展，才能保证和加强边疆的稳定，维护自身的统治。

吐鲁番坎儿井价值初探

陈欣伟

一、前言

坎儿井与万里长城、京杭大运河并称为中国古代三大工程。目前，除中国外，阿富汗等国家也遗存有坎儿井。我国坎儿井主要分布在新疆东部博格达山南麓的吐鲁番及哈密，南疆地区也有少量分布，其中以吐鲁番盆地最为集中。全国第三次文物普查结果显示：新疆维吾尔自治区共存坎儿井 1540 条，吐鲁番现存坎儿井 1108 条，其中有水坎儿井 278 条，干涸的坎儿井 830 条。据吐鲁番水利部门统计数据，吐鲁番坎儿井年径流总量可达 1.786 亿立方米，灌溉面积约 13 万亩，约占全市水资源总量的 8%，灌溉面积的 7%。就全国范围而言，新疆吐鲁番盆地坎儿井数量最多、分布范围最广、规模最宏大，且当地居民对其依赖性也远超其他区域，它具备了真实完整的普遍突出价值，在新疆坎儿井中最具代表性和影响力。

坎儿井是生活在极端干燥酷热环境下的人们因地制宜，利用地面坡度无动力引用地下水的一种独特地下水利工程。由竖井、暗渠、明渠、龙口、蓄水池（涝坝）五部分组成。竖井是开挖暗渠时供定位、进入、出土、通风之用；暗渠，也称集水廊道或输水廊道，首部为集水段，在潜水位下挖，引取地下潜水流；明渠与一般渠道基本相同，横断面多为梯形；龙口是坎儿井明渠、暗渠的交界处；蓄水池，当地居民称为涝坝，用以调节灌溉水量，缩短灌溉时间，减少输水损失。

二、 吐鲁番坎儿井的存续条件

吐鲁番盆地位于新疆天山东部，结构呈环状分部，盆地四周为山地所包围，盆地的低地与四周山地形成很大坡度，加之降雨稀少，蒸发量大，风沙灾害时有发生，春夏时节有大量积雪和雨水流下山谷，潜入戈壁滩下。

吐鲁番盆地大量遗存坎儿井主要有以下几个原因。

（一）自然条件的特殊性

吐鲁番盆地常年干旱少雨，降水稀少，蒸发量极大，较难形成地表湖泊河流，客观上促生了当地居民采取地下潜流的需要；同时，吐鲁番盆地北部的博格达山和西部的喀拉乌成山，春夏时节有大量积雪和雨水流下山谷，水源及地理势差的存在，使得无动力引取地下潜流成为可能。

（二）人类与自然和谐共处的产物

炎热干旱的极端气候，使得吐鲁番各族人民群众自古就具备了在艰苦自然环境下生存、繁衍的能力。 坎儿井是生活在吐鲁番盆地的人们与自然环境和谐共处的典型代表和具体产物。 坎儿井的科学环保、可持续利用的特性，与当地居民的实际需求完美结合，从而造就了其发展与繁盛。

（三）实用性及易操作性

1. 实用性

历史上，坎儿井是当地居民生产、生活的基础保障。 随着每一条坎儿井的兴修，当地居民逐渐在较长的时间跨度获利。 “夏用冬修”的模式，也使得坎儿井具备了长久旺盛的生命力。 坎儿井的现实价值属性，使其具备了广泛、坚实的群众基础。

2. 易操作性

坎儿井兴起的年代，社会生产力尚不十分发达。针对这一情况，当地居民因地制宜，逐步传承创造并完善了切合实际的工艺系统：一是所用工具如坎土曼、铁锹、红柳筐等，均可就地打造；二是施工过程一般 3—5 人依靠油灯定位、牲畜牵引，无须借用其他大型动力工具；三是竖井口覆盖材料多用红柳枝等，便于就地取材，科学环保；四是竖井口形式的存在，预留了人员及出土通道，使得后续的岁修简单易行。其鲜明的技术特征与易操作性，是坎儿井繁盛发展的技术保障。

三、 吐鲁番坎儿井的主要特点

从时间跨度上看，吐鲁番目前遗存坎儿井开凿年代多为清代及近现代。开凿年代在 1911 年以前的有 788 条，1911 年之后的有 300 条，年代待定的有 20 条，其中 1911 年至 1949 年间累计开凿 181 条。

从地理分布看，吐鲁番坎儿井主要分布在吐鲁番盆地北部和博格达山以南的山前倾斜平原区，多为南北或近南北走向。吐鲁番现存坎儿井与村落绿洲伴生关系显著，即有人类聚居的区域往往有密集分布的坎儿井，如高昌区及近郊，分布着“亚尔镇、原种场、主城区”三个坎儿井集中区，坎儿井总数达 562 条。

从权属所有看，吐鲁番坎儿井所有权多为集体所有性质，其使用及日常管理多由当地村集体负责，其日常维护按照沿袭的“自发筹资、义务投劳”村规民约方式开展。

从结构看，吐鲁番坎儿井呈现“立体线性网状”的主要特点。一是与其他古遗址大多或直接暴露于地表或深埋于地下不同，坎儿井主要结构呈现立体式分布。二是坎儿井分布呈“线性网状”，单体上相互独立完整，整体上又彼此联系紧密，这与其他遗址存在显著差异。

从真实性看，主要包含以下几个方面。一是重要物质构成保持了较好的真实性。如明渠、暗渠、竖井、蓄水池（涝坝）等，在方位、形式、材料、功能、传统和技术等方面都保存了较好的真实性。这些物质要素大多保存完好，除部分塌方、流水冲刷损坏外，仍保持原始开凿状态。二是以遗留作业痕迹为代表的，能反映当时施工技艺、流程等各方面情况的原始初状保持较为完好。如现在部分坎儿井暗渠边壁，十字镐作业痕迹等仍清晰可见。三是周边原始风貌保持着较好的真实性。坎儿井地表的封土堆大多保存完好，高空航拍时仍排列有序、清晰可见；许多坎儿井的竖井在开挖时就坐落于农户小院或农业耕种区，现仍保持原状；蓄水池（涝坝）大多仍保持原始围堰形式，周边村落、林木等也保存较为完好。四是村落与坎儿井之间明确的共生关系保持着较好的真实性。坎儿井与农业文化、人居文化、精神文化的关系仍然保持着，并且仍是当地环境下重要的灌溉方式和生活方式。坎儿井与聚落之间相互依存的关系仍旧延续，并可以预见的是，受文化惯性及地域条件影响，这种共生关系必将在未来相当长的一段时期内继续保持。五是非物质要素保持了较好的真实性。如传统技艺、生活方式和习惯也因为物质环境的发展相对稳定而保持较好的真实性。坎儿井分布范围、村落变迁、水库、河流、人工水渠灌溉和其他农作物的变更都反映出这处景观逐步演化的过程，这一变化也是真实的。六是信息来源保持较好的真实性。坎儿井的信息传递，主要依靠当地居民的口口相传，部分信息并不见于正史，这是因为地处偏远、地域文化差异所致。但起源传说、掏捞工艺、以坎儿井为核心的生活方式等的代代相传是真实的，至今仍深刻地影响着当地居民的社会生活。

从完整性看，主要包含以下几个方面。一是分布在吐鲁番盆地的坎儿井、村落、农田等关系是完整的，完整地体现了当地人与环境的相处。二是以坎儿井为核心的物质要素与非物质要素之间的联系是完整的，形成了一个有机的统一整体。三是坎儿井的掏捞、岁修技术通过家庭传承、师徒传承等多种方式传授，掏捞、岁修工艺保存较为完整，尤其是近年来文物部门通过实施坎儿井保护利用工程强力保障了技艺的传承。四是坎儿井灌溉范围取决于行政区划，也受人力能达到的范围影响（如地下水水位、水源等因素），现有边界能保证完整性。五是现有坎儿井的分布、村落范围、土地的边界、建筑密度与所拥有的水源——坎儿井及其产出是相对平衡的。六是依赖于这片土地而生存的村民因相关物质要素仍保持较好的完整性，使得村民所掌握的相关农业技术保持较为完整。

四、吐鲁番坎儿井的价值

（一）文物价值

从历史角度看，坎儿井是生活在极端环境下的当地居民，依据自然条件特点，遵循客观规律，科学利用有限资源，充分发挥想象力与创造力的杰出产物。这一伟大创举，不仅满足当时人们生产、生活需要，更是经济社会、文化交流发展的催化剂：无动力引取地下潜流，是“绿洲”延续与西域地区社会发展的资源保障；以坎儿井为核心的民间传说、文学作品、生活习俗等，则孕育出了与绿洲文化相生相伴的坎儿井文化，坎儿井从此成为西域地区独特的文化象征。具有强烈视觉冲击力的坎儿井封土堆，历经千年依旧清晰可见，默默见证并诉说着历代生活在这一片热土上的人民的勤劳、勇敢与智慧；每一条坎儿井，都记录着一个独特的历史断面，追寻其存续与发展足迹是我们勾勒西域地区历史面貌的重要途径。

从技术角度看，坎儿井是特殊环境下的灌溉技术，新疆吐鲁番坎儿井是世界坎儿井体系的重要组成部分，并有其自身的独特之处。作为一种古老的水平集水建筑物代表，竖井、暗渠、明渠、蓄水池（涝坝）等分部元素构成了一个完整统一的建筑整体，地上地下分层并相互贯通的立体式结构，也是水利建筑史上的一个特例；作为灌溉技术典范，无动力取水方式，开凿、掏捞、岁修等技艺形成了一个有机的技术整体。

从审美角度看，坎儿井及其所依赖的山形地势，共同组成了蔚为壮观的独特景观。醒目的竖井口连绵分布于广袤的土地之中，犹如一串串珍珠镶嵌于戈壁之中。绿色与灰色的反差，生命与干涸的相互作用，使得坎儿井具备了一种独特且极富地域特色的美感，充分展现了极干旱地区人类生存与发展的基础与动力。

从人类学角度看，坎儿井是新疆农业发展的重要灌溉方式，其大规模兴起与新疆农业的发展、人口的聚集、聚落的形成相辅相成，并直接影响聚落、农业的分布，是当地土地使用的重要条件。坎儿井是新疆多民族独特文化形成与演进的条件和见证，是特定条件下人类与环境相互作用的典范。同时，新疆吐鲁番坎儿井经过漫长的发展过程，不断兼容并蓄，形成了独树一帜的区域特色，促进了社会全面发展。

（二）水利价值

历史上，新疆吐鲁番坎儿井总长曾达到5000千米以上，被誉为“地下运河”，投入的人力、物力更是难以尽数。目前，坎儿井仍是当地人民生产生活的基础设施，是“活的文化遗产”，延续着与当地人的精神联系。而且这种联系不仅仅因为文化惯性，坎儿井真实的利用价值令这种联系更显牢固。

坎儿井是“活的文化遗产”，与以交河故城、高昌故城为代表的使用价值已丧失或部分丧失的遗址相较，其现实利用价值仍十分显著。

（三）城市名片

吐鲁番作为久负盛名的旅游胜地，以“坎儿井”为代表的优质旅游资源蜚声海内外，具有极高的知晓率。“坎儿井的流水清，葡萄园的歌儿多”等一批以坎儿井为主题颂唱新疆壮美河山的曲艺作品深入人心；“坎儿井矿泉水”等一批衍生产品陆续面世促进了当地经济发展；一字排开的坎儿井宛如镶嵌在地表的明珠，成为吐鲁番一道独特的风景线。坎儿井日渐成为吐鲁番独特的旅游品牌和城市名片。

（四）生态价值

特定的自然环境孕育了坎儿井存续的条件，坎儿井的利用价值也影响并改变着周边环境。坎儿井的存输水方式，合理调配了有限的水资源，在明渠及蓄水池区域形成了微型生态乐园。从更广袤的地理环境来说，坎儿井的水量变化也成为当地生态环境变迁的晴雨表。

五、结语

坎儿井不因炎热、狂风而使水分大量蒸发，流量稳定，且完全依靠物理原理，技术及维护成本较低，是劳动人民的智慧结晶，是当时技术条件下利用地下水最科学、环保的方法，是水利工程建设方面的一大创举。

坎儿井现阶段能够发挥的作用已不是单纯的农业灌溉，维系荒漠绿洲的地下水水位，保持生态平衡，其深厚的历史人文价值及独特的旅游价值也越来越受到广泛重视。 历经时代的变迁、岁月的洗礼，它依然以其不可替代的使用价值和独树一帜的文化价值流淌在吐鲁番的广袤大地上。 它是世界水利史上的奇迹，是先辈们与恶劣环境顽强搏斗的大无畏精神写照，是因地制宜、充满想象力创造性解决问题的智慧体现，是各族人民智慧融合的伟大结晶，是各族人民携手共建美好家园的具体产物。

吐鲁番坎儿井保护研究

肉克亚古丽·马合木提

一、前言

坎儿井是为了适应我国西北绿洲地区干旱的自然环境而创造的一种地下水利工程，也是结构巧妙的特殊水利灌溉系统。从目前现有的文献及统计资料来看，坎儿井的数量以吐鲁番市最多、最集中。吐鲁番气候炎热干燥，年平均降水量非常少，加上蒸发量大，水资源缺乏，使得坎儿井成为吐鲁番社会生存和发展的重要条件。与其他传统农耕地区（比如江南地区）的农业水利设施不同的是，坎儿井充分考虑到了吐鲁番的干旱、半干旱以及风沙侵扰的自然条件特点。在使用上能够做到四季水流充沛，常年水量稳定，能有效避免大量蒸发，也能有效避免风沙的侵扰。同时更为独特的是，坎儿井建成后，不需要再通过人力、畜力将地下水流引入地表。① 坎儿井对研究吐鲁番的历史、文化具有很高的价值。

坎儿井作为我国水利文化发展史中极为重要的一环，其重要的文化内涵和实用价值，充分体现了古代吐鲁番劳动人民认识自然、利用自然和改造自然的大智慧和大决心，因此，坎儿井在历史长河中有着举足轻重的地位。值得注意的是，随着现代化技术的进步以及社会的发展，坎儿井正面临消失的危险。据统计，20 世纪 50 年代全疆坎儿井的数量多达 1700 条，随着坎儿井不断干涸，2003 年已减少到 614

① 关东海、张胜利、吾甫尔·努尔丁：《新疆坎儿井现状分析及保护利用对策》，《新疆水利》2005 年第 3 期。

条。吐鲁番地区坎儿井最多时达1273条，目前（2009年）仅存278条。[①] 如果再不对其加以保护，20年后坎儿井有可能全部干涸。目前吐鲁番坎儿井面临严峻的形势。因此，吐鲁番坎儿井保护研究意义重大。

只有对坎儿井进行深层次、多角度的研究，才能充分地了解其价值，才能了解其实际的保护现状，才能制定科学、有效的保护政策。只有这样，才能保护和持续利用吐鲁番坎儿井。而这需要全民的共同努力，只有全民的保护意识提高了，大家认识到了文化遗产的重要性和紧迫性，才会有完善和有效的保护。

（一）国外研究进展

文化遗产的保护一直都是世界各国文物界及学术界十分重视的热点问题。欧洲作为现代文物学和文化遗产保护概念的发源地，在文化遗产保护方面一直走在世界前列。特别是19世纪以来，欧洲各国均建立了完善的文物保护法律体系。第二次世界大战后欧洲各国通过加强对文化遗产保护的宣传和教育，将文物保护的概念牢固树立并灌输到国民意识中，因此文物保护在欧洲拥有强大的群众基础。美国作为历史文化方面的新兴国家，充分结合其法治社会特点，坚持通过立法进行文物保护。以1906年出台的《古文物法》和1935年颁布的《历史古迹法》为起点，美国在一百年的时间里建立了完善的法律体系以进行文物保护。日本是文化遗产保护工作开始得比较早，做得比较好的国家之一。日本本身经济较为发达，加之历来对文物保护极为重视，这为日本文物保护提供了坚实的物质基础和有力保障。同时，在具体的文物保护过程中，日本有很多具体的理念和实施措施值得引起我们足够的重视。首先，日本文化遗产保护的相关法律法规在具体对象方面覆盖范围非常广；其次，日本在对相关文化遗产的保护以及工艺技术方面专门培养传承人，其国民的爱国主义及对本民族传统文化的尊重和爱护值得我们学习和深思。[②]

目前世界范围内共有38个国家发现有坎儿井的分布，其中伊朗的坎儿井比较

① 新疆维吾尔自治区文物局编：《新疆维吾尔自治区第三次全国文物普查成果集成：新疆坎儿井（一）》，科学出版社，2011年。

② 相关表述可见于中国文化遗产保护网，网址：http://www.wenbao.net/。

多，印度、埃及、土耳其、哈萨克斯坦、乌兹别克斯坦、日本等国家也有一部分坎儿井，但是大部分已经干涸废弃。

2011 年 8 月，我有幸受复旦大学团委派遣跟着中国青年代表团访问日本。让我印象最深的是日本三岛市在文化遗产保护方面的工作，尤其是三岛市的坎儿井保护工作，开展得非常出色。与以吐鲁番为代表的我国西北绿洲坎儿井面临消失的现状相比，三岛市坎儿井的水依然特别清澈、干净，仍旧用于当地农业生产（见图 5-1、5-2）。日本的导游在给我们解释日本坎儿井保护状况时，自豪地说："第一，日本政府特别重视保护坎儿井；第二，在日本有许多坎儿井保护志愿者（有农民、公司职工、公务员、大学生等），他们在没有政府组织的情况下，利用自己的休息时间来参加保护坎儿井的各类工作。"

图 1　日本三岛市的坎儿井

（二）国内研究进展

文物保护是历史文化遗产充分得到发展的重要前提。作为四大文明古国之一，我们国家拥有灿烂而悠久的历史文化底蕴，在历史传承的长河中，中华民族创造了令世人震惊的物质精神文化遗产。新中国建立以来，文化遗产的重要性愈益凸显，在国家文物保护部门的带领下，社会越来越重视文化遗产保护工作，并且在广大社会的共同努力下，文化遗产保护工作也取得了很好的效果。同时，我国在文化遗产保护方面还面临诸多问题。在我国，关于坎儿井研究的论文虽然很多，但是专门探讨保护研究的比较少。相关的著作有钟兴麒、储怀贞 1993 年写的《吐鲁番坎儿井》，2007 年吾甫尔·努尔丁写的《新疆地下水道：坎儿井》（维吾尔语），2011 年《新疆维吾尔自治区第三次全国文物普查成果集成：新疆坎儿井》等。通过这些书，我们可以详细了解新疆各地方的坎儿井，但是这些书里面还没有提及系统性的研究和保护坎儿井的相关措施。除此之外，还有一些相关的硕士论文，比如，2006 年中央民族大学民族学专业硕士金善基的《新疆维吾尔族人的坎儿井文化》，2008 年新疆大学生态环境学专业硕士杨利的《吐鲁番水文化遗产——坎儿井的价值评价及其保护对策研究》，2010 年长安大学交通运输工程专业爱斯卡尔·买买提的硕士论文《新疆地区坎儿井的保护与利用》等。虽然他们的论文中对坎儿井进行了比较系统的介绍和研究，但是没有从文化遗产保护的角度来研究坎儿井。

二、吐鲁番坎儿井与吐鲁番绿洲文化

（一）坎儿井的概念

坎儿井是干旱地区的劳动人民在漫长的历史发展中创造的一种地下水利工程。坎儿井引出了地下水，让沙漠变成绿洲，古代称作“井渠”。坎儿井的主要工作原理是人们利用山体的自然坡度，将春夏季节渗入地下的大量雨水、冰川及积雪融水引出地表进行灌溉，以满足沙漠地区的生产生活用水需求。不同地区的坎儿井在具体构造上均有其不同的地域特点，但一般而言，一个完整的坎儿井系统包括了竖井、暗渠（地下渠道）、明渠（地面渠道）和涝坝（小型蓄水池）四个主要组成部分（见图 2）。在该原理下运转的坎儿井流量稳定，且能保证井水自流灌溉。

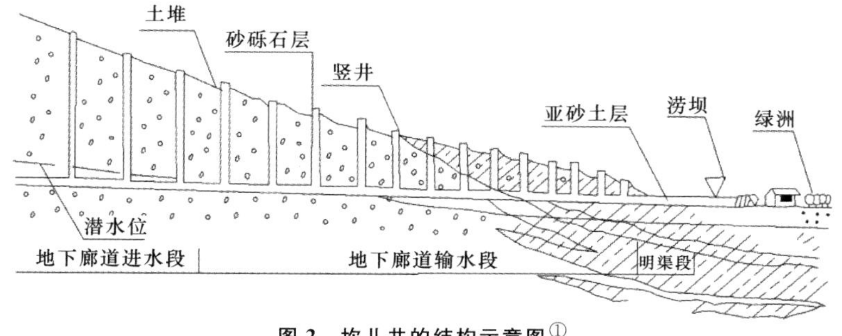

图 2　坎儿井的结构示意图①

坎儿井有不同的名称，新疆维吾尔自治区维吾尔语称为 *kariz*，俄语称为 *kanyaz*。 从语音上来看，尽管相互之间有所区别，但是差别不大。 汉语称为“坎儿井”。 我国内地各省坎儿井的叫法不同，例如陕西叫“井渠”，山西叫“水巷”，甘肃叫“百眼串井”，也有的地方称为“地下渠道”。

（二）坎儿井的原理

坎儿井的运作原理即是把在山脚下潜水层中丰富的水资源通过人工挖掘，隔一段距离开挖一些深浅不一的竖井，再根据地势高低连通井底的暗渠，用这种方法把水引到下游。 坎儿井由明渠、暗渠、竖井和涝坝四部分组成。 从具体构造上来看，整个坎儿井系统的主要组成部分或者说主体是地下渠道（即暗渠）。 一般来说，暗渠通常直接利用现有的地下水河道，暗渠的规制一般也比较确定，高度通常在 2 米左右，宽度大约为 1.5 米，当然不同区域由于自然条件不同会有一些差别。 由于暗渠深藏地下，因此给坎儿井掏捞清淤工作带来了极大的困难。 暗渠与地面明渠相连之处（即出水口）一般称之为“龙口”，地下水通过龙口流入地面，进而再通过地表明渠流入涝坝，然后再用于生产生活用水。 另外值得一提的是坎儿井的竖井，竖井一般在整个坎儿井系统中发挥着通风和运送井下泥沙的作用。 不同地区的竖井差别较暗渠更大，主要是由于地下水水位的深浅差异往往也非常巨大。 通常情况下，由于山体坡度和地下水水位的原因，越接近水源，山体坡度越高，地表和水源之间的距离

① 黄文房、阐耀平：《新疆坎儿井的历史、现状和今后发展》，《干旱地区地理》1990 年第 9 期。

越大，竖井往往也就越深。从现有资料来看，最深的坎儿井竖井可以深达 100 米以上。此外和水源有较大关系的还有竖井之间的间距。通常情况下，竖井间距一般都在 20 到 70 米的范围内，越靠近水源，竖井之间的间距一般越短，反之则越长。一个完整的坎儿井系统，一般至少有 10 个竖井，多则上百个。通常情况下，坎儿井竖井井口是长约 1 米、宽在 0.7 米左右的长方形。

（三）坎儿井与吐鲁番绿洲文明

据《汉书·西域传》的记载，在当时的吐鲁番绿洲文明中，交河和高昌故城最为著名。由于自然条件优越，交河城成为有确切记载的吐鲁番最早的绿洲故城，是西汉时期西域地区车师前国都城所在地。公元前 48 年，汉朝在此设戊己校尉，对吐鲁番的屯垦事业和水资源进行了大规模的开发，为吐鲁番地区带来了一波农耕文明的发展高峰。公元 450 年，北凉政权攻破交河城，灭车师前国。交河城的衰败，使得吐鲁番地区的政治、经济和文化中心转至高昌。公元 840 年，漠北草原回鹘西迁至此，建立高昌回鹘。13 世纪中叶后，天山以北蒙古族多次侵犯高昌回鹘，战争持续 40 年之久，交河和高昌城在战乱中被毁，自此逐渐废弃。特殊的自然和水文地质条件，以及兵燹不断的历史背景，使得这两座古城的建筑产生了多文化融合交流的地域特点。其中，交河城建在两河交汇处一片开阔的台地上，整座城市完全是在天然的生土层上向下掏挖而成，这座为适应当地地质特点而挖掘出来的城市目前是世界上保存最为完整的土城遗址。同时根据历史发掘资料，学术界发现在交河城发展进程中，交河城的水资源利用经历了从最初的城中无井，到后来几乎每个家庭和较大寺院都有自己的井的发展历程。在多数情况下，井深达 30 米左右的现象，则是该城建筑与生活方式随所在台地两侧河流不断下切而调整的有力见证。另外，一种较为清晰的历史学观点认为，高昌城之所以在北朝时期能够成为王国都城，与当地坎儿井的使用使其产生了较为发达的灌溉农业具有密切的关系。①

① 王英华：《新疆考察记之吐鲁番坎儿井考察》。

从西汉至今的2000多年中，吐鲁番水资源条件相对较好，从而使其成为广袤荒漠中的一片绿洲，使得吐鲁番地区成为东西方交流的重要要道，并在该地区呈现出多元文化传承与并存的格局。这里是多种宗教并存之地，佛教、祆教、摩尼教、景教、伊斯兰教、基督教、道教等都曾在此汇聚交融。丝绸之路开通后，吐鲁番又逐渐成为东西方文化交流之地，也成为连接印度、波斯、希腊和中华等文明的纽带。[①]但是最近几十年以来，由于自然原因和人为原因，吐鲁番气候变得更加干旱，降水量减少，蒸发量增大，使坎儿井的出水量日益减少，数量也变少，吐鲁番地区的水资源条件越来越差。

坎儿井水利系统不仅是中华文明体系下的一个灿烂的文化成就，更是世界文明的重要组成部分。坎儿井的兴盛是建立在吐鲁番地区社会、经济、文化发展的基础之上的，同时坎儿井也见证了东西方经济文化的交流。有着2000多年悠久历史的吐鲁番文明，进一步阐明了自然界尤其是水资源的开发和利用与干旱地区文明更替之间的密切作用。

吐鲁番自古有“火洲”“风库”之称，气候极其干旱。吐鲁番植被稀少，因此有植被的地方就会特别受珍惜和重视。有水源，才会有人群；有人群，才会有绿洲；有绿洲，才产生了吐鲁番绿洲文明。吐鲁番古代劳动人民用智慧和双手创造了坎儿井，把融化后渗入吐鲁番盆地下的天山雪水用坎儿井引流出来，大规模应用于生产生活。得益于坎儿井的推广使用，吐鲁番地区很早就产生了较为发达的绿洲灌溉农业文明。吐鲁番人民进而开拓出了一片片绿洲。因此，可以说坎儿井是绿洲文明的源头，孕育了吐鲁番古老的绿洲文明，作为一种水利灌溉系统，坎儿井承载了吐鲁番独特的文化。生活在这片土地上的吐鲁番人，对于古老的坎儿井有着深厚的感情。

三、 吐鲁番坎儿井保护相关研究综述

① 黄文房、阐耀平：《新疆坎儿井的历史、现状和今后发展》。

（一）坎儿井的特点

学术界目前关于坎儿井的研究很多，也较为全面和系统。总结前人研究的成果，本文将坎儿井的一些特点归纳如下。

1. 使用便捷，成本低

坎儿井在建成后可以自然运作，形成水循环系统，即自流，不需要人力、畜力或其他动力进行驱动即可直接使用。①

2. 减少水资源蒸发，维护生态平衡

吐鲁番盆地是我国海拔的至低点，历来有“火洲”和“风库”之称，全年蒸发量大于降水量。坎儿井在运作过程中，绝大部分都在地底暗渠流淌，地表明渠也往往有暗洞保护，避免了光照和风吹，蒸发损失较小。另外，根据相关资料的统计，在坎儿井系统运作中，百分之四十以上的水流又通过渗透等方式重新回到生态循环中。通过坎儿井系统对水资源的有效配置，可避免季节更替带来的季节性缺水，也可有效避免因为地势原因造成的区域性缺水。最典型的代表即为吐鲁番盆地的最低点艾丁湖乡。②

3. 有效避免风沙影响

吐鲁番地区也是我国主要的风场之一。常年大风夹带的大量沙尘对吐鲁番地区的整个生态环境产生了不良影响。由于坎儿井的主体部分掩藏在地下，只要能够将竖井的井口及时封闭，风沙对坎儿井的影响就能降到最低。这是坎儿井与我国其他井渠最大的不同，当然这也是由沙漠地区独特的自然环境所决定的。

4. 水量稳定，水质良好

众所周知，地下水资源由于深藏在地下，受到外界的自然因素的干扰较小。同时坎儿井一般处于戈壁滩深处，人类活动对其产生的影响也很小。此外，地下砂石自身也带有过滤和净化作用，因此，坎儿井的水资源一般水质较好，水量也较为

---

① 胡居红、杨树敏：《浅谈吐鲁番地区坎儿井的利用与保护》，《新疆农业科学》2007 年第 2 期。

② 阿达来提・塔伊尔：《新疆坎儿井研究综述》，《西域研究》2007 年第 1 期。

稳定。[①]

5. 开挖技术难度低，成本低

坎儿井在具体施工过程中技术难度较小，可以说是一种劳动密集型的工作。一般来说，几位经验丰富的老师傅带上几个工人，辅之以简单的劳动工具即可开挖。因此相对于其他水利工程系统，坎儿井开挖技术难度较低，成本较小。

（二）坎儿井的问题

近几十年来，现代化水利工程的建设不断加快，地下供水量大为减少，地下水的超采，使地下水水位连续下降，造成坎儿井水流量减少，坎儿井暗渠段的顶部土层掉落或者坎儿井暗渠坍塌；由于竖井口没有完全封闭，寒流进入坎儿井内部，冻胀和融化使坎儿井暗渠、竖井口容易坍塌、受破坏；明渠的水下渗严重，造成坎儿井出水量减少。近20年来，灌溉渠的不断扩展和地下水的超采，导致吐鲁番地区地下水水位快速下降，吐鲁番灌溉区的大部分坎儿井供水量日益减少且日渐干涸。关东海、张胜江、吾甫尔·努尔丁在其相关著述中概括了目前坎儿井存在的问题，有下面几点[②]：

第一，近年来，吐鲁番人口数量增长迅速，随之而来的农业灌溉要求不断提高。伴随着地区发展带来的土地和水利资源开发的不断扩张，人们对地下水资源的需求也日益旺盛，从而对吐鲁番的地下水资源形成了超采（当然，对地下水资源的过度利用是一个全国性问题）。地下水水位的不断下降是造成坎儿井出水量日益减少的主要原因。

第二，除了地下水资源外，地表水也是坎儿井得以补充的重要来源。但随着吐鲁番地区社会经济的快速发展，地表水资源也出现了超引的现象，使得坎儿井因水补给量逐年减少而逐渐衰退。

第三，水资源配置有待统一规划与管理。为解决春灌期间水源匮乏问题，有些

① 王英华：《新疆考察记之吐鲁番坎儿井考察》。

② 关东海、张胜江、吾甫尔·努尔丁：《新疆坎儿井水资源保护与可持续利用研究》，《水资源保护》2008年第5期。

灌区采用打机井抽取灌区内地下水的方式，虽然保证了农田的灌溉，但是由于各县、乡镇在机井建设过程中缺乏统一的规划管理，造成机井和坎儿井争采地下水的局面。另外，有些灌区为确保下游的灌溉用水量，采用防渗渠道将河水输往下游，导致上游地下水补给减少，地下水水位下降。这些措施直接影响了所在区域的坎儿井，导致大量坎儿井水流量渐少，甚至干涸。

第四，目前，大多数坎儿井由所在村组管理，部分由乡政府、村委会管理，有的甚至由百姓自行管理。由于长期缺乏管理维修经费，加之坎儿井自身存在的易坍塌等问题，以及开凿维修过程中劳动强度大、工作危险性较高等缺陷，致使许多坎儿井长期得不到修复加固而逐渐萎缩干涸，这是坎儿井大量消失的直接原因。

（三）坎儿井数量减少的原因

有关吐鲁番坎儿井的研究一直很少，这是相关文献资料的匮乏造成的。改革开放后，吐鲁番文物、水利、农业等部门充分重视，并在吐鲁番地区开展了多次实地调查，详细搜集了有关吐鲁番地区坎儿井现状的相关资料，并建立了相对完整的数据资料库。20世纪80年代以来，吐鲁番坎儿井的干涸速度越来越快了，2009年吐鲁番坎儿井的数量有278条。阿力木·许可儿在其著述中对造成坎儿井明显减少的一些具体原因做了归纳和总结。[①] 本文也认为，坎儿井不断减少，原因无非两个方面：天灾和人祸。结合阿力木·许可儿的观点，本文将其进一步归结为自然因素和人为原因。

1. 自然因素

随着全球环境大范围变化，全球生态环境实际上正处在一个剧烈变化的阶段。部分环境学者认为，世界生态环境正处在两个冰期之间的一个过渡阶段。这一阶段生态环境本身就较为多变和脆弱。加之千年来人类活动对生态环境的影响和破坏，以吐鲁番地区为代表的干旱地区年降水量逐渐减少、蒸发量逐渐增加成为一个趋势，因此，地下水水位总体下降，坎儿井随之逐渐干涸。

2. 人为原因

---

① 阿力木·许可儿：《吐鲁番地区恢复坎儿井的必要性分析》，《东北水利》2008年第10期。

就吐鲁番地区坎儿井本身情况而言，造成其数量减少的人为原因实际上多种多样，究其根源，在于坎儿井使用者（老百姓）对吐鲁番盆地的整体生态环境没有清醒的认识，对水资源在地表和地下之间转化的相关规律没有足够的了解，从而没有对相关水资源进行合理的规划和使用。最直接的表现和原因是从20世纪70年代开始，吐鲁番地区大规模推广机井。机井盲目和过度挖掘造成了地下水资源的过度开采。同一阶段，吐鲁番地区还大规模修建水库和人工湖，对水库和人工湖的布局和数量也没有进行合理规划。造成的直接后果是高山冰雪冰川融水对地下水资源的补给被截断，致使坎儿井的水源受到严重影响。同时，近年来吐鲁番地区防渗渠道的修建，虽然给农业节水灌溉带来了好处，但是也严重破坏了地下水循环，破坏了小型森林和植被覆盖，对地下水资源造成了进一步破坏。

四、吐鲁番坎儿井的保护对策

（一）坎儿井保护的重要性

坎儿井是我国宝贵的文化遗产，而与其他文化遗产最大的不同之处在于，其目前仍在为我国沙漠地区的灌溉等民众生产生活用水发挥重要作用。作为坎儿井最为集中的吐鲁番，坎儿井的这种作用就显得尤为明显。学术界乃至普通民众都认为坎儿井在吐鲁番的绿洲文明发展过程中扮演了极为重要的角色，没有坎儿井就没有今天的吐鲁番和吐鲁番文化。因此坎儿井极有价值，应该受到保护。具体而言，坎儿井拥有如下几方面的重要价值。

1. 学术价值

我国历史文化悠久，曾经雄踞世界民族之林，创造出了令人难以企及的灿烂文化。如今我们面对历史，研究历史，并不是要躺在老祖宗的功劳簿上沾沾自喜，而是要实事求是地坦然面对历史，反求诸己。坎儿井作为我国井区文化不可或缺的一个重要组成部分，是我国灿烂历史文化和前人才智的见证。加强对坎儿井的历史起源和变迁的研究，对探讨我国科技发展历程，指导今天的水利建设有十分重要的现实意义。但由于现有历史文献资料匮乏，目前真正投入对坎儿井保护研究的人力、物力并不充足，探讨和研究坎儿井保护状况、保护方案与对策并不充分。因此，保护坎儿井并对其开展研究具有十分重要的学术意义。

2. 经济价值

伴随着吐鲁番经济的发展，城市扩容，城镇人口增加，对水资源的需求也日益旺盛。如何更充分、合理地利用可获取的水资源已经被提上地区发展的议事日程。坎儿井作为充分利用水资源，形成良好生态循环的一个现实例证，将对吐鲁番经济发展与水资源充分合理利用产生深远的影响。

（1）能耗低，水质好。前文对坎儿井的构造和运作原理已有了详细论述，我们可以认为，吐鲁番坎儿井的运行是基于吐鲁番地面坡度大于地下坡度的这一基本特点，以达到将上游的地下水资源在不使用任何人力、畜力或者其他驱动力的情况下在下游地区引出地面的目的。因此，可以说坎儿井的运行在建成后基本不需要任何提水设备，因而节省的相关设备购买和维护投资要远远小于目前盛行的机井。另外，吐鲁番坎儿井的水源基本上为天山冰川融水和冰雪融化以及其他降水渗入地下后形成的地下水资源，在水资源运送过程中基本处在地下封闭或沟渠封闭环境中，因而水质较好，人畜饮用都非常安全。①

（2）水温稳定，利于灌溉。麦麦提在其对坎儿井研究的重要论述中表达过这样一种观点：由于坎儿井的暗渠深藏于地下，整体水温不高且能够有效维持在一定范围内，特别适合干旱地区炎热的耕作灌溉。具体来说，“在炎热夏季，土壤温度要高出空气温度很多，农作物根系长期处于不利于生长发育的高温环境下，致使农作物产量不高、质量不好，而坎儿井的水温却要低于田间土壤温度，用坎儿井水进行灌溉，可调节土壤的温度，促进农作物根系发育，有利于农作物生长。在春、冬季灌溉之际，土壤表层处于冰冻状态，而坎儿井水温度高于田间温度，用坎儿井水灌溉，可使农作物种子正常发芽，提前进入生长期”。②

---

① 赵丽、宋和平、赵以琴、刘兵：《吐鲁番盆地坎儿井的价值及其保护》，《水利经济》2009 年第 7 期。

② 麦麦提：《论新疆坎儿井的环境资源价值及其保护》，《甘肃农业》2007 年第 10 期。

（3）旅游价值潜力巨大。在解决当地用水问题基础之上，坎儿井还蕴藏着极大的旅游开发价值。相关旅游部门资料显示，每年都会有无数游客慕名到吐鲁番参观坎儿井，为政府和居民带来了巨大的经济效益。①

3. 文化价值

坎儿井已经伴随吐鲁番百姓走过了千年的历程，作为吐鲁番文化的标志和吐鲁番人民坚强、乐观精神的象征，坎儿井不再仅仅是吐鲁番的一种水利工程景观，更逐渐成为吐鲁番一项不可忽视的历史文化遗产。目前，吐鲁番政府、文物保护部门等单位正准备将坎儿井申报世界文化遗产。如果申报成功，坎儿井的历史文化意义将在全国乃至全世界范围内得到推广，让更多的人知道坎儿井，了解坎儿井。树立坎儿井形象，将对弘扬吐鲁番精神起到不可忽视的作用。

4. 环境价值

坎儿井作为一个水利工程系统，其最大的作用还是体现在它对环境的改造和利用方面。坎儿井水资源的输出大多通过地下的暗渠和有保护的明渠进行，因此减少了大量水资源的无效蒸发和浪费。首先，这对每年蒸发量大于降水量且处于干旱地带的吐鲁番具有非常重大的意义；其次，坎儿井对地下水资源的利用多集中在浅层地下水层，对整个区域范围内的地下水系统影响较小；再次，多余的坎儿井水流并没有被浪费，而是大量被地区植被吸收，成为吐鲁番植被获得水资源的一个重要来源。

总之，无论从学术价值、经济价值还是文化价值等各方面来看，进一步加强坎儿井保护研究工作都是大有必要的。

（二）吐鲁番坎儿井的保护对策

坎儿井作为我国灿烂文化的杰出代表和古代劳动人民智慧结晶的具体表现，是前人留给我们的珍贵物质文化遗产，其具有的独特的历史文化价值、科学研究价值和物质生产价值等是不可复制的。那应该怎样保护坎儿井呢？笔者经过文献资料阅读、实地考察和百姓访谈，总结了吐鲁番坎儿井的保护对策。

① 杨莉：《吐鲁番旅游客源市场分析及市场开发战略》，新疆师范大学硕士论文，2005年。

1. 坎儿井各层结构保护方案

坎儿井作为有民族特色以及地域特色的水利工程，有着多样的价值。但目前看来，如前文所述，它毕竟存在着不少的问题和缺陷。因此，科学的态度是不应该被动地去保护坎儿井，而应该在实践中进行改进，在发展中进行保护。坎儿井各层结构保护方案主要为以下几方面。

（1）坎儿井暗渠的保护方案。根据现有资料，我们发现在吐鲁番坎儿井暗渠的保护过程中，掏捞和卵形混凝土预制涵加固工艺的运用十分广泛。白生贵在其相关著述中提出了一些具体的保护设想和执行方案①：

①掏捞清淤：掏捞清淤主要针对坎儿井的暗渠而言。在进行暗渠的保护过程中，一般需要先进行加固工作，而在加固工作开展前，一般需要把暗渠长时间以来淤积的泥土等进行清除。

②暗渠加固：在具体进行暗渠加固工程中，往往采用钢筋混凝土的预制涵进行加固。钢筋混凝土预制涵的具体规格一般根据各地暗渠的实际情况，各有不同。一般常用的卵形钢筋混凝土预制涵高度一般在1.7米左右，厚度一般在8厘米，每段预制涵长度大约为30厘米；涵内轮廓的长、短半轴一般在1.3米和40厘米。通常情况下卵形钢筋混凝土预制涵配有钢筋网。钢筋混凝土预制涵的优点在于其抗压性能好，同时便于人们进入进行检查。

③土方回填：钢筋混凝土预制涵安装结束后可以通过回填土方将其固定在暗渠中。

用上述三种方法进行坎儿井保护，其优势十分明显：一是施工便捷、保护措施可使用时期长、资金成本较低，最为重要的是在保护过程中能够大规模宣传坎儿井的历史文化知识。

同时，根据历史文化遗产保护的原则和指导思想，坎儿井的保护应当尽量保持其历史原貌的完整和原生态，因此具体的保护过程中应当主要采用传统工艺。掏捞清淤是暗渠保护方法中一种最为常见和低成本的传统保护工艺，卵形钢筋混凝土预

---

① 白生贵：《吐鲁番地区坎儿井保护利用加固工程方案》，《设计与施工》2011年第3期。

制涵加固较前者使用频率低。 一般来说，卵形钢筋混凝土预制涵在制造时通常会选择使用坎儿井常见的土黄色填色剂作为混凝土的颜色，以达到保持坎儿井历史原貌的目的。

（2）坎儿井竖井的保护方案。 笔者在吐鲁番坎儿井实地考察中发现，吐鲁番的气候干旱，竖井是和空气相接触的部分，由于冬天水蒸发量减少，水汽凝结，土层含水量比夏季增大，温度降低，竖井周围土层会产生冻胀。 消融后土层的含水量快速降低，严重危害竖井的安全。 竖井与暗渠的交接点是与空气最近的地方，所以这里是坎儿井的一大弱点。 通过实地考察以及跟一些坎儿井掏捞工作者交流，笔者认为防止外面冷气团与土层的接触是解决这个问题最简单的方法，即使用钢筋混凝土正方形盖子封闭竖井口。 正方形盖子规制可以根据实际情况有所变化，但通常而言边长 2.5 米，厚 0.1 米。

按照地质条件的不同，相关文献一般将坎儿井具体划分为土坎和砂坎两种。 砂坎四周一般被砂砾石环绕，这种土质稳定性较好，砂坎的竖井与暗渠交接点基本没有被破坏的。 破坏比较严重的通常是土坎，所以可以对土坎的竖井与暗渠交接点进行专门加固处理。 白生贵先生在《吐鲁番地区坎儿井保护利用加固工程方案》中提到解决方案:对坎儿井的竖井底侧壁和与竖井底接口处的暗渠侧壁采用锚杆挂网人工改性土护面的支护形式，其中竖井底侧壁支护高度 2 米，暗渠支护长度和竖井口两边长度各 2 米。 锚杆采用螺纹钢筋，长度 50 厘米，孔排距 50 厘米，人工改性土护面厚 5 厘米。 工程所用挂网采用塑料土工格栅，可基本保持坎儿井的原貌不变。①

（3）坎儿井龙口保护方案。 龙口是坎儿井暗渠和明渠的交接点，也是坎儿井水最开始得到使用的地方。 这部分暗渠顶端的厚度通常在 5 米左右 ，而且是土质较软的软土层，因此龙口部位容易坍塌，是坎儿井最不安全的地方。

在坎儿井的运作过程中，暗渠出口顶部的覆盖层在连接灌溉渠时由于其自身较为脆弱的特点，较容易发生垮塌等问题，严重危害坎儿井的使用。 因此，作为坎儿井暗渠和明渠的连接部分，坎儿井出口（即龙口）的结构稳定性就显得尤为重要。

---

① 白生贵：《吐鲁番地区坎儿井保护利用加固工程方案》。

在实际操作过程中，通常会对龙口部位进行相应的加固和维护。根据现有文献和实务操作的相关经验，一般会将龙口向下游移动一定距离，比如8至10米，同时采用钢筋混凝土作为覆盖龙口顶端的有效保护措施。

（4）坎儿井明渠、涝坝的保护方案。石头、混凝土和U形渠是目前吐鲁番坎儿井明渠和涝坝较为常见的保护方法。一般来说，坎儿井的明渠都不会太长，因为冬天也行水，应该可以全部使用U形防渗工程，增强防冻胀能力。同时，在通常情况下，作为坎儿井重要组成部分的蓄水池（涝坝）都不会太大，可以在涝坝底部铺设防渗塑料薄膜以用来防渗透和防污染，同时可以在涝坝周围使用混凝土进行加固。另外，还应当在坎儿井涝坝周边植树造林，清除泥土和杂草。这些方案可以保证明渠和涝坝的正常运行。

2. 坎儿井保护工程措施

（1）增加出水量的必要性及相应的工程措施。水资源是干旱和半干旱地区经济发展的基础。吐鲁番多年的实践证明，机井具有供水便捷的特点，但同时会消耗很多资金，并且容易造成对地下水资源的大量消耗，以及不能持续利用。坎儿井能够控制自身的出水量，并适时地增加个别的流量，使其进入灌溉区。采用此种处理方法的好处在于一方面可以有效降低坎儿井运行的相关成本，另一方面也能利用坎儿井地下水水位不高的特点来有效避免地下水资源的过度开发使用。

如图7所示，目前平行分布的多条坎儿井可以通过增加坎儿井水流量等工程措施进行合并，构成多源头坎儿井。采用横向防水廊将各个竖井有效连接起来，通过纵向的输水暗渠将水资源在坎儿井下游从地下引出地表，然后进行水资源的调配。该方法的优势在于一方面能有效降低坎儿井运行成本，另一方面能够增加坎儿井的调节功能，让它具有调整水资源和代替机井的能力。这样的改良有利于水资源的持续发展与合理利用。

（2）水库、机井和坎儿井共同开发，科学布局。制定基于地方水资源分布情况的整体水资源规划和布局是进行坎儿井保护的一种有效手段。比如在吐鲁番进行坎儿井保护的具体过程中，可以根据吐鲁番水资源开发利用的实际情况，流域上游

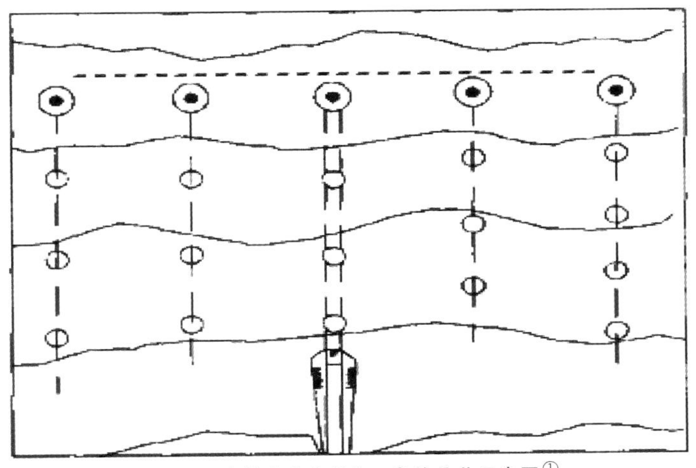

图 7　五条坎儿井合并为一条坎儿井示意图[①]

充分利用相对充沛的河水资源灌溉，中游地区可以发挥坎儿井优势形成坎儿井集中灌溉区域，而在水资源相对缺乏的下游地区则可以通过挖掘机井的方式进行灌溉，形成流域范围内多层立体的水资源利用方式，充分发挥防渗渠道、坎儿井和机井的优势，实现水资源的充分和持续利用。

（3）改进坎儿井开凿、修复的施工技术。爱斯卡尔·买买提在其相关研究成果中对整个吐鲁番的坎儿井施工技术改进进行了讨论。他认为吐鲁番坎儿井施工技术的改进可以分两个阶段进行。第一阶段，坎儿井技术改进的重点是施工效率的提升和开发及修复成本的降低。实施原则是尽量采用投资少、简易可行的技术进行坎儿井的开挖和修复。第二阶段，即为实现相关技术的升级换代，采用最新的挖掘技术使得坎儿井的开挖和维护形成高度机械化，有效节省相关人力等成本。[②]

3. 依法保护坎儿井

（1）建立健全坎儿井的技术管理体制。为了科学地开展保护与修复工作，使得坎儿井的保护工作有法可依、有据可循，且能够顺利开展，国家及相关政府部门应当建立健全坎儿井保护的相关法律、法规保障体系，把坎儿井保护纳入法制轨道。目

① 裴建生、王新、艾尼瓦尔·卡德尔、谢蕾：《新疆吐鲁番盆地的坎儿井保护利用及工程措施》，《干旱地理》2008 年第 9 期。

② 爱斯卡尔·买买提：《新疆地区坎儿井的保护与利用》，长安大学硕士论文，2010 年。

前已有的最为重要的坎儿井保护法规是 2006 年 9 月新疆维吾尔自治区人大常委会审议通过并颁布执行的《新疆维吾尔自治区坎儿井保护条例》。该条例的颁布和推行是实现在新疆范围内水资源开发的可持续发展、坎儿井的保护和发展乃至机井的开发与利用的有力保障和有效指引，对保证经济社会生态环境效益平衡发展以及坎儿井持续利用具有十分显著的促进作用。①

（2）设立坎儿井专门管理的机构，动态监测坎儿井。坎儿井保护具有一定的特殊性，一方面涉及文物保护，另一方面又涉及地区水资源利用和农业规划等各个方面。因此除了颁布专门法律法规进行坎儿井保护外，还需建立专门的坎儿井监督和管理机构对坎儿井进行专门的规划和管理，避免“五龙治水”情况下管理部门相互推诿和低效率。设立专门机构对坎儿井进行相应的保护、管理和研究，形成统一管理，不仅可以有效地保证坎儿井的运行环境，而且促进了水资源的重新利用，预防了下游土地次生盐渍化等，从而改良生态环境。②

（3）完善管理协调机构。对历史文化遗产的保护应当广泛根植于社会团体和公民群众。作为一种仍在发挥作用的历史文化遗产，坎儿井的保护需要包括政府、企业和个人使用者在内的利益相关群体的积极参与，形成政府各个部门和群众团体之间的有效协同。为更好地进行坎儿井的修复和保护，还应当寻求一种制度层面的坎儿井保护体制的变革，尝试包括坎儿井所有权、使用权的承包，从而在社会各利益相关群体之间形成有效的坎儿井保护驱动。

（4）总体规划合理统筹坎儿井水资源。随着吐鲁番社会经济的快速发展和人口的增加，一个较为尴尬的现状是现有的坎儿井水资源已经无法满足吐鲁番日益增长的生产生活用水需求，机井、水库的修建不可避免。因此，需要建立一个充分考虑各水利设施在内的地区水资源综合规划体系，把坎儿井与其他水利工程一起纳入水资源管理范围，按照水量的多少，制定合理的分配比例和管理制度。的确，坎儿井在现代水资源利用方式上与其他一些现代化的水利工程相比确实有些不足，比如调节功能不足、水量少等。但因噎废食显然不可取。现代水利工程设施自然有其先天

① 吾甫尔·努尔丁：《新疆地下水道：坎儿井》，新疆人民出版社，2007 年。

② 杨利：《吐鲁番水文化遗产：坎儿井的价值评价及其保护对策研究》。

优势，但也存在容易对当地生态环境造成不良影响的负面作用，而这也正是坎儿井的优势所在。如果能在合理规划统筹的前提下，把坎儿井水资源与其他水利工程资源联系起来，合理利用，相互取长补短，将会使水资源利用得到较好的效果。①

（5）在坎儿井数量较集中的区域建立坎儿井保护区。现在重点应该放在坎儿井数量较多的高昌区亚尔镇、艾丁湖镇、恰特喀勒乡，鄯善县鲁克沁镇，托克逊县郭勒布依乡、伊拉湖镇、博斯坦乡等乡镇，在这些坎儿井保护区设立专门负责看守人员与警示牌（警告与提醒群众保护坎儿井）。只有这样，才能充分利用保护坎儿井的资金，集中所有人的力量更好、更快地保护坎儿井。

（6）建立节约用水管理系统。根据自治区相关部门的调查资料，伴随着吐鲁番工农业的不断发展，吐鲁番市用水量逐年增加，对地下水资源的抽取利用日渐增多，仅吐鲁番油田公司每年使用的地下水就将近500万立方米。同时，吐鲁番灌区下游的水质也在发生变化。在这种情况下，政府一定要建立节约用水的管理系统。② 正如新疆农业大学著名水利专家郭西万教授所说："坎儿井面临的窘境，再次为新疆的水资源利用敲响了警钟。作为一个蒸发量比降雨量多几百倍的地区，只有节水，才能做到水资源的良性循环，也才能使坎儿井得到有效保护。新疆水利部门在吐鲁番的试验证明，推广滴灌、喷灌，每亩地能节约用水2/3。节约下来的水，渗入地下，久而久之，地下水水位就会抬升。经勘察，凡实行节水灌溉的地区，地下水水位都有不同程度的恢复。"③

4. 实行全民保护教育，鼓励民众参与

民间力量对文化遗产的保护不容小觑。政府需要在全民范围内积极进行宣传教育，形成一种保护历史文化遗产的全民共识。只有在社会各阶层中牢固树立对文化遗产的保护观念，才能充分调动社会各阶层力量，真正做到文化遗产的全民保护。具体来说，可以通过以下方式树立全民保护意识。

（1）加大对文化遗产保护的宣传力度。民众是文化遗产保护最为重要的主体。

---

① 高春莲：《谈吐鲁番坎儿井的利用与保护》，《边疆经济与文化》2012年第3期。

② 邓正新、胡居红：《吐鲁番盆地坎儿井的利用与保护探讨》，《干旱环境监测》2008年第9期。

③ 关东海、张胜江、吾甫尔·努尔丁：《新疆坎儿井水资源保护与可持续利用研究》。

政府和相关主管部门应当充分利用图书、报纸、杂志、电视、广播和互联网等渠道，对民众进行相应的坎儿井保护宣传，在民众中树立相应的保护意识。同时通过各种展览和讲座等深度教育方式，提升民众对坎儿井保护有关知识的认识。另外，还需要在民众中明确一个观点，坎儿井具有两种特性：其不但是一种历史文化遗产，更是吐鲁番现代农业水利灌溉中不可或缺的组成部分。因此，对坎儿井的保护不但是对历史传承的尊重和保护，更是对吐鲁番农业可持续发展的有力支持。

（2）进行对坎儿井文化遗产保护的教育。除了广泛的宣传外，针对性的教育也是坎儿井保护的一种有效手段。应当在现存的利用坎儿井较为充分的地区，广泛进行坎儿井保护的相关教育。可以通过专门的课程或者讲座让相关地区的儿童从小就树立一种尊重、保护坎儿井的意识，让他们懂得坎儿井在历史文化中所扮演的重要角色，也让他们明白坎儿井在当前人们的生活中发挥着怎样的作用。长期教育的潜移默化可以将坎儿井保护的意识和有关知识融入民众的生活中去，形成坎儿井保护的群众基础。

（3）加强对地方管理人员及当地民众的培训。吐鲁番文物保护单位应对坎儿井所在地的各级主管领导、工作人员以及老百姓进行坎儿井知识的系统性培训，这样能起到引导作用，让他们感受到坎儿井不仅是他们生存的水源地，更是整个民族的活着的文化遗产。只有大众有这样的保护意识，只有当他们明白保护好、利用好坎儿井是每一个公民的神圣义务，才能让他们在以后的生活中更加注重对坎儿井的保护。

（4）形成相应的激励机制。在发动和组织民众参与坎儿井保护和修复的具体过程中，可以通过发放相应的报酬，甚至形成一套行之有效的激励机制，使得民众在坎儿井的保护和修复过程中能够获得一定的收入补偿，从而充分调动民众参与坎儿井保护和修复的积极性，让前人创造的坎儿井继续发挥作用，惠及子孙后代。例如，2012 年完成的坎儿井保护与利用二期工程，参加掏捞加固工作的当地老百姓直接得到 210 万元薪酬，这使坎儿井惠民工程真正得以落实。不仅要让老百姓享受到坎儿井保护的成果，而且要让老百姓在保护过程中得到实惠。

（5）民众参与。以上四条措施的最终落脚点实际还是在民众参与上。只有全民重视、全民参与、全民保护，才能将坎儿井的保护长久地持续下去。

六、结语

坎儿井是造福火洲百姓的惠民工程，它让火洲戈壁变成了绿洲粮田，因而生产出了驰名中外的瓜果、粮食、棉花和油料等。目前，虽然吐鲁番已经新修防渗渠道、水库，但是，坎儿井在现代化建设中还在发挥生命之泉的特殊作用。

坎儿井养育了吐鲁番各族儿女，其历史文化价值是中国历史文化遗产的重要组成部分。而更具特色的是，坎儿井不仅仅是历史文化遗产，同时还在发挥着物质生产的效益。因此，对坎儿井的可持续利用具有十分重要的意义。坎儿井的具体保护和利用，不仅是水利工程管理工作，也是文物保护工作，这又是一种对立和统一的关系。过度利用而轻保护，会透支坎儿井这项珍贵的文化遗产，加速其折旧。而如果仅仅为了保护而保护，将坎儿井作为橱窗里的珍藏，忽视了坎儿井的现实作用，反而本末倒置，没有真正做到保护坎儿井。因此，在具体进行吐鲁番水资源分配或灌区管理时，应当充分考虑到坎儿井的作用，实现坎儿井与其他包括机井、河水在内的各水利工程的综合考虑和合理布局，实现坎儿井管理的历史与现实的结合，利用与保护的结合，从而达到经济效益提高与生态环境改善、文化遗产保护共赢的目的。

坎儿井距今已有2000多年的历史，它是古代劳动人民在与大自然长期斗争中为抗御干旱而创造出来的一种独特的开发利用地下水的水利工程，具有学术价值、经济价值、文化价值和环境价值。在我们共同保护坎儿井文化的前提下，应最大限度地开发利用坎儿井资源，让更多的国内外参观者在若干年后依然有幸目睹这伟大的“地下长城”。吐鲁番坎儿井经过保护和不断的改造，必然将会在保护吐鲁番的生态环境，发展吐鲁番农业生产及旅游业上做出巨大贡献。

坎儿井保护的现实意义在于让我们找到了一条充分顾及文物保护和合理利用的新路子。要真正使历史文化遗产得到保护，除了将其所蕴含的珍贵历史文化信息传承下去之外，更重要的是要切实将其带来的好处真正惠及广大百姓，将文物保护和广大群众的生活紧密结合起来。只有广大群众真正开始关注、关心历史文化遗产，对文化遗产的保护才是可持续的。作为有着灿烂而悠久的历史文化民族的一分子，我想，我们有义务、有责任保护好前人给我们留下的财富，并让这些财富继续惠及我们的子孙后代，这样我们的未来才能更加和谐安宁。

历代坎儿井对吐鲁番农业生产的影响

马志英

坎儿井是荒漠地区的特殊灌溉系统，它是新疆勤劳、智慧的各族人民根据当地自然条件和水文地质特点创造出来的一种特殊的地下水利工程设施。坎儿井在我国主要分布在新疆地区，另外在伊朗、阿富汗、叙利亚、巴基斯坦、乌兹别克斯坦、吉尔吉斯斯坦、摩洛哥等40多个国家也有分布。新疆的坎儿井，主要分布在吐鲁番、哈密、奇台、木垒、库车、和田、阿图什等地。长期以来，坎儿井的分布、兴衰在吐鲁番盆地绿洲农业灌溉方面发挥着极其重要的作用，从坎儿井在农业灌溉和人畜供水方面的作用来看，它是干旱地区各族人民赖以生存和发展的主要生命源泉。2009年的全国文物普查数据表明，吐鲁番地区有坎儿井1108条。吐鲁番现存的坎儿井，多是清代以来陆续修建，直到今天，仍浇灌着吐鲁番大片绿洲良田。

一、坎儿井的起源及历史

新疆坎儿井的起源问题，根据目前调查了解到的资料，基本上可分为“传入说”和“自创说”两类。在“传入说”中又可分为“国外传入说”和“国内传入说”两种，现分述如下。

1. 传入说

（1）国外传入说：这种学说主要认为坎儿井是在17世纪由波斯（现伊朗）传入新疆的，其根据为名称基本相同，维吾尔语称“坎儿孜”，波斯语称“坎纳孜”，语音基本相同。

（2）国内传入说：这种学说主要认为坎儿井是由今陕西大荔经敦煌传入新疆白龙堆沙漠地区，然后传入吐鲁番的。《史记・大宛列传》上记载，西汉攻打大宛

（汉代西域国名，今中亚细亚乌兹别克斯坦费尔干纳盆地）时，当地人并不会凿井。汉武帝太初二年（公元前 103 年）李广利率兵攻大宛城，已“闻宛城中新得秦人，知穿井”。[①]《汉书》里一则东汉名将耿恭守疏勒打井取水的故事则告诉人们打井取水的技艺是西征将士们传到西域的。

2. 自创说

也有人认为中国的坎儿井是新疆各族劳动人民勤劳与智慧的结晶，是在发展农业生产和与干旱斗争的过程中，经过实践创造而成的。劳动人民在劳动中逐渐完善和发展了坎儿井的挖凿技术，使其成为开发利用地下水资源的一种较好的方式。在新疆，现存坎儿井 1800 道，主要分布在吐鲁番，哈密，巴里坤，南疆的皮山、于田、库车和昌吉的木垒、奇台、阜康等地，其中以吐鲁番盆地最多、最集中。

坎儿井是谁最先发明，它起源于何处，至今仍无定论。但有一点可以肯定，无论是传入还是当地的创造，新疆最早的坎儿井是在吐鲁番。现在查出坎儿井最早记录在雅尔湖，即古交河城地区。[②] 吐鲁番现存的坎儿井多为清代以来陆续兴建的。

关于坎儿井的历史，陶保廉记载汉代已有之，他在《辛卯侍行记》卷六中说：“坎尔者，缠回从山麓出泉处，作阴沟引水，隔数步一井，下贯木槽，上掩沙石，惧为飞沙拥塞也，其法甚古，西域亦有之。”

王国维所著《西域井渠考》中也提到，早在汉代，吐鲁番有坎儿井。据此说法，则坎儿井在吐鲁番已有 2000 余年的历史。

吐鲁番阿斯塔那 20 号墓出土文书《唐显庆四年（659 年）白僧定贷麦契》有马組口分部田一亩，更六年胡麻井一亩[③]；阿斯塔那 35、442 号墓出土的文书上都有“胡麻井”的名称，据考证当时用于灌溉的胡麻井就是现在的坎儿井。据吐鲁番出土文书所载，唐贞观二十二年（648 年）在吐鲁番曾设专门的水利机构“掏拓所”，可能为专门管理和掏挖坎儿井的机构，其主管官吏谓“掏拓使”。据此文就可推断，吐鲁番人在唐以前就会开凿暗渠的技术了。

---

① 司马迁：《史记》，中华书局，1959 年。

② 新疆吐鲁番地区文物管理局、吐鲁番学研究院编：《守望坎儿井》，新疆人民出版社，2013 年。

③ 对此，钱伯乐先生已撰文批驳，他阐明波斯语“卡赫莱兹”（kahrez）是指芦苇，波斯语称坎儿井为“anat”，并非“kahrez”，它与维吾尔语称坎儿井为“kariz”的发声绝不相同。

宋元时期，坎儿井工程技术得到推广，元代《王祯农书》中有“大可下润于千顷，高可飞流于百尺。架之则远达，穴之则潜通。世间无不救之田，地上有可兴之雨”，“穴之则潜通”就是指坎儿井。吐鲁番出土的有关文献在元代留下名字的掘井匠人是阿三，也是一个佐证。①

元代刘郁于1263年3月所写的《西使记》中写道：“二十九日，过彌扫儿城……地无水，土人隔山岭凿井，相沿数十里，下通流以溉田。”

到了清代，坎儿井的历史就较清晰起来，历史实物、史料很丰富，有关坎儿井的文献记载比比皆是。其中与坎儿井有关的最重要的两个人物当属林则徐和左宗棠。

其中林则徐开拓坎儿井，主要是在托克逊县西40里的伊拉里克，其政绩是垦地11万亩，新增坎儿井60余条。所以有人也将坎儿井称为“林公井”，林则徐在推广坎儿井修建方面起到了大的推动作用。

二、坎儿井的构造

坎儿井作为新疆一道独特的文化景观，是新疆各族劳动人民根据本地自然条件，如水文地质特点，在第四纪地层中自流引取地下水而创造出来的一种特殊的地下水利工程。它由人工开挖的竖井、具有一定纵坡的暗渠、地面输水的明渠和储水用的涝坝四部分组成（见图1）。总的来说，坎儿井的构造原理是：在高山雪水潜流处寻其水源，在一定间隔打一深浅不等的竖井，然后再依地势高下在井底修通暗渠，沟通各井，引水下流。地下渠道的出水口与地面渠道相连接，把地下水引至地面灌溉农田。

竖井是开挖或清理坎儿井暗渠时运送地下泥沙或淤泥的通道，也是送气通风口。井深因地势和地下水位高低不同而有深有浅，一般是越靠近源头竖井就越深，最深的竖井可达90米以上。竖井与竖井之间的距离，随坎儿井的长度而有所不同，一般每隔20～70米就有一口竖井。一道坎儿井，竖井少则十余个，多则上百个。

① 钟兴麒、储怀贞主编：《吐鲁番坎儿井》，新疆大学出版社，1993年。

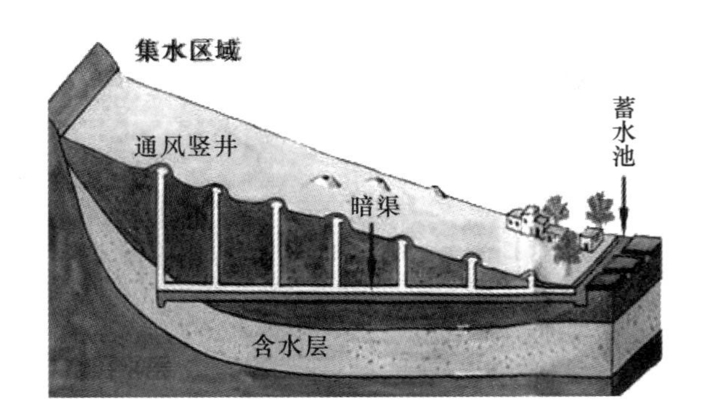

图1　坎儿井示意图

井口一般呈长方形（或圆形），长约1米，宽约0.7米。竖井具有两个作用:一是集水;二是在掏挖暗渠时，便于通风出土、定位及施工与维修人员上下。

暗渠，又叫地下渠道，是一道坎儿井的主体部分。暗渠的主要作用是把地下含水层中的水汇聚到它的身上来，一般是按一定的坡度由低往高处挖，这样，到了下游，水即可以自动地流出地面。暗渠同时也具备两个功能:输水功能及当它周围的潜水位高出暗渠时的集水功能。暗渠高度在1.7米左右，宽度在1.2米左右，短的100～200米，最长的暗渠长度达到25千米。暗渠全部是在地下掏挖，因此暗渠掏捞工程非常艰巨。

明渠与一般渠道基本相同，横断面多为梯形，坡度小，流速慢。输水廊道与明渠相接处称龙口。龙口是暗渠与明渠的分界线，龙口上游是暗渠，龙口下游为明渠。龙口一般都要衬护，以免洞口土层冻融塌方堵水，过去用木质框架支护，因木质框架易腐烂，现已改用浆砌卵石或预制混凝土框架支护。明渠长短、深浅不等，与涝坝位置的高低和涝坝离灌区的远近有关，它主要起输水作用。明渠为直接引水区。

涝坝又称蓄水池，主要作用就是调配坎儿井水，使坎儿井水得到充分利用。涝坝作为绿洲的心脏，其主要功能是蓄水，这样，蓄水池还可以起到调节水源的作用。夏季的坎儿井水资源若直接用来灌溉农田，不利于农作物。经过蓄水池对坎儿井水经太阳照射，使其接近常温，有利于农作物生长。山前或出山口冲洪积扇地带的地下水就由输水暗渠导向下游，最终引到农业灌溉用水区域。

坎儿井的长度一般是4～5千米，最短也有数百米，最长的能达到10千米。坎儿井的竖井深度一般是数米到百余米。由于每条竖井井口周围都堆积了一圈施工时留下的土，从地表看，坎儿井犹如一条长长的串珠链，这样就形成了干旱地区的一道道独特景观。这一景观，在国道312上从吐鲁番前往火焰山景区的路南尤为壮观。

三、历代坎儿井对吐鲁番农业生产的影响

自古以来，坎儿井在吐鲁番盆地绿洲农业灌溉和人畜供水方面发挥着极其重要的作用，显示出它作为干旱地区的“生命之魂”的深刻含义。在吐鲁番，坎儿井一直是农牧业及人畜饮水供水的主要水利设施。吐鲁番是一个以农业为主的地区，以种植葡萄、棉花、甜瓜等作物为主。吐鲁番在三月至五月期间，地表水来水量少，不能满足农业对水的需求，坎儿井常年稳定的出水流量，可缓解春旱期间对农业用水的需求。

古时候，农田总数不大，且地下水资源相对更为丰富，因此其可控日灌溉面积会比现在更大，完全能满足当时的灌溉需要。就目前而言，据水利部门数据统计，流量稳定的坎儿井日灌溉面积可达20亩左右。

在新疆，真正的水利开发，大规模的兴修水利工程，是从西汉王朝开始的。公元前48年，西汉政府在车师前国修筑高昌城，设置戊己校尉。此后三百多年，高昌城成了我国中央王朝在西域屯垦戍边的军事重地，屯垦官兵把坎儿井传到了车师前国。由于吐鲁番盆地是全国最干旱的地区之一，终年难降雨雪，风沙大，日照长，地形倾斜，地质坚硬，四周高山环抱，山顶终年积雪，地下水源丰富，特别适合修建坎儿井。坎儿井传入吐鲁番盆地后，获得了较大的发展，为把火洲戈壁变成绿洲良田起了巨大的作用。到东汉、魏、晋、南北朝时期，吐鲁番已经成为西域最著名的棉花、葡萄、甜瓜和谷麦之乡，坐落于吐鲁番盆地的高昌国成为西域文化和经济最发达的国家，这一方面是吐鲁番胜金口泉流灌溉的结果，另一方面则是坎儿井地下水浇灌的结果。

古代文献里鲜有坎儿井对农业影响的记载，但是我们通过古代诗人对坎儿井的

咏诵得知，坎儿井深刻地影响了吐鲁番人们的生活。[①] 唐代诗人李群玉《引水行》云：“一条寒玉走秋泉，引出深罗洞口烟。十里暗流声不断，行人头上过潺湲。”清代诗人萧雄《西疆杂述诗》云：“道出行回火焰山，高昌城郭胜连环。疏泉穴地分浇灌，禾黍盈盈万顷间。”

据1943年童承康著的《新疆吐鲁番盆地》一书的记载，吐鲁番县（今高昌区）坎儿井仅有124条。1957年有1237条，出水量5.62亿立方米，灌溉面积32万亩。又据1962年吐、鄯、托三县的统计资料，有水坎儿井为1177条，出水量18.5立方米每秒，年径流量5.85亿立方米，灌溉面积47.1万亩，占三县全部灌溉面积70.1万亩的67.2%。1966年坎儿井灌溉面积达31.426万亩。而根据1987年水利厅坎儿井调查研究资料，坎儿井减为824条，年径流量为3.05亿立方米，灌溉面积为25.01万亩。以后坎儿井灌溉面积呈下降趋势，至2005年底，灌溉面积为9.08万亩。灌溉面积从1957年的32万亩减少到2005年的9.08万亩，减少了22.92万亩，所占比例71.6%。[②]

2009年第三次全国文物普查，吐鲁番地区文物局首次把坎儿井作为文物遗址来进行普查。在吐鲁番境内核查的1108条坎儿井中，有830条已经干涸，有水的只有278条。据水利部门统计，有水的278条坎儿井总出水量达到2.1亿立方米，可灌溉13.23万亩农田，坎儿井仍然是吐鲁番农业灌溉中的重要水源。可见，坎儿井在工农业发展和人民生活中仍占有举足轻重的地位，可能在今后一个相当长的历史时期内，也仍将继续发挥其重要的作用。

通过对比，我们发现，近年来吐鲁番坎儿井的数量、流量、灌溉面积都呈衰减之势，坎儿井干涸、消失的速度让人触目惊心。

---

① 钟兴麒、储怀贞主编：《吐鲁番坎儿井》。

② 陶卫华：《新疆坎儿井绝境调查》，《中国社会导刊》2006年第7期。

五、坎儿井干涸的原因

随着经济社会的快速发展，人口逐年增多，对水的需求量增加，水资源开发力度不断加大，地表水超引、地下水超采现象较为严重，导致区域性地下水逐年下降，使得坎儿井因补给水量逐年减少而逐渐萎缩。

坎儿井创造了辉煌的历史，但过去50年来，新疆坎儿井生存状况堪忧，随着新的灌溉手段的出现，坎儿井日渐式微，目前坎儿井正以平均每年20多条的速度在消亡。

综合分析，坎儿井衰减的原因主要有以下五个方面。

1. 对地下水资源的统一规划和管理不善，水资源开发利用模式不协调

吐鲁番资源主要由大河水、泉水、坎儿井水和机井水四个部分组成。区域水资源缺乏合理的配置规划，水利部门对有限的水资源在开发利用认识上的不一致，意见不一，对各种水利工程排布不当，管理不佳，导致地表引水工程、机井工程及坎儿井之间的水源争夺日趋激烈。坎儿井坍塌严重，数量大减，水量骤少，控制灌溉面积尚不足原来的一半。1949年吐鲁番坎儿井数量为1084条，而这时候机电井只有一眼，20世纪60年代开始，由于吐鲁番的地表水和坎儿井供水远远不能满足生活用水量，因此人们只能打机井抽取地下水。20世纪70年代开始，机井数量呈现不断上升趋势，而坎儿井数量呈现下降趋势。

2. 政府和居民对坎儿井的重视亟须进一步加强

随着开发利用大河水，渠道防渗，打机井开采地下水，改水防病政策的实施，人们只看到大河水、机井水的好处，忽视了对坎儿井的重视和管理，造成了部分坎儿井的坍塌、阻塞，无法使用。

3. 坎儿井自身的缺陷

坎儿井的施工工艺相对落后，维护完全靠人力，既危险又辛苦，造成掏捞坎儿井工匠后继无人。

4. 坎儿井维修耗资大且费时，得不到及时维修

多数坎儿井运行年代已较长，大部分坎儿井已运行八九十年，出水量不断减少。

5. 石油开发造成污染

随着吐哈油田开发力度不断加大，年用水量高达 500 万立方米以上。用水量之大，打井之深，导致地下深水被大量抽走，坎儿井水源间接受到污染。1997 年，吐哈油田就曾发生坎儿井上游的油井与坎儿井交汇，出现油渗水现象，吐哈油田为此投入资金，对坎儿井附近的采油设施进行了防渗处理。

六、坎儿井保护现状

近年来，随着诸多坎儿井的干涸、消失，坎儿井的保护维修得到了各级政府的高度重视，被提高到了前所未有的地位。2006 年 5 月 25 日，坎儿井地下水利工程被国务院公布为第六批全国重点文物保护单位；9 月 27 日，《新疆维吾尔自治区坎儿井保护条例（草案）》经新疆维吾尔自治区十届人大常委会第二十六次会议审议通过；12 月，坎儿井被列入《中国世界文化遗产预备名单》。2009 年至 2014 年，在国家文物局的关心重视下，吐鲁番地区文物局针对吐鲁番境内急需维修、加固的 108 道坎儿井开展了五期保护维修加固工程。

2013 年，新疆坎儿井农业系统作为大型地下农业水利灌溉工程，被列入首批中国重要农业文化遗产名录。第一批中国重要农业文化遗产的发布，标志着我国农业文化遗产发掘与保护工作迈上了一个新台阶，“政府主导、分级管理、多方参与”的管理机制进一步完善，同时我国成为世界上第一个开展农业文化遗产认定与保护的国家，对农村生态文明建设、农业可持续发展和国际农业文化遗产保护工作起到了重要的推动作用。

面对坎儿井保护前所未有的机遇，我们应当及时抓住机遇，从发动全社会共同参与保护、加速申遗进程及继续推进坎儿井保护维修工程这三个方面着手，使坎儿井这项古老的水利灌溉工程焕发青春，为今后吐鲁番的农业发展继续发挥其不可替

代的作用。

（一）发动全社会参与保护坎儿井

坎儿井作为吐鲁番盆地历史特有的产物，在过去的农业生产生活中曾发挥极其重要的作用，而且在今后也仍将是不可缺少的水利、人文遗产，急需开展大规模的保护维修加固工程。对此，各级政府应建立以水利部门、文物部门牵头的联合管理机构，不断健全完善坎儿井相关保护条例，同时发动全社会一切可利用资源，从保护好坎儿井就是保护吐鲁番人民赖以生存的良好绿洲生态环境的这一高度，动员全社会共同参与到坎儿井的保护中来。

（二）加速申遗进程

坎儿井若申遗成功，其在保护资金和保护技术力量方面将会得到世界范围内的援助，也将使遗产地的观光人数飙升，进而带动就业、旅游等的发展。目前申遗工作主要由吐鲁番市文物局来承担，而其管理和利用则由水利部门，甚至企业来运作，这些无形中延缓了申遗进程，因而就需要各级政府协同申遗所有相关部门，共同克服资金、协调等方面的困难，早日完成《吐鲁番市坎儿井地下水利工程保护总体规划》，加速申遗进程，使坎儿井早日被正式列入世界文化遗产名录。

（三）继续推进坎儿井保护维修工程

在坎儿井的五期维修加固保护工程中，吐鲁番文物部门通过采取有效的工程措施，实现了防坍塌、防淤积、防渗漏和保护水源、提高水的利用率、减少维护工作量，最终达到了保护坎儿井、延长赋存于其中的历史信息的留存期的目的。在施工中，依照坎儿井“活态文化遗产特性”，采取动态设计，严格遵循文化遗产保护标准，既尊重当地人民创造的传统加固方式，又从现代技艺角度加以创新，实现保护与利用、传承与创新的相互融合，并采取掏捞清淤和加固维修两种措施。这些也都是在未来坎儿井保护工作中值得借鉴的经验。五期工程初步达到了保护文化遗产，实现技艺传承、惠民利民的目标。

八、结语

总之，坎儿井是吐鲁番人民生产生活不可缺少的一部分，已融入吐鲁番人民的心中，它见证和参与了吐鲁番绿洲繁荣发展的历史，也必然与吐鲁番的未来同在。多年来当地的劳动人民依靠坎儿井的水灌溉绿洲，发展经济，繁衍生息。虽然近几年引进了改水工程，但吐鲁番的大多数农民及牲畜的饮水还依赖着坎儿井水，因此，保护坎儿井，是非常必要的。坎儿井在吐鲁番历史上发挥过重要的作用，其人文历史价值非常高，在吐鲁番盆地极其严酷的自然条件下，坎儿井的灌溉形成了戈壁绿洲，为吐鲁番盆地各族人民提供了较好的生存环境。在当前情况下，加强对坎儿井的合理开发、利用和保护，对弘扬中华农业文化、促进吐鲁番农业可持续发展，对维护吐鲁番绿洲文明的文化特色、生态环境，对增强吐鲁番经济社会发展后劲，都具有十分重要的意义，所以应保护这伟大的水利工程。

吐鲁番坎儿井对干旱区环境的影响研究

徐佑成

一、吐鲁番的自然与气候环境

（一）地理位置

吐鲁番地处我国西北内陆，新疆的中部偏东，背倚天山，属于天山南麓的一个山间盆地，东西长约300千米，南北长约240千米，全吐鲁番盆地总面积697.13平方千米，其中，沙漠和戈壁面积占76.7%，山区面积占14.1%，绿洲面积占9.2%。这里具有典型的封闭式“三山夹两盆”的特殊地貌格局，“三山”指天山、博格达山及火焰山，“两盆”指北盆地和南盆地，北盆地指火焰山以北区域，南盆地是一个以艾丁湖为中心的封闭盆地。吐鲁番具有北高南低的特点，以艾丁湖为最低点，形成了高差很大的环状闭塞地形，同时增温快、散热慢，冷湿空气不易进入，年均降水量16.4毫米，年蒸发量达2845毫米，形成了我国极端干旱的温带内陆荒漠气候。

（二）地形地貌

吐鲁番盆地四面环山，地势北高南低中间凹，火焰山自西而东横贯盆地中部，山前是戈壁，中部是低洼平原，南部山丘、戈壁、荒漠三种类型兼有。地势是中国大陆最低的地方。整个盆地的最低处形成了世界第二低地——艾丁湖，其海拔低于海平面 154 米。 齐矗华[①]等在研究吐鲁番盆地地貌结构的论文中指出，吐鲁番地貌主要分为 8 个类型，分别是：高山、中低山、丘陵、洪积砾质戈壁、冲积平原、湖积平原、湖沼地带、风沙地，较具有代表性的风沙地包括库木塔格风沙地、恰特喀勒乡风沙地等。

（三）土壤特征

吐鲁番地区的土壤类型主要包括灌耕土、灌淤土、潮土、风沙土、棕漠土、草甸土、盐土、山地土等。

其中，灌耕土主要分布在吐鲁番地区博格达山和火焰山之间的中部地区。 灌淤土主要分布在吐鲁番的火焰山到艾丁湖之间。 潮土分布在吐鲁番地区博格达山和火焰山之间。 风沙土分布在火焰山和艾丁湖之间。 棕漠土分布在艾丁湖南部的觉罗塔格山区和丘陵区。 草甸土分布在托克逊县的南、北，这一带分布着草甸土和盐化草甸土。 盐土在吐鲁番觉罗塔格形成了厚层结皮盐土，土皮有强烈的积盐现象。 山地土包括高山寒漠土、亚高山草地土、山地棕钙土、山地棕漠土。

（四）植被类型

吐鲁番盆地较复杂，由于不同的地形类型条件（高山、丘陵、冲积平原、戈壁等），形成了不同的气候条件，进而决定了不同的植被类型。 该地区植被的垂直分布较明显，不同的海拔高度决定了植被类型的不同，主要有以下几种植被带类型：

（1）高山草甸植被带：主要植被有蒿草、薹草、火绒草等；

（2）亚高山草甸—森林植被带：主要植被有天山早熟禾、短叶羊茅、苦草等；

（3）山地草原植被带：主要植被有冰草、针茅、冷蒿等；

（4）山地荒漠平原植被带：主要植被有针茅、冰草、蒿子等；

（5）山地荒漠植被带：主要植被有合头草、灌木亚菊等；

（6）荒漠植被带：主要植被有麻黄、霸王、散核鸦葱等；

---

① 齐矗华、孙虎、刘铁辉：《新疆吐鲁番盆地地貌结构特征》，《干旱区地理》1987 年第 10 期。

（7）低地草甸植被带：主要植被有芦苇、柳树、白刺、甘草。

（五）气候特点

1. 气候环境

吐鲁番地区属于典型的大陆性干旱、荒漠气候。这里夏季炎热如焚，午后气温超过40℃的高温屡见不鲜，是我国最热的地方。吐鲁番地区日照充足，热量丰富，极端干燥，降雨稀少，年平均降水量不足20毫米，全年平均气温14.4℃，全年日照时数3000～3200小时，无霜期长达210天。

2. 温度变化

吐鲁番地区四季温差大。春季升温较快但不稳定，夏季最高温度可达50℃，高温天数较长，秋季较凉爽，降温迅速，冬季天气晴而冷。吐鲁番昼夜温差大，早晚温度较低，午间升温较快，在一天中温度变化起伏较大，因此有“早穿皮袄午穿纱”之民谣。吐鲁番地区2005—2009年年平均温度分别为15.4℃、15.8℃、16.3℃、16.1℃、16.0℃，温度总体呈上升趋势。这说明，在全球变暖的背景下，气候变化是影响吐鲁番地区气温变化的主要因素。

3. 降水特点

吐鲁番地区干旱少雨，降水量极少，年平均降水量仅有16.4毫米，而蒸发量则高达2000毫米以上，是降雨量的上百倍之多。蒸发量的变化特点为：由北向南逐渐增大，且全年以春末和夏季蒸发量最为旺盛，4—8月蒸发量占全年的75%以上。

4. 风速变化

吐鲁番地区在历史上有“陆地风库”之称，是新疆风最大的地区之一。风也是吐鲁番重要的自然特征之一，一年中大风发生的时间在3—10月，其中以3—6月最为强烈，特别是5月最多，风向主要是西北风。吐鲁番地势高低悬殊，受热面积大，温差大，从而导致了多风天气的产生。全年大风天数均在100天以上，一般风力为8～9级，最大风力可达12级或以上，新疆的“三十里风区”和“百里风区”都位于吐鲁番地区，典型年风速情况见表1。

表 1　吐鲁番地区 2005 年各月平均风速

单位：米/秒

地区	1 月	2 月	3 月	4 月	5 月	6 月	7 月	8 月	9 月	10 月	11 月	12 月	年平均
吐鲁番市①	1.0	1.2	1.4	1.3	1.6	1.8	1.4	1.3	1.2	1.0	0.9	1.0	1.3
鄯善县	0.9	1.2	1.4	1.6	1.4	1.4	1.3	1.3	1.2	1.1	1.0	0.8	1.2
托克逊县	1.4	2.0	2.3	3.1	3.3	3.1	2.2	2.4	2.2	2.0	1.8	1.5	2.3

资料来源：吐鲁番气象资料及《新疆统计年鉴》。

（六）水资源概况

吐鲁番盆地是东天山中一个完整的山间断层陷落盆地，位于博格达山与库鲁克山之间，具有相对独立、完整的地下水系统，主要靠冰川融雪水形成的河流、基岩裂隙水入渗，平原区大气无有效降水。特殊的地理构造的水资源环境，形成了高昌、鄯善、托克逊三大绿洲平原带，成为人们繁衍的生息地。喜马拉雅造山运动以来，这里产生了东西向的天山前山带，即盐山—火焰山，并将盆地分隔为二。盆地北面由冰雪和降雨补给的天山水系以数十条山谷河流形式流向盆地，主要河流有：北部天山的白杨河、大河沿沟、塔尔浪沟、煤窑沟、黑沟、恰勒汗沟、二塘沟、柯柯亚沟、坎尔其沟；西部天山的阿拉沟、乌斯提沟、祖鲁木图沟、渔尔沟等。年总径流量仅有 6.65 亿立方米，年平均流量为 21.1 立方米每秒。其中最大的白杨河年平均流量只有 7.29 立方米每秒。这些河流除具有流量不大、洪枯悬殊的特点外，还在出山口后，因河床经过戈壁砾石地带，大多渗入地下，补给了地下水的径流。但因盆地中部火焰山背斜构造多属泥质页岩，透水性极差，起到了地下坝的作用，阻止了地下水向南流入盆地，从而使火焰山北麓出现了不少由回归潜水形成的高水位地带，并在火焰山所有缺口处形成了一系列的泉水沟，其中主要有：胜金口、连木沁沟、大东湖沟、苏北沟、吐峪沟、木头沟、葡萄沟、桃儿沟、雅尔乃孜沟、大草湖、大汗沟等。泉水流量非常丰富，共计年径流量为 3.54 亿立方米。这些泉水流出火焰山后，又一次重复渗入地下，补给了火焰山南部盆地的地下径流，最后排泄于盆地中心的艾丁湖。

2014 年全地区总引水量为 13.21 亿立方米（不含 221 团）。按引水水源划分，

① 今高昌区。

地表水（河水、库水）引水量为 4.35 亿立方米，占 32.94%；地下水（井水、泉水、坎儿井）引水量为 8.86 亿立方米，占 67.06%。按用水类型划分，农业灌溉用水 12.2 亿立方米，占 92.36%；工业用水 0.47 亿立方米，占 3.57%；城镇生活用水 0.31 亿立方米，占 2.31%；生态与环境用水 0.23 亿立方米，占 1.76%。地下水超采 0.95 亿立方米（不含 221 团）。从以上数据可以看到，地下水在吐鲁番水资源中依然占据着非常重要的位置，干旱少雨的气候环境，决定了当地人们大部分用水来自地下水。其中，坎儿井是吐鲁番农牧业生产和人畜用水的主要来源。合理使用地下水资源，对促进吐鲁番农业和生态环境可持续发展有着重要的作用。①

（七）社会经济概况

1. 人口

吐鲁番辖吐鲁番市（今高昌区）、鄯善县、托克逊县，总人口 60 万左右。该地区自古以来就是一个多民族聚居的地方，包括维吾尔族、汉族、哈萨克族、回族等，2009 年，少数民族人口占到总人口的 77.58%，其中以维吾尔族人口占多数。（见表 2）

表 2　吐鲁番地区主要民族人口占总人口比例

民族	2005 年		2009 年	
	人口数	占比/ %	人口数	占比/ %
维吾尔族	410034	70.17	436379	71.00
汉族	135022	23.11	137771	22.42
回族	37517	6.42	38523	6.27T
哈萨克族	262	0.04	285	0.05
蒙古族	172	0.03	215	0.04
满族	333	0.06	319	0.05
其他	858	0.15	1007	0.16
地区总人口数	584198		614499	

资料来源：《新疆统计年鉴》。

① 摘自吐鲁番水利局网站——“吐鲁番市水资源概况”。

2. 社会经济构成

吐鲁番是一个传统的农业区。 由于特殊的气候条件，给农业和园林业创造了有利条件，其以小麦、高粱为主要粮食作物，以棉花、葡萄、甜瓜等为主要经济作物。根据《新疆统计年鉴》，2005 年吐鲁番地区土地面积中共有 33894 公顷的果园面积，其中种植葡萄占 28885 公顷，葡萄种植面积占整个地区总面积的 42.75%。 2006 年，吐鲁番种植葡萄共 29163 公顷，占到整个地区总面积的 43.16%，葡萄产值合计 89316.24 万元，其中种植业产值占到总产值的 77.50%，葡萄占了种植业产值的 51.29%。

二、吐鲁番坎儿井分布、构造及特点

坎儿井堪称中国古代最伟大的地下水利工程之一，被地理学界的专家称为“地下运河”，与万里长城、京杭大运河并称为我国古代三大工程。 目前，除中国外，伊朗、阿富汗等 40 余个国家也遗存有坎儿井。 我国坎儿井主要分布在新疆东部博格达山南麓的吐鲁番及哈密，南疆地区也有少量分布，其中以吐鲁番盆地最多也最为集中，当地居民对其依赖性远远超出了其他区域。 据第三次全国文物普查结果显示，吐鲁番盆地现存坎儿井 1108 条，其中有水坎儿井 278 条，干涸的坎儿井 830 条。

由于吐鲁番地面水资源空间分布不均衡，由西向东逐渐减少，季节性地下水不均匀，春季严重缺水。 地下水库对调节水资源时空分布有重要的作用，吐鲁番盆地山前巨厚的冲积洪积扇下覆不透水的第三纪泥岩，河流出山口后迅速下渗，形成巨大的地下水库。 吐鲁番盆地水资源的补给以大气降水以及大气降水形成的地下水为主，辅以地表径流、冰雪融水、沼泽湖泊等其他补给方式。 地下水的补给来源，除了以河床渗漏为主以外，尚有天山山区古生代岩层裂隙水的补给。 地下水资源分布不同，导致坎儿井的分布区域、水流量及保存状况存在明显差异。

吐鲁番盆地的坎儿井大都分布在各山溪河流的河床摆动带上（即古河床），和地下水流向成斜交，坎儿井之间相互近于平行，形成一个个坎儿井群。根据坎儿井所处位置和吐鲁番对地下水资源开发利用层次可分为三个区。第一区为分布在火焰山以北灌区上游，以及地下水补给十分丰富的山溪河流摆动带上的坎儿井。这一区的坎儿井取用的地下水距补给源近，有较长的出水段，为河谷型潜水补给。该区坎儿井所在地层一般为砂砾层，故当地称为砂坎，砂坎一般单井出水量较大，矿化度低，水量稳定。第一区的坎儿井群所在的地区大致为鄯善县的七克台镇、辟展乡，连木沁镇的汉墩，吐鲁番市（现高昌区）的胜金乡、亚尔乡（现为镇）北部以及托克逊县的大部分坎儿井群所在地区。第二区坎儿井分布在火焰山以南的冲积扇灌区上缘。这一部分坎儿井所取用的地下水大部分还是天山水系形成的地下潜流，经过几十千米的漫长渗流，因受到火焰山的阻隔而上升，越过火焰山各山口后以泉水和地下潜流的形式出现，但其中有一部分水量是火焰山北灌区引用的地表水通过渠道渗漏补给地下水的水量。所以第二区坎儿井提取的地下水，其中有水资源重复利用的部分。该区的坎儿井一般为山前首部补给形式或河谷潜流补给。第二区坎儿井大致分布在吐峪沟乡的洋海及吐鲁番葡萄沟和干沟下游地区，这一区的坎儿井群形成对天山水系地下潜流利用的第二层次，该区坎儿井大多是砂坎，出水量大，流量稳定，矿化度较第一区坎儿井水稍高。第三区坎儿井群分布在火焰山南灌区的下游地带。这一部分坎儿井多属平原潜水补给型。一般较浅，井深 20 米左右，所在地层为土质地层，当地称为土坎。该区坎儿井群形成对盆地地下水利用的第三层次。它们一般出水量较少，矿化度高，有的达不到饮用水标准，有少数甚至不能用于灌溉。而且它们分布在灌区内部，要通过邻乡邻队的耕地，易引起矛盾，而且受机电井影响大。第三区坎儿井群分布地区为靠近艾丁湖东北部的达浪坎乡、迪坎乡、艾丁湖乡（现为镇）、三堡乡，以及恰特喀勒乡以南的灌区中下游。

吐鲁番坎儿井有着“绿洲经济的大动脉”及“生命之源”的称誉，吐鲁番戈壁绿洲环境界限分明，与吐鲁番的地下水资源有着紧密联系。有坎儿井的地方，就会有人类活动，就会有界限分明的绿洲。坎儿井是当地各族人民在极其干旱的气候条件下，利用自然地形和地下水的特点开挖的水平式取水井。它不需提水工具，易于操作，不消耗能源就能使几十米深的地下水沿着坡度流出地表，滋润着绿洲沃野。这是人们劳动与自然环境相互作用而生产的坎儿井，它是干旱地区开发利用山前冲积扇地下潜水，进行农田灌溉和供人畜饮用的特殊的引水工程。它通常由竖井、暗渠、龙口、明渠、涝坝等五部分组成，分为集水段、暗渠输水段及明渠输水段。

竖井是出运井下泥沙石砾的通道，同时也是通风口。井深因地势和地下水水位高低不同而各有深浅，一般是越靠近源头，竖井越深，最深处可达 90 米以上。竖井与竖井之间的距离，随坎儿井的长度而有所不同，一般每隔 20～70 米就有一口竖井。一条坎儿井，竖井少则十多个，多则上百个。井口呈长方形（或圆形），一般长 1 米，宽 0.7 米。

暗渠是坎儿井的主体，也就是地下河道，一般高 1.7 米，宽 1.2 米，多呈尖顶拱形，长度 3～5 千米，分为集水段和输水段：前部分为集水段，位于地下水水位以下，起截引地下水的作用；后部分为输水段，在当地地下水水位以上，由于暗渠坡度大于地面坡度，因此可把地下水自流引出地表。暗渠掏捞工程十分艰巨，吐鲁番地区坎儿井最长的暗渠达 25 千米，最短的仅 100～200 米。

暗渠的出水口叫作“龙口”，和地面的明渠相接。

明渠与一般渠道基本相同，是地面的导流渠，横断面多为梯形，将水引入涝坝（蓄水池）或直接浇灌田地。

蓄水池，当地居民称为涝坝，用以调节灌溉水量，缩短灌溉时间，减少输水损失，同时蓄水池形式的存在对于改善周边邻近区域生态环境也有着极其重要的意义。

吐鲁番坎儿井具有自流，水量稳定，蒸发损失少，不易被风沙埋没等优点。坎儿井水质一般都很好，不易遭污染，水量稳定。

三、干旱区环境与坎儿井的关系

吐鲁番盆地是一个封闭的内陆盆地，距海洋 3000～6000 千米，海洋气流经数千千米跋涉，且受四周高山阻隔，极难进入盆地内部形成降水，盆地中心年降水量在 20 毫米以下，因此盆地水资源主要来源于四周山区的降水。吐鲁番盆地水资源的总特征是河流水量小，流程短，水系之间相对独立。吐鲁番具有丰富的地下水资源和最大坡度为40％的山体，以及干旱少雨的气候环境，为创造坎儿井的产生和发展提供了必要条件。

吐鲁番水源主要依托天山雪水和山谷的雨水，由于独特的地质构造和水文特点，吐鲁番水资源主要以地下水的形式存在。坎儿井为利用地下水资源的一种主要方式，在历史上的较长一段时期，坎儿井的发展决定了村落和绿洲的发展。从吐鲁番文物遗址分布情况来看，文物遗址一般分布在水资源丰富的河谷附近。可以看出，早期人们主要还是依赖沟谷的水系，依水而居。当时人口规模较少，主要以畜牧养殖为主，水源基本能满足生产生活需求。后来，随着人口数量的不断增加，农业灌溉面积日益扩张，对水的需求不断增加，当地村民依据吐鲁番的自然环境特点，通过对地下水资源的不断寻找和探索，发现了丰富的地下水源，逐步创造了坎儿井，发展了大片绿洲。应当说绿洲的形成和发展，与人们生产生活紧密相关。随着人口和绿洲的不断发展，坎儿井数量达到了1200余条，达到了历史最高。近年来，为加快推进社会经济发展，人们加大了对地下水资源的开采力度，由于吐鲁番水资源有限，且无外来水资源的及时供给和补充，水资源动态平衡受到一定影响，导致坎儿井数量逐年降低。

过度地开采地下水，导致地下水水位急速下降，坎儿井干涸，村民周边居住环境和生态环境面临严重威胁。因坎儿井的干涸，部分村民被迫迁移，周边树木因缺水而发生严重干枯的现象。由于现代工业技术的快速发展，水库和引水工程的建设，以及机电井的大量使用，坎儿井逐渐消失。再有，坎儿井自身面临着传承工艺落后、工程浩大、水量无法满足社会发展实际需求的困境，有水坎儿井难以满足农业生产需要，渐渐成为当地村民休闲纳凉的景观。无水坎儿井面临的问题尤为突出，大量无水坎儿井已干涸多年，多处区域发生坍塌和被掩埋的现象，大量废弃坎儿井保护维修成本巨大，已成了当地村民的垃圾场，周边环境日益恶化。

四、坎儿井对干旱区环境的影响

为适应吐鲁番特殊的地理和气候环境，在较长的一段历史时期，坎儿井利用自身优势，最大限度地遵循自然规律，合理利用地下水资源，与大自然融为一体，为吐鲁番的农业生产和绿洲环境做出了巨大贡献，促成了灿烂的文化和诗意般的栖居环境，是人类认识自然、利用自然并合理改造自然的一次成功壮举。它集中体现了先民们在长期与干旱的恶劣环境斗争的过程中所产生的特殊智慧。

第一，坎儿井的产生和发展，在一定的历史时期，延续着吐鲁番悠久的历史文化。坎儿井的出现，改变了当地人的生产生活方式，使当地的居住环境得以改善和发展，农业和绿洲的发展得以逐步扩大。坎儿井的发展与村民居住环境紧密相连，一般地下水源丰富的区域，坎儿井分布数量多，人口数量和绿洲面积多。如鲁克沁、胜金乡、恰特喀勒乡等区域。由于长期受坎儿井环境的影响，坎儿井所在区域，周边野生动植物明显增加，生态环境得到明显改善。

第二，坎儿井有利于艾丁湖的自然生态平衡的保护。坎儿井水资源根据自身特殊的地理条件自然流动，且在冬季吐鲁番大部分水资源最终都会流入艾丁湖，形成了天山—火焰山—绿洲—艾丁湖的水循环系统。这些大量的坎儿井水资源成为艾丁湖重要的湖水来源。而艾丁湖多年平均蒸发量达3000多毫米，这样大的蒸发量在盆地内参与水陆小循环，最终又以山区降水的形式回归盆地。这不仅对艾丁湖自然生态平衡起着相当大的作用，而且对整个盆地的气候乃至生态都具有重要的意义。

第三，随着坎儿井的发展，吐鲁番盆地绿洲面积的增加，气候环境也随之变化。坎儿井引水工程仅是遵循自然规律，利用区域坡度将地下水引出地面，不属于过度开采地下水的范畴，与引水渠、河流取水方式相同，保持了水资源的可持续利用。

第四，最新卫星遥感监测数据表明吐鲁番盆地荒漠化土地面积已占总面积的46.87%，而非荒漠化面积仅占总面积的8.8%。水资源日渐短缺，地下水水位不断下降，坎儿井水流量也逐年减少。随着吐鲁番机井的广泛使用，地下水资源急剧减少。吐鲁番盆地已有的几千口机井从地下大量抽水，而在11亿立方米的可利用水资源中，地下水仅占2亿立方米。比较而言，在地表水利用上，一些河流上游修建水库，经大坝截流后，下游水源便捉襟见肘。

第五，近年来，随着吐鲁番水利设施的一系列变化，以及水库、水渠、机电井等设施的大规模建设，地下水资源利用率得到明显增加，地下水水位急剧下降，导致有水坎儿井逐年减少，这使吐鲁番的绿洲环境发生了重要的改变，特别是大量废弃的坎儿井周围，坍塌现象严重，不少植被出现枯死状态。

五、坎儿井对人文环境的影响

作为一种古老的水利设施，坎儿井这种存世多年的“绿色引水工程”是新疆各族劳动人民为发展戈壁绿洲农业灌溉而做出的伟大创造。特别是吐鲁番绿洲，其形成和发达的农业文明都与坎儿井息息相关。直到工业化已经迅速发展的今天，坎儿井依然在吐鲁番农业生产和人民生活中发挥着十分重要的作用。同时新疆坎儿井的影响还渗透到了人们的社会经济、文化等方方面面，构成了一种独特的坎儿井文化现象。

吐鲁番盆地史前文化遗存，不仅与气候、地理变化直接相关，也决定了盆地内的史前人类生存的方式。[①] 不同时期遗存的分布状况首先体现的是环境特征，其次是人类根据环境而进行的生产活动。而坎儿井和环境的密切关系在吐鲁番盆地得到了很好的体现，坎儿井充分考虑了该区域的地形和干旱风大的特征，利用区域坡度特征，引地下潜流灌溉农田，不因炎热、狂风而使水分大量蒸发，保证了自流灌溉。这些说明人类活动与其所处的环境密不可分，人类活动是在适应其所在的自然环境下的社会生产和生活活动，坎儿井是人类在一定自然环境下的社会活动的历史记忆。坎儿井所处的环境在很大程度上是其存在的条件并表现在文化特征上。

---

① 艾克拜尔·尼牙孜、哈里·买买提：《吐鲁番盆地的史前遗存与环境分析》，《吐鲁番学研究》2010年第2期。

第一，坎儿井促进了绿洲环境的可持续发展。从坎儿井对周边环境产生的影响来说，可以看到，坎儿井对维护小区域环境的绿洲生态平衡具有非常重要的作用。同时，在吐鲁番历史文化发展和交流方面发挥了重要的作用，推动了吐鲁番绿洲经济的发展。

第二，在历史上较长的一段时期，坎儿井是吐鲁番人民生产生活所依赖的方式之一，其大规模兴起与吐鲁番农业的发展、人口的聚集、聚落的形成相辅相成，并直接影响聚落、农业的分布，它是当地人口聚集增长、民族融合、地方发展的重要见证，与其密不可分的相关农业和聚落格局都是农业文化和人居文化不可分割的部分，是人类在自然中活动方式的延续和证明。和谐相处的历史物证，展现了当地人民在恶劣环境中的智慧，使吐鲁番的葡萄得以延续和发展，并被冠以葡萄之乡的美称，从而远近闻名。

第三，坎儿井促进了农业生产及生活方式的发展，是人们改造自然、与自然和谐共处的典范。

第四，吐鲁番盆地的坎儿井主要是维吾尔族、汉族、回族等各族劳动人民所开凿的，各兄弟民族同挖一道井，共用一道水，前后相继，精心维护，使清水长流，绿洲永驻。因为吐鲁番坎儿井，各族人民共同生活在这片绿洲上，坎儿井增进了各民族之间的感情，使得各民族共同发展，共同繁荣。在世界非物质文化遗产的“十二木卡姆”舞蹈中，就描述了坎儿井的掏挖、使用及当地人们与坎儿井的鱼水关系。这种独具特色的生产生活方式与大自然融为一个整体，实现了人与自然的和谐共生。可以说，坎儿井造就了新疆独特的文化形态和新疆人独特的文化心理特征。它是新疆多民族独特文化形成与演进的条件和见证，是特定条件下人类与环境相互作用的典范。

第五，坎儿井与天山、火焰山、艾丁湖、传统村落、葡萄种植区形成了人与自然和谐共处的文化景观。当地人们在劳动中，通过与自然的不断斗争，建立了沿井而居的定居方式，形成了以坎儿井为中心的村落格局，对土地起到了固沙和防风作用，而且对居住区干燥的气候环境起到了很好的调节作用。居住环境得以改善，使原本不适合人类居住的环境变得适合人类生活。

第六，由于在政治、经济和军事上的要求，以及当时东西方文化的传播，促使人们必须进一步设法增大地下水的开采量，扩大灌溉面积来满足农业生产发展的需要，因而对引泉结构进行改良，采取挖洞延伸以增大其出水量，这样就逐步推动了坎儿井的发展。

六、结语

坎儿井在吐鲁番这片热土上，完成了重要的历史使命，从早期产生、发展，再到现在的衰落，就如人生轨迹。坎儿井与干旱区环境相互依存、相互影响，应当说，没有干旱区的气候环境，就没有坎儿井的产生，没有坎儿井，就没有吐鲁番绿洲文明。坎儿井一路走来，使地下水资源得以合理利用，改善了人们的居住和生态环境，促进了绿洲文明和农业发展，让这片戈壁荒漠变成了瓜果飘香的绿洲，促进了当地经济、文化生活的发展。

坎儿井及周边环境是吐鲁番特定的自然环境及连续的社会、经济和文化力量产生和进化的特定证明，是当地人与自然的联合作品，是当地绿洲文化的典型景观。它体现了当地沙漠环境中保护和维持生物多样性的水资源利用的特殊技术，影响了当地的土地利用方式；并且表现了当地村民生活的独特性，体现了人们与自然的特别的精神联系。它的存在，维持了当地环境下人类与环境之间的关联，保护了本地传统文化。

当前，坎儿井面临的诸多问题依然突出，如地下水水位连续下降，坎儿井保护与城市建设的矛盾。坎儿井已无法适应当代社会的发展。地下水水位下降是影响坎儿井的重要因素之一。吐鲁番盆地的绿洲环境与地下水资源保护有着相互依存的紧密联系。目前，吐鲁番水资源过度开采使绿洲面积在短期内得以进一步扩大，从长远来看，吐鲁番水资源将逐年减少，最终将导致水资源严重紧缺。因此，做好吐鲁番绿洲生态环境的管控和水资源的统筹管理有利于盆地内水资源的可持续利用。为促进吐鲁番经济发展和城市化建设，做好吐鲁番水资源可持续利用工作是推进吐鲁番绿洲生态环境可持续发展的一项重要内容，也是延续坎儿井文化的一项重大课题。坎儿井保护有利于吐鲁番绿洲生态环境的健康发展。

吐鲁番坎儿井的文化现象

高春莲

吐鲁番地区极度干旱，农作物灌溉主要依靠天山融雪，经济的开发、文化的发展都与水资源的开发、利用密切相关。坎儿井作为干旱地区重要的水利系统之一，为传统农业发展与生活用水提供了重要的基础保障，是各族人民赖以生存的“生命线”。同时，在坎儿井的维护、使用过程中，也逐步融入或者改变着人们的饮食习惯、建筑风格、神话传说等，形成了干旱地区居民特有的坎儿井文化。

一、文化的有关概念

在文化人类学的知识体系里，一般把文化作为一个统一的总体予以把握，将物质文化与非物质文化（精神文化）放在“文化”这一复合体中考察。人们认为各种文化现象都是一个有机联系的整体，所有文化事象都不能孤立存在，否则就不能获得对其内涵的真切理解。同时，文化不是一成不变的，而是随着社会的变迁而变迁。文化进化论人类学代表人物爱德华·泰勒认为文化“就其广泛的民族学意义来说，就包括全部的知识、信仰、艺术、道德、法律、风俗以及作为社会成员的人所掌握和接收的任何其他的才能和习惯的复合体”①。他虽然没有明确指出文化中的物质层面内容，但是文化作为一个复合体，我们不可否认文化中必定包含物质层面的内容。“文化是一个由工具、消费物、在制度上对各种社会集团的认定、观念、技术、信仰、习惯等构成的统一的总体”②。林耀华先生在《民族学通论》中提到的

① ［英］爱德华·泰勒：《原始文化》（重译本），连树生译，广西师范大学出版社，2005 年。
② 郑金洲：《文化与教育：两者关系的探讨》，《华东师范大学学报》（教科版）1995 年第 4 期。

“所谓文化变迁，是指一个民族或者社会整体上（包括物质的、精神的、技术的、制度的等所有各个方面）的发展和变化”①。

上述表述明确地把技术、工具、风俗、信仰、社会组织、制度等均作为文化的一部分，且文化随着社会变迁而变迁。坎儿井作为一个伟大的地下水利灌溉工程，也是一项重要的文化遗产，包含了很多技术知识，人们对其的认识与保护应该遵循整体性的文化原则，用发展的眼光看待每一项文化遗产。当地人在坎儿井挖掘，使用管理以及后期的维修保护过程中积累了丰富的经验，这些经验知识是坎儿井保护利用的精华，在长期发展中形成了独特的坎儿井文化，丰富了吐鲁番地区文化。

二、坎儿井与“水”文化

吐鲁番盆地年均降雨量仅有16毫米，而蒸发量却高达3000毫米，高温少雨，水贵如油，那么这里的人是怎样生存的呢？吐鲁番人总这样说，是坎儿井哺育了这片绿洲。原来，渗入戈壁荒滩的雪山融水，在地下汇集流淌，成为当地最珍贵的水资源。当地人利用自然地理知识和丰富的实践经验创造性地开挖了坎儿井，并逐渐形成了独特的“水文化”，这些文化已经慢慢渗透到他们的生产生活中，成为其民俗文化的重要组成部分。这些“水文化”形式多样，内容丰富，对人们的行为举止既具有一定的约束性，也具有重要的指导意义，其中就包括很多与水相关的禁忌及民间谚语。

（一）生活禁忌中的“水”文化

历史上有许多和水相关的珍贵文献，吐鲁番人的水文化在一些与水相关的习俗和禁忌中得到了传承。文化的传承需要载体，吐鲁番人在与水接触的过程中，水文化已经渗透到人们的生产生活。历史上人们注重人与自然的和谐，这就保留下来了

① 林耀华：《民族学通论》，中央民族大学出版社，1997年。

很多关于水的禁忌。当地人认为活水可以保持清洁，活水是指流动的水，而流动的水有自洁的特点。吐鲁番先民多傍水而居，这些水都是一些河流，河流都是流动的活水，可以保证生活和生产用水的洁净。当地人认为万物有灵，水也是如此的，在每一处有水的地方，都有掌管这些水源的神灵，所以不能忤逆水神的神威。如果污染水，就会受到神灵的惩罚。当地人认为便溺是“不洁”的行为，所以他们认为不能在水里大小便，否则会大小便失禁、尿路疼痛或者嘴脸长脓包；不能往水里吐痰或倒垃圾；不能在泉头、渠首和湖泊中净身；不能用泉水洗手；不能在房事后直接跳进渠、湖及泉水中；不能让牲畜直接饮用水渠里的水；不能在湖边或渠边建厕所和羊圈；从水渠里提水的时候不能双腿横跨水渠；当地人还认为洗过衣服的水是极度不洁的，所以不能在坎儿井里洗衣服。

（二）民间谚语中的“水”文化

当地民间流传着很多的谚语，这些谚语与他们的日常生活与生产实践有着密切的联系。当地群众在长期的实惠实践中，不仅对水产生了敬畏之情，在同自然抗争的过程中，还逐渐形成了朴素的人生观、价值观及民俗文化等。比如“没有水就没有生命，没有劳动就没有幸福”“水是农民的血脉，地是农民的命脉”①，这说明了水对于生命意义重大，表现了当地人对水作为生命之源的崇敬之情，也体现了当地传统的实践活动都离不开水；“今世的财富好比是盐水。你越喝越渴，滋润不了舌根”，将财富比作“盐水”，这是通过形象的自然水体揭示抽象的人生哲理；“先喝水，后吃馕”告诉人们只有先吃苦，才能获得幸福生活；“挖井的匠人珍惜水”，这里是指只有付出劳动的人才懂得劳动成果来之不易，才会珍惜；“饮水别忘挖塘人”，意思是指人要学会感恩②。很多和水相关的谚语与人们的言行举止、为人处世密切相关。水作为维持生命的基本元素，它保证了当地人的生产生活，使人们渐渐对水有了崇敬之情，这在禁忌习俗上得到了体现。聪慧的吐鲁番先民通过自己对大自然的认识，将人的品质、道德、学识以及人生哲理等融入水中，他们用水比喻人

---

① 马俊民、廖泽余：《维汉对照维吾尔谚语》，新疆人民出版社，2007 年。

② 马俊民、廖泽余：《维汉对照维吾尔谚语》。

生，比喻道德，比喻知识，这体现了人与水及自然甚至是世间万物之间的和谐，这种和谐还体现在当地人对水的理解、珍惜及节约水资源等方面。

三、坎儿井与当地居民的社会文化

（一）坎儿井与周边居民的生活

生活在吐鲁番盆地的居民有一个重要的习俗，就是非常重视对子女进行保持水源清洁、节约用水的教育。以前当地的生活用水处和牲畜饮水处的界限很严格并有专人监督，假如有人把牲畜带到生活用水处饮水，人们会通过群众批评讨论的方式协调解决，使大家引以为戒从而提高保护水资源的意识。可见，当地居民在保护坎儿井水方面形成了一种约定俗成的习惯，这是坎儿井精神在人们身上的重要体现。

坎儿井水质比较好，不易被污染，水温稳定，适合人畜饮用。但是随着人口数量的快速增加，坎儿井出水量越来越小，管理越来越困难，水污染也越来越严重，污染水的行为屡禁不止。①

坎儿井与当地居民的日常生活息息相关，是人们生活中不可或缺的元素。当地女子在明渠边洗衣、洗菜，小孩在渠边嬉闹玩耍，当地男子聚集在坎儿井边聊天谈事。人们在涝坝或明渠旁的树荫下摆上一张床，炎热难耐的夏日午后坐在床边休息、谈笑，这些场景在吐鲁番村庄里随处可见。即使是将要干涸的坎儿井，暗渠仍然是避暑纳凉的重要场所，炎热的夏日人们常常在暗渠内铺上凉席作为午休胜地，他们将葡萄、西瓜等水果放在坎儿井水中，用坎儿井水冰出的水果比冰箱里冷藏的水果更可口，更有益健康。有些坎儿井竖井从农家小院内穿过，冬天有些家庭将食物挂在竖井内保存，因为坎儿井内温度比室外温度高，食品不易被冻坏，坎儿井由此成了天然的“储存室”。当地也有人在涝坝中发展渔业养殖，既满足家庭的需要，

---

① 据了解，在自来水入户前人们的生活用水主要依靠坎儿井，由于夜间人为活动对坎儿井水的影响最小，居住在坎儿井下游的人们只能在天亮前存储一天的用水。直到自来水进入农户，人们的生活用水基本上来源于自来水，坎儿井水更多用于灌溉。在自来水断水时，坎儿井水仍然充当当地居民的生活用水。

又能作为副业增加家庭的收入。据当地老人回忆，坎儿井还有一个重要的作用就是带动水磨磨面，有些坎儿井明渠下游曾经坐落着一些水磨，夏季依靠坎儿井水和泉水合力带动水磨，冬季则主要借助坎儿井水带动水磨磨面。在灌溉用水较少的冬季，通过坎儿井水磨面，既提高了坎儿井水的利用率，也为当地居民的生活提供了便利。

（二）民间流传的坎儿井传说故事

关于坎儿井具体是什么时候出现的，为什么挖掘坎儿井，人们的记忆似乎有点模糊。但是在当地居民中流传着一些关于坎儿井的传说，根据这些传说，我们依然能够感受到最初居住在此处的人们的生存环境、生活状态。

传说一：很久以前，火焰山附近生活着一个怪物，它阻挡天山雪水流向人口聚居区，它每次喝水都会导致旱灾不断，土地龟裂，庄稼颗粒无收，人们流离失所。这个怪物还时不时地破坏住房农田，甚至吃人，使得民不聊生，人们不断地祈祷天神能救他们脱离水火。天神感受到人们的祈求，他以其无比的威力刮起狂风，带来土石掩埋了怪物，堆积而成了火焰山，也形成了吐鲁番盆地。从那以后干涸的河道里又充满了水流，浇灌庄稼、森林、果园，使吐鲁番盆地又重现生机，庄稼丰收，牛羊满地，人们过上了幸福美满的生活。但是，好景不长，人们发现流下来的天山雪水越来越少，最后完全断流。经年长者商议，决定派人去火焰山查看，原来是怪物逃出了火焰山，将天山水完全阻挡住了。当地的勇士们不忍看到家乡被毁，与怪物搏斗了数日仍未能战胜恶魔，贤人们知道了这一情况后再次协商，决定在地表挖一个个竖井，通过暗渠将竖井连在一起，将天山水引入吐鲁番盆地，这种特殊的井被当地人称为坎儿井。

传说二：从前，有一个年轻的牧羊人将羊群赶到牧场后便睡着了，等到醒来却发现羊群不见了。他焦急万分，沿着羊蹄印走进了一片戈壁沙漠，炎热的天气使牧羊人饥渴难耐，他顶着炎炎烈日、漫天黄沙四处寻水。他走了很久，视线内仍是寸草不生的戈壁，他并没有灰心，继续寻找，终于一片绿草映入眼帘，只是没有看到水源。年轻人想绿草和清水是一对永不分开的情人，有草的地方就一定有水，于是就动手在绿草所在的土地上不停地挖，清水从地下涌了出来，牧羊人得救了，也找回了羊群。回到家，他把发生的事情告诉了父亲，第二天父子二人决定去寻找水源，他们越挖水越多，顺着水流的方向不断延长水渠。后来人们就仿照牧羊人挖一个个竖井，通过暗渠将地下水引出地表，慢慢形成了今天的坎儿井。

从以上传说来看，古代吐鲁番先民曾经有过一个从图腾崇拜转变到天神崇拜的时代，在那个时代，人们开始挖掘坎儿井。这些传说似乎暗示，龙也是古代吐鲁番先民崇拜的图腾之一。事实上，当地传说故事中，有很多关于龙图腾的线索和内容。他们把龙当作自己的图腾，龙是一个具有神力的善神。他们崇拜天神后，他们的观念中龙变成了一个恶魔。所以我们可以说，坎儿井是古代吐鲁番先民在图腾崇拜转变到天神崇拜的时代创造的。根据这些神话传说的内容，吐鲁番先民为维持当地极端干旱环境中的生存而开始建设坎儿井。当时，吐鲁番先民从事过牧业，后来从事农耕。我们推测，在他们从事农耕的时代，就有了坎儿井的雏形。

四、坎儿井与当地居民的经济文化

（一）当地传统的经济形式

在西部，绿洲与水利设施相互依存。没有足够的地下水和水资源设施的支持，绿洲是无法形成发展下去的。坎儿井出现以后，它不仅创造出了众多新绿洲，而且围绕坎儿井灌溉系统，逐渐形成了独特的坎儿井文化。在吐鲁番盆地世居的传统农业社会中，谁拥有水，谁就能开垦土地。能够开挖并拥有坎儿井水利工程设施的家族应该说基本上属于乡村的富豪大地主，因为他们拥有充沛的水资源，在村子里大面积地开垦土地，再把坎儿井水引入土地灌溉，所以拥有水就意味着拥有土地。吐鲁番传统社会中，以种植小麦、白高粱、长绒棉、葡萄、西瓜、甜瓜、杏子和各种蔬菜等农作物为主。很多家庭饲养牛、羊、驴、马、鸡、鸭等牲畜家禽。坎儿井作为当地重要的水资源，很大程度上影响了当地的经济生产方式，当地主要是种植业和畜牧业相结合的生产方式。过去，坎儿井的拥有者还把水费作为自己的一项经济来源，水费的征收主要通过收取粮食、金钱或者其他实物等方式实现。

（二）坎儿井与当地的土地关系

新疆的坎儿井基本上都集中在东部天山南坡最干旱缺水的乡村地区，包括吐鲁番盆地的鄯善县、托克逊县和高昌区及哈密盆地的哈密市。吐鲁番盆地的传统农业，建立在河渠水灌溉的基础上。从坎儿井的年代看，早期坎儿井的形成不同于当时封建官办的水利设施，应该说它是与大面积集中的私人农业耕地发展相适应，作为对非官办水利设施的需求而逐渐修建而成的。因此，不论是“中原传入说”还是“自创说”都表明，坎儿井水利设施是一种土地关系集中的封建农业生产关系发展的结果。一条坎儿井可浇灌十几亩甚至数百亩土地。这一条条坎儿井在沙漠中创造出了一个个新村庄，这样的村庄不再依赖于受政府控制的河渠水。吐鲁番这个在历史上一贯高度集权的社会，在坎儿井产生以后，出现了一个个在经济上基本独立，在社会生活上半独立的村庄，这些村庄的首领就是那些坎儿井的主人。坎儿井出现以前，河渠水和土地实际上都是国有的。坎儿井出现后，土地私有制也就随着坎儿井的私人所有而出现。

（三）与农业生产有关的谚语

干旱、半干旱的地理环境，使当地人始终在同恶劣的自然环境相抗争。吐鲁番人在长期的生产实践中总结出来与耕耘、播种、管理等农事相关的谚语，对当地的农业生产有着重要借鉴作用。如“争水应争头回水”是指在农业生产中，庄稼初期的灌溉次数对于庄稼以后的长势很重要，也寓意做事要把握时机；“大水没来先筑坝”寓意是防患于未然；“下雨等于下油，下雪等于下馕”是指雨水对农业生产和人们的生活都具有重要意义；“滴滴水珠落，株株秧苗绿”也强调了水资源对农业生产的作用。[①] 可见吐鲁番民众对庄稼灌溉非常重视，由于北方干旱，水资源匮乏，选择适

---

① 马俊民、廖泽余：《维汉对照维吾尔谚语》。

宜的灌溉时期以及合适的灌溉方式非常重要。

五、坎儿井聚落文化

历史上坎儿井曾是地方村落最重要的设施，其功能上的重要性及修凿的艰辛使当地人对其产生了深厚的情感寄托。围绕明渠和涝坝，形成了村落中公共活动的场所，作为日常生活、宗教活动、传统节日庆典等重要聚点。这种水与村落相互关联的形式造就了吐鲁番独特的文化习俗。坎儿井下游的聚落原来多依赖坎儿井取水，聚落以坎儿井为网线布局，随村落的发展向两侧扩展，坎儿井是村落内最重要的设施之一。原来民居多为生土建筑，近年多被砌体结构所取代，建筑体量、造型均与原来有较大变化。

自然条件在一定程度上决定了坎儿井的出水量、技术条件等，而聚落的形成也影响了坎儿井的开凿。坎儿井在村落中的区位等因素，受聚落形制、规模的影响，反之，坎儿井也影响了聚落的形制和规模，坎儿井和村落是彼此影响的共同体。因此，很多坎儿井遗存也体现了历史上当地的聚落生活。随着吐鲁番人口及工农业生产规模的增长，村落规模持续扩大，导致以坎儿井为主的水资源供不应求。个别村落随着坎儿井的干涸而废弃，部分村落则通过挖掘更多坎儿井以缓解人口增长带来的用水问题，更多村落采取机井、水库、引水渠等取水手段代替坎儿井。坎儿井与聚落间的相互依存关系在逐步消退。随着区域人文环境的变化、坎儿井供水功能的减弱及社会进步带来的生活模式的改变，新的取水方式使人们对坎儿井的依赖程度大大降低，进而导致人们对坎儿井的情感寄托及关注度逐渐下降，传统的习俗慢慢被淡忘。不少坎儿井沿线的活动空间被废弃，传统的挖凿技艺及蕴含其中的情感因素也在逐渐消减。村落本身的传统格局及传统民居也渐渐被废止，取而代之的是批量建设的新宅院，原有的聚落景观遭到严重破坏。（见图1）

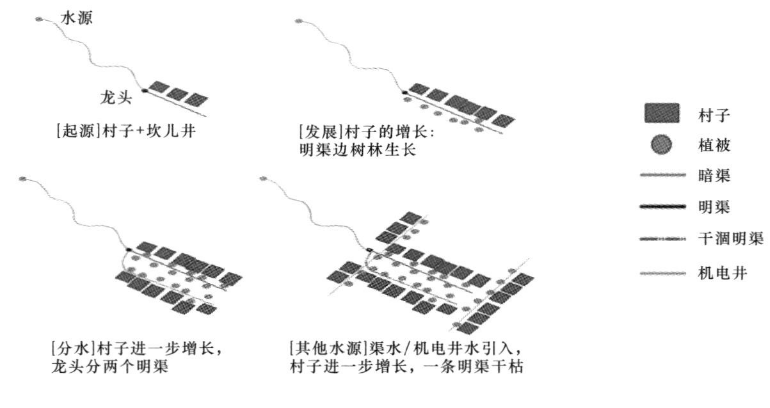

图1　村落与坎儿井的关系变化图例

六、坎儿井的组织管理

在传统社会中，家长去世后儿子继承财产，女儿一般无继承权。坎儿井作为一个家族的财产也是由儿子继承，如果一个家族的坎儿井比较多，每个儿子会分别继承一条坎儿井，否则就是几个儿子一起使用和管理家族的坎儿井。也有很多家族由于各种原因将坎儿井卖给他人。每条坎儿井都有自己别具一格的名字，每个名字背后都有一段不一样的故事，一段不平凡的经历。如果坎儿井是某一时期某个家族掏挖的，那么坎儿井的管理和使用权就归该家族所有。直到今天，也有很多坎儿井由于各种原因，被不同的人接手管理，在人们共同的管理和维护中延续至今。

（一）坎儿井匠人

坎儿井挖掘是一项艰辛的工程，它需要具备劳动力、技术经验、物质基础和资金等各种条件。其中，在吐鲁番有专门从事挖掘坎儿井的“匠人”，这些人掌握坎儿井挖掘技术，组织村里的劳动力一起挖掘坎儿井，并付给相应的报酬。

坎儿井匠人每次挖坎儿井之前会举行仪式，主要是为了祈求神灵保佑挖坎儿井的人们平安顺利。人们会在开挖第一个竖井的地方宰羊，他们认为沾上羊血的坎儿井最容易出水，出水量会更大。在掏捞延伸坎儿井的时候，如果挖到出水的泉眼，坎儿井拥有者就会为坎儿井匠人宰牛羊或者多开工钱以示庆功。这些仪式与当地人的生活习俗有着密切的联系。现在坎儿井掏挖维修期间，人们下井前仍会在坎儿井边宰羊，等到血流干后，大家一起动手将羊剥皮洗净，把羊肉剁成块放在大锅里煮，凡是在场的人都会分得一些羊肉。当地人说，现在下井之前宰羊吃肉，一方面是由于生活习俗，希望大家健康安全；另一方面是由于下坎儿井一般选在冬季农闲的时候，虽然坎儿井水温冬季比夏季高一些，但是还是很冰冷，而羊肉是热性的，吃了更有利于身体健康。

（二）灌溉用水的组织分配

坎儿井工匠基本都是当地的居民，都是坎儿井文化的传承人与构建者。他们保留了较多的传统制度与风俗习惯，在文化传承方面起到了重要作用。当地居民以务农为主，较多地保留了传统农业村落的生产生活方式。随着社会的发展，该地区受到外来文化的冲击，出现了人口流失、文化传承断裂等现象。然而，村民对坎儿井仍怀有深厚的感情，坎儿井既是他们生产生活的组成部分，也是心灵与情感的寄托，因而与坎儿井相关的各种习俗也得到了较好的延续发展。

据当地老人回忆，拥有坎儿井的家族及其亲属一般居住在坎儿井上游。除了上游的水质比较好，利于保持坎儿井水的清洁以外，还有一个重要的原因就是他们能够及时发现坎儿井出现的各种问题并采取措施进行维修，为他们对坎儿井进行管理和分配水资源提供了便利条件。一般几大家族内部讨论协商制定掏捞、清淤、加固维修等具体事宜，每个家族分配一定的任务，通过当地有威望者向各个家族公布任务分配的具体情况。按照每个家族所占耕地面积确定各家族应承担的费用，有时维修加固、掏捞费也折算成粮食作为专项资金。每年各家族都会按照一定顺序完成该年度的掏捞、加固维修、清淤任务，也会按照一定的标准对坎儿井源头进行延伸，依靠新开挖几个竖井来增加坎儿井出水量。若某一家族上一年的掏捞任务没有保质保量地完成，则把未完成的任务量附加到下年的任务安排中继续完成。这些标准在当地曾经是一种约定俗成的规定。

（三）坎儿井的维修管理

坎儿井作为地方乡村的重要农业水利设施同样存在维护管理的问题。其中，坎儿井的定期掏捞、加固、清淤工作是每年都要进行的一项重要工程。一般由坎儿井拥有者自己出钱采取承包的方式完成，承包者一般是当地的农民。当时坎儿井掏捞加固清淤队的成员基本上由本村的贫农组成，依靠这项艰苦的劳动得到一定收入维持生活。他们在参与过程中不仅是为了维持生计，还把这项工作视为能够造福子孙后代的一种义不容辞的光荣劳动，所以村里家家户户都热情参与，积极投身劳动，贡献力量。坎儿井并不是一次性挖掘而成的，最初竖井较少，为了增加出水量每年在掏捞清淤过程中都会向上游延伸几个竖井，久而久之，竖井越来越多，坎儿井也就越来越长。

现在很多村子仍然存在坎儿井维修队。维修队一般由5～10位当地男子自发组成，这些人继承村里上一代人的维修经验从事坎儿井的维修工作，但挖掘坎儿井并不是他们的职业。他们基本上都是男性，女性很少参与，因为这项工作难度大，对体力要求较高。维修队都有一两位经验丰富的坎儿井匠人做坎儿井队长，这些技术人员在下雪、下雨等恶劣天气都会去检查坎儿井，发现问题及时组织人员进行维护。每个维修队都有一两位技术娴熟的坎儿井匠人，在他们的带领下其他队员慢慢学习直到熟练掌握坎儿井掏挖技艺。当队长年龄大到不能从事坎儿井掏挖工作的时候，他所带的年轻人已经慢慢成长起来，能够担负起掏挖坎儿井的责任了。维护坎儿井的技术人员在村里很受尊重，村队会定期给坎儿井队的人员发生活补助。每年维修坎儿井的费用尽量通过坎儿井水费的方式收取，所以坎儿井水费收取的标准不定，要根据上一年的坎儿井维修费用来制定，费用不足的情况下，则由村队提供部分资金。

（四）坎儿井管理制度的特点

坎儿井能够使用至今，与它的定期维护管理制度化密不可分。从目前的史料文献和考古资料看，还没有非常完善的管理机构负责坎儿井的管理问题。除了林则徐在吐鲁番期间，实施过大规模的修缮、恢复坎儿井活动外，鲜有政府出面的行为，掏挖、疏浚、维修大多由民间自发进行。坎儿井管理主要以坎儿井所有人为主，费用由农户自征，工程由农户自养，政府仅起督导作用。

暗渠的掏挖与疏浚、明渠防渗、竖井口加固等定期的维修保护，作为一项传统的不成文制度一直延续至今。长期积累的掏挖经验与技术规范，并不是以深奥难懂的形式存在，而是通过口传心授、实践学习等形式保存下来，代代口耳相传，从而深深地扎根于民间。同时，历代对坎儿井的维修保护，均采用简便易行的传统技术，包括出水口的简单支护、竖井口周边卵石干砌、井壁土坯砌筑等，无一不是就地取材，用随处可见且极为方便的土坯、卵石作为工程的材料。这些传统技术，为广大群众所熟悉、所掌握，得以世代相传，这是坎儿井一直延续的重要保证。

在这种村民参与式的灌溉管理制度下，坎儿井灌区内的各道坎儿井均为村民自修、自管、自用，灌区基本上能实现经济自立，不需依靠官府的投资。历史上坎儿井这种独具特色的灌溉管理的模式，保证了整个灌区内所有灌溉设施的完善与更新。加之工程管理与维护技术规范浅显易懂，施工技术易于掌握，工程材料随处可得，使坎儿井较少受到人力、物力、财力与技术操作的限制。这种村民广泛参与的管理模式，保证了坎儿井在整个吐鲁番地区效益的永久发挥。

坎儿井这一特殊的地下水利灌溉系统是干旱半干旱地区的人们在社会实践过程中不断总结、创新的结果。坎儿井并非单纯用于农业灌溉，也是当地重要的文化旅游资源，根植于民间的人文历史内涵值得挖掘。坎儿井在发展过程中形成的各类文化现象是当地人的心理积淀，其中蕴含着丰富的人文价值、环境价值、经济价值。这些传统文化使当地人产生了积极的人生观、维持自然平衡的生态观、人与自然和谐相处的可持续发展观，也就是坎儿井文化的精神内涵。所以坎儿井不仅是吐鲁番文化的象征，也是当地劳动人民精神的写照，是物质文化遗产和精神文化遗产的完美结合。坎儿井在当地社会发展过程中曾经发挥过重要作用，虽然坎儿井已经不是当地最主要的农业灌溉水源，但其人文历史价值很高，国家文物局已经将坎儿井列入全国重点文物保护单位，并积极推进坎儿井申报“世界文化遗产”。

中国新疆坎儿井的历史与现状

马丽平

坎儿井这一古老而独特的水利设施，体现了干旱地区人民的聪明才智和艰苦卓绝的劳动成果，仅中国新疆地区的地下廊道总长度就达 5000 千米以上，被世人称为中国的“地下长城”。坎儿井灌溉在人类创造物质和精神文明的过程中，发挥了重要的历史作用。现代水利设施的兴建与发展，对坎儿井灌溉产生了极大的影响。虽然世界上不少地区的坎儿井依然发挥着重要作用，但大量坎儿井的兴起和干枯，使人们越来越关注它的命运和前途。

一、坎儿井的概述

坎儿井是干旱地区通过地下渠道使地下水自流至地面，用于灌溉和生活用水的无动力汲水设施。

（一）坎儿井的名称的由来

汉语称为“坎儿井”或简称“坎”，我国内地各省叫法不一，如陕西叫作“井渠”，山西叫作“水巷”，甘肃叫作“百眼串井”，也有的地方称为“地下渠道”。维吾尔语称为“坎儿孜”，俄语称为“坎亚力孜”，从语音上来看，彼此虽有区分，但差别不大。

（二）坎儿井的起源

有关坎儿井的起源，众说不一，主要说法如下。

1. 汉代井渠说

王国维在《西域井渠考》中提出了坎儿井来源于汉代陕西关中井渠的观点，他引《史记·河渠书》中的“武帝初，发卒万余人穿渠，自征引洛水至商颜下，岸善崩，乃凿井，深者四十余。往往为井，井下相通行水，水颓以绝商颜，东至山岭十余里间，井渠之生自此始”[①]为证，此事记于元封二年（公元前109年）。还引《史记·大宛列传》贰师将军故事，“宛王城中无井，皆汲城外流水”，又云宛城“新得秦人，知穿井”。王国维又引《汉书·西域传》：“汉遣破羌将军辛武贤将兵万五千人至敦煌，遣使者案行表，穿卑鞮侯井以西，欲通渠转谷，积居庐仓以讨之。”孟康注卑鞮侯井曰：“大井六，通渠也。下流涌出，在白龙堆东土山下。”[②]井名通渠，又有上下，确是井渠。王国维又写到《沙洲图经》云“大井泽，在州北十五里”，推论“汉时井渠或自敦煌城北直抵龙堆矣。汉于鄯善、车师屯田处，亦用此法”。

持坎儿井来源于汉代井渠说的还有王鹤亭、黄文房、阚耀平、蔡蕃、蒋超、储怀贞、钟兴麒、常征等，他们的理由基本上和王国维相同，都认为汉唐时期这种技术随黄土高原大量人口迁入吐鲁番地区后，经过当地人民的共同发展和完善，形成了挖凿坎儿井的技术。

中国的凿井技术有4000多年历史，西域凿井由内地传入，有史料可查。但坎儿井由内地传入新疆却不见史实。

从汉唐至明代历史文献与出土文物，均不见有坎儿井方面的记载与证据。相反，有史书记载直至15世纪，吐鲁番地区只有挖竖井的事实。据黄文弼《塔里木盆地考古记》序言中写道：“15世纪初期，歪思汗统治（1418—1428年）吐鲁番时期，农业是用原始方法进行的，可汗开了一个很深的井，他自己与奴隶，用陶器从井中取水灌溉田地。到后来情况就改善了。”[③]

这说明吐鲁番地区在歪思汗统治时期没有坎儿井，只有竖井，即“很深的井”。《明史·西域一》：“柳城，一名鲁陈，又名柳陈城，即后汉柳中地，西域长史所

---

① 司马迁：《史记》，中华书局，1959年。
② 班固：《汉书》，中华书局，1962年。
③ 黄文弼：《塔里木盆地考古记》，科学出版社，1958年。

治。唐置柳中县。……出大川，渡流沙，在火山下，有城屹然，广二三里，即柳城也。四面皆田园，流水环绕，树木阴翳。”陈诚、李暹《西域行程记》写于1415年，从哈密至鲁陈、吐鲁番、崖儿城、托克逊，沿途均有记录，但均未写有坎儿井。这些城都是靠渠水、泉水灌溉。

由此看来，新疆吐鲁番地区的坎儿井出现的时间很晚，与王国维所言2000年前就已传入新疆之说，大相径庭。

关于“林则徐发明创建坎儿井”之说，最早见《新疆图志》：“尤以创凿吐鲁番坎儿井为最，吐鲁番为古火洲，其地亘古无雨泽，周礼用水作田之制无从施设。则徐思得一法，命于高原掘井，而为沟导井以灌田。”又曰：“初，吐鲁番有田久芜，云贵总督林则徐谪戍伊犁，始浚托克逊及伊拉里克等渠，复增穿井渠通水，民用温给。”

林竞在其所著《西北丛编》中写道：“坎井创于林文忠公则徐。文忠以严禁英人鸦片入口获谴，流戍新疆伊犁，其后又奉命办理新疆水利。公察吐鲁番地苦热，缺水，又不雨，乃熟勘地形，发明坎儿之法，今吐鲁番棉花葡萄生产最多，富甲各处，皆公之赐也。现各县亦有仿行之者，皆因地理关系，不能用，惟哈密及库车二县有经营成功者。”其实，林则徐发明创造坎儿井之法，是误传。林则徐只是推广了坎儿井灌溉，而不是发明创建坎儿井。

2. 新疆当地人民自创说

新疆坎儿井集中分布在吐鲁番盆地。1916年新疆都督杨增新在一次呈文中说：“坎儿井灌地之说，为全国所无，即新疆只吐鲁番、鄯善有之。”坎儿井为什么为吐鲁番盆地所独有？这是由吐鲁番盆地特殊的地理和水文地质条件所决定的。

吐鲁番盆地地形高低悬殊，北部的博格达山海拔在3500米以上。西部喀拉乌成山海拔4000米，“发育”着万年积雪的冰川。北部、西部山区是吐鲁番盆地水资源补给区。南部觉罗塔格山，海拔600～1500米，山势低矮，为干旱剥蚀的秃山。盆地内北部主要为近山麓的洪积平原，南部为冲积洪积平原，火焰山为一种新生代地层组成的背斜褶皱带，将盆地分割成南北两部分。盆地最低处的艾丁湖低于海平面154米。从天山脚下至盆地中心，水平距离70千米，但高差达1400多米。盆地内部堆积着巨厚的第四系松散沉积物，具有明显的水平分带性，地质岩性结构与地貌分带相关性非常明显。水动力与水化学的水平分带性，受地质岩性结构条件的控制，即由单一卵砾石层潜水过渡到多层结构的承压水。山区融冰雪水及大气降水汇成的径流，出山口后即渗入“戈壁滩”，因而山前洪积倾斜平原巨厚的卵砾石层形成具有丰富动力储量的含水层。由于火焰山的阻挡，潜水壅水而溢出，形成连木沁沟、木头沟、葡萄沟等泉水沟，总量约 5 亿立方米每年的泉水，流出火焰山至南部平原再次转化为地下水。潜水蒸发和向艾丁湖排泄是地下水消耗的自然途径。

新疆坎儿井起源于 1780 年前后，非林则徐创造发明。坎儿井为新疆吐鲁番地区所独有，显然是劳动者在长期农业生产实践与自然斗争中的经验总结。上述事例充分阐明这一带的坎儿井是从明代开始，而后才大量发展起来的，而且还是当地劳动人民的一种创造。它对推动吐鲁番盆地生产力的发展是一个很大的贡献，吐鲁番之有名，坎儿井也是其中的一个因素。

二、清代至民国时期坎儿井的发展

新疆坎儿井的发展一直比较缓慢。在道光十九年（1839 年），乌鲁木齐都统廉敬建议：“在牙木什（即雅木什）迤南地方，勘有垦地八百余亩，因附近无水，必须挖卡引水，以资浇溉。”但无进一步实施。在近代提倡和推广坎儿井最有力和影响最大的人物则首推林则徐。道光二十五年（1845 年）林则徐遣戍伊犁途中，在距吐鲁番约 40 千米处看到坎儿井，当时十分惊讶，询问后知其利益便极力主张推广。这在他的日记中记录十分明确：“道光二十五年正月十九日，……二十里许，见沿途多土坑，询其名曰卡井，能引水横流者，由南而北，渐引渐高，水从土中穿穴而行，诚不可思议之事。此处田土膏腴，岁产才棉无算，皆卡井之利为之也。”在林则徐到新疆办水利之前，坎儿井限于吐鲁番，为 30 余处，推广到伊拉里克等地又增开 60 余处，共达百余处。这些成就的取得与林则徐的努力是分不开的。

另一次新疆兴建坎儿井的高潮便是光绪六年（1880 年）左宗棠进兵新疆以后了。光绪九年（1883 年）建新疆行省，号召军民大兴水利。在吐鲁番修建坎儿井近

200处，在鄯善、库车、哈密等处都新建不少坎儿井，并进一步扩展到天山北的奇台、阜康、巴里坤和昆仑山北麓皮山等地。

民国初年，新疆水利会勘察全疆水利，重点对吐鲁番、鄯善等地坎儿井工程进行了规划，并提出开凿新井和改造旧井的计划，以吐鲁番县（今高昌区）、鄯善县、库车和阜康县（今阜康市）为重点。以吐鲁番县为例，当时调查结果为“河水居其三，坎水居其七”。查吐鲁番旧有坎儿井800余条，实有水600余条，鄯善约360条，库车100余条。这与1944年调查数字有较大差距。

在新中国成立初期，吐鲁番地区311.33万公顷土地中，有50%是坎儿井灌区。到1957年前有水坎儿井共1237条，流量为17.86立方米每秒，灌溉面积22667公顷。当时各公社（乡）均有挖坎专业队，并制定了“定领导、定人员、定时间、定任务、定质量”的“五定”制度，常年对坎儿井进行捞修、延伸，保证坎儿井出水量逐年增加。

三、新疆坎儿井的现状

（一）新疆坎儿井的分布

新疆是我国特有的坎儿井分布区，主要分布在吐鲁番盆地，其次是哈密盆地，尤以吐鲁番地区最多，计有千余条，如果连接起来，长达5000千米，所以有人称之为“地下运河”。通过对全疆坎儿井进行普查，了解到目前坎儿井集中存在的吐哈盆地，吉木萨尔县、木垒县共有坎儿井1784条，现有坎儿井暗渠总长度5272千米（包括现有水、干涸、消失的坎儿井），其中有水坎儿井614条，总流量9.5861立方米每秒，年出水量为3.012亿立方米，总控灌溉面积17.25万亩。已干涸坎儿井1168条，其中通过维修保护可以恢复的207条，可恢复水量为1706.78立方米每秒，不可恢复的坎儿井有683条。与1957年（吐鲁番1237条），1943年（哈密495条）坎儿井最多时相比，干涸坎儿井1170条，减少的总流量为14.41立方米每秒，其中有261条坎儿井已被填平，无从查找（详细情况见表1、表2、表3）。

表 1　新疆坎儿井结构数据统计表

调查时间：2002 年 10 月—2003 年 5 月　　　　统计时间：2003 年 8 月 6 日

地区	长度合计/行米	暗渠长度/千米		明渠长度/行米	竖井		涝坝			
							总数/座		总容量/立方米	
		有水	干涸		有水	干涸	有水	可恢复	有水	可恢复
吐鲁番	3724.11	1350.76	2111.53	261.82	150153	2421.26	295	65	50.69	8.47
哈密	1037.83	212.25	775.06	50.52	18083	167.93	121	20	124.67	2.08
其他	36.56	23.16	13.4	0	4131	3.78	0	0	0	0
新疆全域	4798.5	1586.17	2899.99	312.34	172367	2592.97	416	85	175.36	10.55

注：不包括消失的坎儿井。

表 2　新疆坎儿井分类情况统计表

地区	现存坎儿井					消失的坎儿井/条数	流量/立方米每秒	年出水量/亿立方米	有水坎儿井用途/条			产权/条		地质结构/条	
	总数/条	有水	干涸												
			总数/条	可恢复	不可恢复				农业用	牧业用	改水用	集体	个体	土质	砂质
吐鲁番	1091	404	668	185	483	165	7.35	2.319	373	6	25	1075	16	601	471
哈密	382	195	187	22	165	113	2.23	0.693	195	0	0	283	11	192	102
其他	50	15	35	0	35	2	0	0	15	0	0	15	0	15	0
新疆全域	1523	614	890	207	683	280	9.59	3.012	583	6	25	1373	27	808	573

表 3　新疆坎儿井基本情况动态统计表

调查时间：2002 年 10 月—2003 年 5 月　　　　统计时间：2003 年 8 月 6 日

地区	项目	总数/条	有水/条	干涸/条	报废消失/条	流量/立方米每秒	年出水量/亿立方米	日灌面积/万亩	控灌面积/万亩
吐鲁番	2003 年有坎儿井	1091	404	0	0	7.35	2.31	0.735	13.23
	比 1957 年减少的数量	146	833	687	146	10.51	3.31	1.051	18.91
哈密	2003 年有坎儿井	382	195	0	0	2.23	0.69	0.220	4.02
	比 1943 年减少的数量	113	300	187	113	3.90	1.28	0.401	7.21
其他	2003 年有坎儿井	52	15	35	2	0	0	0	0
新疆全域	2003 年有坎儿井	1523	614	0	0	9.58	3.01	0.958	17.25
	总减少有水坎儿井	261	1168	909	261	14.41	4.96	1.451	26.12

（二）吐鲁番坎儿井分布

据1987年统计，吐鲁番共有坎儿井1448条，其中吐鲁番市（今高昌区）508条、吐鲁番盆地的鄯善县376条、托克逊县224条，哈密盆地的哈密市340条。总的出水流量约13立方米每秒，共灌溉面积2万公顷，约占这4地全部灌溉面积的28.9％。其中吐鲁番盆地坎儿井总出水量为10立方米每秒，约占吐鲁番地区总引水量的20％。全国第三次文物普查坎儿井专项调查结果显示，截至2010年，共核查登记1108条坎儿井，有水278条，干枯830条，总长度约5000千米，竖井约10万个，年径流量达到2.1亿立方米，可灌溉47万亩农田，约占全市总灌溉面积的67％。坎儿井仍然是吐鲁番地区农业灌溉的重要方式。

吐鲁番地区的坎儿井大都分布在各山溪河流的河床摆动带上（即古河床），和地下水流形成斜交，坎儿井之间相互近于平行，形成一条条坎儿井群。根据坎儿井所处位置和吐鲁番地区对地下水资源开发利用层次可分为三个区。

第一区坎儿井分布在火焰山以北灌区上游，且地下水补给十分丰富的山溪河流摆动带上。这一区的坎儿井取用的地下水距补给源近，有较长的出水段，为河谷型潜水补给，属第一个利用层次。该区坎儿井所在地层一般为砂砾层，故当地称为砂坎，砂坎一般单井出水量较大，矿化度低，水量稳定。第一区的坎儿井群所在的地区大致为鄯善县的七克台镇、辟展乡、连木沁镇的汉墩地区、吐鲁番市（今高昌区）的胜金乡、亚尔乡北部以及托克逊县的大部分坎儿井群所在地区。

第二区坎儿井分布在火焰山以南的冲积扇灌区上缘。这一部分坎儿井所取用的地下水大部分还是天山水系形成的地下潜流，经过几十千米的漫长渗流，因受到火焰山的阻隔而上升，越过火焰山各山口后以泉水和地下潜流的形式出现，但其中有一部分水量是火焰山北灌区引用的地表水通过渠道渗漏补给地下水的水量。所以第二区坎儿井提取的地下水，其中有水资源重复利用的部分。该区的坎儿井一般为山前首部补给形式或河谷潜流补给。第二区坎儿井大致分布在吐峪沟乡的洋海及吐鲁番葡萄沟和干沟下游地区，这一区的坎儿井群形成对天山水系地下潜流利用的第二层次。该区坎儿井大多是砂坎，出水量大，流量稳定，矿化度较第一区坎儿井水稍高。

第三区坎儿井分布在火焰山南灌区的下游地带。这一部分坎儿井多属平原潜水补给型，一般较浅，井深 20 米左右，所在地层为土质地层，当地称为土坎。该区坎儿井群形成对盆地地下水利用的第三层次。它们一般出水量较少，矿化度高，有的达不到饮用水标准，有少数甚至不能用于灌溉。而且它们分布在灌区内部，要通过邻乡邻队的耕地，易引起矛盾，而且受机电井影响大。第三区坎儿井群分布地区为靠近艾丁湖东北部的达浪坎乡、迪坎乡、艾丁湖乡、三堡乡，以及恰特喀勒乡以南地处的灌区中下游。

（三）吐鲁番盆地坎儿井现状

解放前，吐鲁番和哈密地区的工农业生产用水及人畜饮水，主要靠泉水和坎儿井水；解放后，人民的生产积极性得到了充分发挥，工农业生产发展很快，生产生活用水严重不足，20 世纪 50 年代主要靠新挖坎儿井，掏捞、延伸坎儿井，挖泉眼，增加可供水量。

1949 年底，吐鲁番地区有可使用的坎儿井 1084 条，年出水量 5.081 亿立方米，总流量 16.11 立方米每秒，灌溉土地 45.59 万亩。1957 年发展到最高峰共有 1237 条，年出水量增加到 5.626 亿立方米，总流量增加到 17.86 立方米每秒，可灌溉土地 32.14 万亩。

随着耕作面积的增加，仅仅依靠坎儿井水、泉水已远远不能满足需要，同时由于科学技术和生产力的不断发展，吐鲁番地区从 1957 年冬至 1967 年，水利建设主要是开发地表水，在发源于天山深处的各条河沟上修建了 12 座永久性引水渠首，同时修建干渠 340 千米，支渠 850 千米，年引水量达 2.6 亿立方米。该阶段还在从 1958 年开始的旧灌区改建的基础上，掀起了以水利建设为中心的“农村五好”（好渠道、好道路、好条田、好林带、好居民点）建设高潮，至 1966 年全地区“五好”建设框架基本完成，为农田灌溉自流化、农业耕作机械化打下了坚实的基础，灌溉面积也猛增至 1967 年的 92.66 万亩。随着人口的增长，工农业生产的不断发展，泉水、坎儿井水、河水也已不能满足国民经济和社会发展的需要，特别是引用大河水后，春季用水更是短缺，因河水一般要到 5 月下旬才能下来，葡萄开墩水、棉花播前水及春麦

二、三水仅靠坎儿井水已远远无法满足需要。为了解决这一矛盾，从1968年开始，直至70年代，逐步掀起了一个群众性打井运动，至1985年吐鲁番地区共打井3431眼，年抽水量1.756亿立方米，机电井对吐鲁番地区抗旱保丰收，建设旱涝保收高产稳产农田，促进农业生产不断发展起到了十分重要的作用。在此期间还建成中小型水库10座，总库容0.62亿立方米，灌溉面积增加到99.69万亩。地表水、地下水资源亦出现了重组和重新配置，致使1987年吐鲁番地区坎儿井减少到了800条，年出水量降为2.912亿立方米。特别是1990年以后开展了农田水利基本建设“天山杯”竞赛活动，农田水利工作也以小型农田水利建设为主，重点抓了渠道防渗和坎儿井涝坝防渗建设，还引进推广了滴灌、低压管道输水等先进节水灌溉技术。到目前已修建各类渠首14座，干、支、斗、农四级渠道6110千米，累计防渗4774千米，防渗率达80%；其中干、支、斗三级渠道3531千米，累计防渗2743千米，防渗率77.7%，高新节水灌溉总面积约4.75万亩。总灌溉面积也相应增加至目前的118.56万亩，地表水、地下水间的转化关系进一步调整，坎儿井数量进一步减少。根据这次坎儿井普查结果，吐鲁番地区现剩有水坎儿井404条，总流量为7.352立方米每秒，年出水量为2.68亿立方米，坎儿井灌溉面积也逐渐减少到13.23万亩。

据水利专家分析，坎儿井消失的原因是人口增加，土地开发大，地下水超采。资料显示，1950年，吐鲁番有耕地24万亩，现在有耕地120万亩。1960年至1970年10年间，就打了3000多眼机井，到目前，吐鲁番盆地的机井数目超过了9000眼。显然，深度通常只有两米的坎儿井无法和现代技术的深井竞争。

解放前，吐鲁番地区的工农业生产和人畜用水主要是靠坎儿井汲水。到1957年，坎儿井数量达到最高峰，有1237条；1966年坎儿井的年径流量达到最大，为6.999亿立方米。随后，坎儿井的数量及年径流量逐年减少，到2001年，仅剩446条，年径流量约为1.7亿立方米。

近年来，由于坎儿井的不断消失，吐鲁番地区水位下降，中国海拔最低点——艾丁湖面积不断缩小，沙尘暴频繁而至，沙漠化日益严重，这造成农作物减产，畜牧业受损，连农牧民饮用水也受到影响。

综上所述，吐鲁番的坎儿井发展过程是，关中龙首井渠—甘新交界处的卑鞮侯井渠—吐鲁番井渠。在井渠技术向西传播过程中，其作用与功能逐渐发生了变化，由在陕西的输地表水，到甘新交界变成集、输地下水，至吐鲁番因地制宜，其创造出了集暗渠、出水口、龙口、明渠、蓄水池等结构的地下水利工程，已脱离了原来的井渠的作用与功能，成了一个新的事物，被称为“坎儿井”。据此，我们认为吐鲁番盆地坎儿井的起源，是吸收关中井渠结构与引水作用，结合吐鲁番的实际，根据吐鲁番传统的绿洲灌溉文化和特点，因地制宜地进行创造发明出来的非物质文化遗产，是吐鲁番特色的地下水利灌溉工程。

坎儿井是在麴氏高昌国和唐西州兴起后发展的，进程十分缓慢，这是因为唐以后，新疆先后被以牧为主的回鹘、契丹和蒙古占据，建立了不少地方割据政权，相互攻战不休，阻碍了社会经济发展，农业多处于停滞状态，水利建设也没有大的进展，因此坎儿井就没有继续发展和扩大。

清朝统一新疆后，效法汉、唐，大兴屯田，农业发展较快，到了清末，吐鲁番盆地的耕地面积就扩大到41万亩。耕地面积扩大，灌溉水源不足，就只能转向开发利用地下水，于是坎儿井又成为主要的灌溉手段。特别是林则徐谪戍新疆大兴水利，以及新疆建省前后，左宗棠“督劝民户，淘浚坎井”，使坎儿井在吐鲁番迅速发展。按《辛卯侍行记》记载，光绪十七年（1891年）吐鲁番坎儿井就“以千百计”[①]。谢彬《新疆游记》记载，民国六年（1917年）鄯善“全县大小坎儿井三百余道”，吐鲁番“八百余道”，托克逊“百余道”[②]，三县合计达到一千二百道。新中国成立后到1957年，吐鲁番盆地共有坎儿井1237条，为最大数量，引用的坎儿井水达3.67亿立方米，占到总灌溉面积的60%。从1957年以后，由于耕地面积扩大，修建了防渗渠道和大力发展机井，干扰了坎儿井水源，使坎儿井水减少了1.52亿立方米，坎儿井数量减少到824条，但坎儿井灌溉面积仍占到22.3%。今后随着对坎儿井掏挖和加固技术的改进，其仍将是吐鲁番盆地重要的灌溉来源和生活水源。

---

① 陶保廉：《辛卯侍行记》，甘肃人民出版社，2002年。

② 谢彬：《新疆游记》，新疆人民出版社，1990年。

四、结语

坎儿井是生活在极端环境下的当地居民，依据自然条件特点，遵循客观规律，科学利用有限资源，充分发挥想象力与创造力的杰出产物。从历史价值看，这一伟大创举，不仅满足当时人们生产、生活需要，更是经济社会、文化交流发展的催化剂。无动力引取地下潜流，是绿洲延续与西域地区社会发展的资源保障；以坎儿井为核心的民间传说、文学作品、生活习俗等，则孕育出了与绿洲文化相生相伴的坎儿井文化，坎儿井从此成为西域地区独特的人类生存耐受力的见证和文化象征。

坎儿井是我国古代伟大的水利建筑工程之一，它可与长城、京杭大运河相媲美。吐鲁番坎儿井是世世代代生活在吐鲁番的各族劳动人民的聪明智慧的结晶；坎儿井水，是吐鲁番各族人民用勤劳的双手和血汗换来的"甘露"。我们可以说，没有坎儿井就没有吐鲁番绿洲，它能代表吐鲁番的绿洲开垦文化和传统农业灌溉文化，它的存在和延续能代表吐鲁番劳动人民艰苦奋斗的精神和物质面貌。勤劳勇敢的吐鲁番人民自古以来不但为开发大西北、巩固祖国边疆立过"汗马功劳"，而且为神奇的"火洲"大地留下了一条条地河——坎儿井，给方兴未艾的"吐鲁番学"留下了一部取之不尽、用之不竭的"坎儿井文化史"。

察合台语契约文书中出现的吐鲁番坎儿井地名考

吾买尔·卡得尔

一、吐鲁番坎儿井概述

生土建筑是勤劳的吐鲁番人民在千百年来的生产和生活实践中的智慧经验，它就地取材、施工方便、冬暖夏凉，适应了当地干旱的绿洲气候环境，并且富有文化内涵，形成了典型的生态建筑群落，独特的新疆地域文化。坎儿井是新疆一种独具特色的生土建筑水利灌溉工程。全疆共有坎儿井约 2000 条，总长在 5000 千米以上。其中，吐鲁番地区有 1300 多条，哈密地区有 500 多条，南疆库车、皮山以及罗布泊盆地的伊曼拉尔和北疆的奇台、阜康等地均有零星分布，喀什噶尔绿洲的阿图什也有少量废弃的坎儿井遗迹。[①]

吐鲁番盆地属山间盆地，四面高山环绕，中间艾丁湖低于海平面 154 米。由于吐鲁番特殊的地形条件，北部的博格达山地和西部的喀拉乌成山是河流的主要发源地。山顶周围的终年积雪（冰川）具有天然的储水池的作用。而山地构成以古生代至第三纪地层岩石为主，由于岩石不透水性的水理地质，周边山地流出的水渗入地下，积在北盆地和南盆地，这为坎儿井的开挖提供了水源条件，再加之当地的砂砾石是由黏土或钙质胶结，质地坚实，坎儿井开挖之后不易坍塌，这些条件使得吐鲁番地区坎儿井的使用相当普遍。

① 韩承玉：《吐鲁番地区坎儿井的沿革及现状》，《吐鲁番科技》（水利专辑）1979 年第 2 期；黄盛璋：《新疆坎儿井的来源及其发展》，《中国社会科学》1981 年第 5 期；李春华：《新疆风物志》，新疆人民出版社，1985 年。

二、吐鲁番坎儿井名字的构成

哪一个部落或部族对自己居住的地域是不知晓的，在古代吐鲁番生活的居民也不例外。无论生活的地域范围大或者小，都包含着丰富的历史文化内涵。尤其是居住的地名都有着丰富的含义。所以本文所探讨的坎儿井的名称就是当地居民根据居住地的某些特点，综合考虑予以命名的。这赋予了吐鲁番的坎儿井丰富而深刻的历史文化内涵，现从察哈台文献和现代维吾尔语文献中出现的坎儿井名称进行分类论述。

吐鲁番坎儿井地名构成主要包括以下几种形式。

（1）挖坎儿井的主人名/挖坎儿井出经费的主人名 + kariz（坎儿井）。此种类型的坎儿井名在吐鲁番地区普遍使用，如 Ababekri kariz（阿巴拜克日坎儿井）、Kasim kariz （卡斯木坎儿井）、Ziyaodun kariz（孜姚顿坎儿井）等。

（2）挖坎儿井所有者绰号/挖坎儿井出资修建主人绰号 + kariz（坎儿井）。吐鲁番维吾尔族当中普遍出现家族绰号，这些家族绰号代代相传延续，起着姓的作用，如 Sakal kariz（大胡子的坎儿井：此坎儿井本来是由托合尼亚孜大胡子挖的），Dayaz karizi 大牙子坎儿井（大牙子是挖坎儿井主人的绰号），Dato kariz 大头坎儿井（大头是挖坎儿井主人的绰号），Jenggi kariz 姜戈坎儿井（姜戈是挖坎儿井主人的绰号）。

（3）购买坎儿井者人名/管理坎儿井者人名 + kariz（坎儿井），如 Imin ahun kariz（依明坎儿井：这条坎儿井本来最早由图米亚子都尕挖掘，后来卖给依明）。

（4）坎儿井的特点/坎儿井周边植被名 + kariz（坎儿井），如 Jigde kariz（沙枣坎儿井）、Toghrak kariz 托格拉克坎儿井（胡杨树坎儿井）、Tereklik kariz 特热克里克坎儿井（维吾尔语为杨树坎儿井之意）、Kalighaq kariz 喀拉尕奇坎儿井（喀拉尕奇维吾尔语为榆树之意）、Almilik kariz 阿力米力克坎儿井（为苹果林坎儿井之意）。

（5）地域特点 + kariz（坎儿井），如 Oyman kariz 喔衣慢坎儿井（低洼坎儿井）、Kum kariz 库母坎儿井（沙子坎儿井）、Qoya kariz 楚雅坎儿井（荒漠崖坎儿井）、Nam jilgha kariz 乃木吉勒尕坎儿井（乃木吉勒尕为潮湿河沟之意）、Bostan kariz 博斯坦坎儿井（博斯坦为绿洲之意）。

（6）尊称称呼/职业名称 + kariz（坎儿井），如 Teyji kariz 台吉坎儿井（此坎儿井于 1880 年开凿，据说苏力坦马木提王在鲁克沁的时候，有个叫阿布拉台吉的人，是王家的审判员，此坎儿井是由他经营，故名），Dorgha kariz 都尕坎儿井（都尕为吐鲁番君王下属的官员的称谓），Tayir haji kariz 塔依尔坎儿井，Tohti xangyo kariz 托乎提乡约坎儿井（乡约乃吐鲁番君王下属的官员的称谓，解放前相当于乡长行政职务），Paxaliq kariz 帕沙坎儿井（帕沙是王之意，据说此坎儿井 1910 年被鲁克沁王修建）等。

（7）坎儿井主人从事的职业名称 + kariz（坎儿井），如 Seypung kariz 蔡平坎儿井（裁缝坎儿井）、Naway kariz 拿瓦衣坎儿井（烤馕人坎儿井）、Koghunqi karizi 库滚起坎儿井（卖瓜人的坎儿井）、Belikqi kariz 拜里克奇坎儿井（渔夫坎儿井）、Kassap kariz 卡萨甫坎儿井（卖肉的坎儿井）、Konqi kariz 孔其坎儿井（维吾尔语为皮匠坎儿井之意）等。

（8）坎儿井范围大小 + kariz（坎儿井），如 Qong kariz 琼坎儿井（大坎儿井）、Kiqik kariz 克其克坎儿井（小坎儿井）等。

（9）挖坎儿井的主人的特点 + kariz（坎儿井），如 Kazak kariz 哈萨克坎儿井（挖坎儿井的主人仪表身材像哈萨克族人的身材），Semiz kariz 色米子坎儿井（胖子坎儿井）等。

（10）特定历史时期的术语 + 坎儿井名，如 Azad kariz 阿扎德坎儿井（解放坎儿井）、Batur kariz 巴图尔坎儿井（英雄坎儿井，原名为哈力克坎儿井）等。

（11）飞禽名 + kariz（坎儿井），如 Huxtek kariz 库什塔克坎儿井（为老鹰坎儿井之意）、Togayla kariz 托尕依拉坎儿井（托尕依拉是一种鸟的名称，维吾尔语“云雀”之意）。

（12）动物名 + kariz（坎儿井），如 Pakiqi kariz 帕克其坎儿井（为青蛙坎儿井之意）、Ak ixek kariz 阿克依协克坎儿井（阿克依协克为白毛驴之意）、Toxkan kariz

托石砍坎儿井（托石砍为兔子之意）、Tohoy kariz 吐灰坎儿井（为鸡坎儿井之意）、Tike kariz 提开坎儿井（为公山羊坎儿井之意）、Tulke kariz 吐力克坎儿井（为狐狸坎儿井之意）等。

（13）器具/工具名 + kariz（坎儿井），如 Boyunquk kariz 博晕秋克坎儿井（博晕秋克为拥脖之意。它是一种拉犁或者拉车的牛马的脖子上戴的拴和脖套器具，有些地方是用布料制作的，有些地方是用柳树木料制作的）。

（14）感官名词 + kariz（坎儿井），如 Aqqik kariz 阿其克坎儿井（阿其克为苦，苦味坎儿井之意）、Xortang kariz 硝尔塘坎儿井（硝尔为碱之意：此坎儿井水的碱味太重）、Xorbulak kariz 硝尔布拉克坎儿井（硝尔布拉克为碱水泉之意）。

（15）方向名词 + kariz（坎儿井），如 Tetur kariz 特吐尔坎儿井（为反面方向流水的坎儿井之意）。

（16）纪念事件 + kariz（坎儿井），如 Dumbul qokka kariz 墩布力秋卡坎儿井（据说在百年前大家联合开凿了这条坎儿井。出水后正当苏力坦马木提王的妻子生了女孩子，当时官人就把这条坎儿井送给他家贺喜，并吹吹打打，热闹一时。后来王就给坎儿井取名墩布力秋卡，为打鼓之意）。

（17）距离名词 + kariz（坎儿井），如 Ottura kariz 噢吐热坎儿井（为中间坎儿井之意：此坎儿井位于两条坎儿井中间）、Yaka kariz 亚克坎儿井（为偏僻坎儿井之意）。

（18）妖魔鬼圣 + kariz（坎儿井），如 Jin kariz 尽坎儿井（为魔鬼坎儿井之意，传说妖魔鬼怪在此坎儿井里跳舞唱歌，举行各类文艺活动）。

（19）人名 + kariz（坎儿井），如 Peridihan kiqik kariz 帕日地汗（人名）克其克坎儿井、Tohtihan kariz 托乎提汗（人名）坎儿井等。

（20）乐器名 + kariz（坎儿井），如 Dutar kariz 都塔尔坎儿井（都塔尔是维吾尔族古老乐器之一）。

（21）数量词 + kariz（坎儿井），如 Tokkuz oghul kariz 托库仔喔谷力坎儿井（为九个儿子坎儿井之意：此坎儿井挖掘有名胡大拜尔地人，他有九个儿子一个女儿，后来人们称呼“九个儿子坎儿井”）、Bexbala kariz 拜石巴郎坎儿井（为五个孩子坎儿井之意）。

（22）烽燧（烽火台）+ kariz（坎儿井），如 Tur kariz 吐尔坎儿井（为烽燧坎儿井之意）。

（23）地形 + 烽燧 + kariz（坎儿井），如 Oyman tur kariz 喔衣慢吐尔坎儿井（为洼地烽燧坎儿井之意）、Aqal kariz 阿查坎儿井（为三岔口坎儿井之意）。

（24）人名 + 烽燧 + kariz（坎儿井），如 Sultan tur kariz 苏力坦吐尔坎儿井（为苏力坦烽燧坎儿井）。

（25）大小 + 烽燧 + kariz（坎儿井），如 Qongtur kariz 琼吐尔坎儿井（为大烽燧坎儿井之意）。

（26）地名 + 烽燧 + kariz（坎儿井），如 Aktam tur kariz 阿克塔木吐尔坎儿井（阿克塔木烽燧坎儿井之意）。

（27）地形 + 鸟名 + 烽燧 + kariz（坎儿井），如 Tuwen kaga tur kariz 吐湾卡尕吐尔坎儿井（为下边乌鸦烽燧坎儿井之意）。

（28）表示坎儿井所有者身份、地位的名词 + kariz（坎儿井），如 Namirat kariz 拿米热提坎儿井（为贫苦坎儿井之意）、Bay kariz 巴依坎儿井（为富坎儿井：此坎儿井本来是玉素甫巴依的坎儿井）、Kelender kariz 克兰代尔坎儿井（为乞丐坎儿井之意）、Gaday kariz 尕大衣坎儿井（为贫穷坎儿井之意）。

（29）方位名词 + kariz（坎儿井），如 Yukuri kariz 玉库日坎儿井（为上边的坎儿井之意）、Tuwen kariz 吐湾坎儿井（下边坎儿井之意）、Tuwen kaga tur kariz 吐湾卡尕吐尔坎儿井（为下边乌鸦烽燧坎儿井之意）。

（30）地埂 + kariz（坎儿井），如 Yoghan kir kariz 尤干克尔坎儿井（为大地埂坎儿井之意）、Kir kariz 克尔坎儿井（为地埂坎儿井之意）。

（31）墩或坡地 + kariz（坎儿井），如 Dong kariz 栋坎儿井（为墩坎儿井之意）、Dong qoya kariz 栋抽雅坎儿井（为墩荒漠崖坎儿井之意）、Lokak dong kariz 鲁卡克栋坎儿井（为罗卡克草坎儿井之意）、Qong dong kariz 琼栋坎儿井（为大墩坎儿井之意）等。

（32）河滩词 + kariz（坎儿井），如 Say kariz 萨以坎儿井（为河滩坎儿井）、

Saydong kariz 萨以栋坎儿井（为河滩墩坎儿井之意）。

（33）使用其他乡村地名+kariz（坎儿井），如 Lukqun qong kariz 鲁克沁琼坎儿井（为鲁克沁大坎儿井之意）。

（34）湖名+kariz（坎儿井），如 Uzun kol kariz 玉尊库力坎儿井（为长湖坎儿井之意）、Bax kol kariz 罢市库力坎儿井（为头湖坎儿井之意）、Qongkol kariz 琼库力坎儿井（为大湖坎儿井之意）、Kiqik kol kariz 克其克库力坎儿井（为小湖坎儿井之意）、Yengikol kariz 叶尼坎儿井（为新湖坎儿井之意）等。

（35）从事耕作人的职业+kariz（坎儿井），如 Koghunqi kariz 库滚起坎儿井（为瓜农者坎儿井之意）、Terik kariz 特日克坎儿井（为糜子坎儿井之意）。

（36）从事养殖业人的职业+kariz（坎儿井），如 Kuxqi kariz 库石其坎儿井（为养鹰狩猎者坎儿井之意）。

（37）坎儿井新老称呼+kariz（坎儿井），如 Yengi kariz 叶尼坎儿井（为新坎儿井之意）、Yengi mehelle kariz 叶尼买勒坎儿井（为新居民区坎儿井之意）、Keri kariz 克日坎儿井（为老坎儿井之意）、Yengi kol kariz 叶尼库力坎儿井（新湖坎儿井之意）、Kona kariz 阔拿坎儿井（为老坎儿井之意）。

（38）周围房屋建筑物+kariz（坎儿井），如 Dalan kariz 达朗坎儿井（此坎儿井由沙吾提县官的后人出售给玉素甫巴依，以后又出售给沙亲王，他在坎儿井渠边筑了一座两层楼房，前面有个大凉棚，很美观，故名达朗，为“楼房”之意）、Gumbez kariz 滚拜孜坎儿井（为拱北/圆屋顶坎儿井之意）、Qong gumbaz kariz 琼滚拜孜坎儿井（为大拱北/大圆屋顶坎儿井之意）、Kiqik gumbaz kariz 克其克滚拜孜坎儿井（为小拱北/小圆屋顶坎儿井之意）、Alte hoyla karizi 阿力提胡衣拉坎儿井（为六座庭院坎儿井之意）、Tot sokma kariz 头特锁克麻坎儿井（为四座干打垒墙坎儿井之意）、Tenfang kariz 坦方坎儿井（为糖房坎儿井之意，以前此条坎儿井侧面有糖房）。

（39）维吾尔族饮食名称+kariz（坎儿井），如 Poxkal kariz 坡石卡乐坎儿井（为油饼坎儿井之意，此条坎儿井是由名叫艾米度的人挖的，此人特别喜欢吃油饼），Kuymak kariz 库衣玛克坎儿井（维吾尔语为“烧饼”之意）。

（40）据性别称呼+kariz（坎儿井），如 Ayallar kariz 阿亚拉尔坎儿井（维吾尔语为妇女坎儿井之意）。

（41）大家齐心协力挖的坎儿井名，如 Birlexme kariz 比尔拉石么坎儿井（为联合坎儿井之意，当时此条坎儿井是由四个村委会农民联合挖的）Daja kariz 大扎坎儿井（大家坎儿井之意）等。

（42）佛 + kariz（坎儿井），如 But kariz 布特坎儿井（维吾尔语为“佛”坎儿井之意，据说之前此条坎儿井侧面有一座佛像）。

三、察合台契约文献所见坎儿井名

1. 察哈台语契的文书一

图 1 察哈台语契约文书里两处出现坎儿井名，在文书的第一行和第七行。此文书有关内容意译如下：

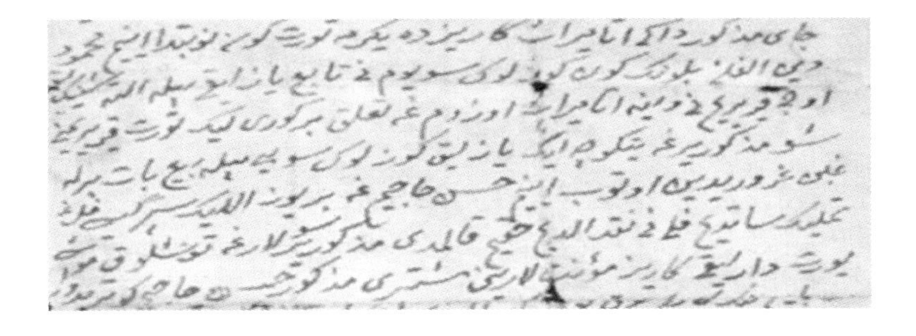

图 1

dzay mäzkurdiki ata miras karizda yigirme töt kün nöwitide inim mäxmut

din alghan bulung kün küzlük süyümni tabäyazliqi bilän altäʃingliq

üq qir yerimni we yänä ata miras ozämghä täälluq bir k ü rrilik töt qir yerimni

ʃu mäzkur yärgä yätküqilik yazliq küzlük süyi bilän bi bat birlä

ghäbin ghäruridin ötüpinim h ü säyin hadzim ge, bir y ü z ellik ser gisi pulghä

tämlik sattim pulni näqdä aldim häqqim qalmidi. mäzkur yär sularghä qüxlvj murtisi yurtdarliq kariz muit larni muxtiri mezkur hesen hajim kotiridu

父亲遗留下来的坎儿井，以 24 天为一个循环的浇水次序，从弟弟买合木提；

布伦天时间的秋季灌溉水及夏季的水交予；

将 6 升 3 埂和父亲遗留下来的 1 斗 4 埂农田；

达到这个产量，夏季以及秋季的水，没有任何偷奸耍滑；

卖给弟弟玉斯因 150 两银子，银票；

已经收讫，没有剩下尾款，这地相应的费用；

和别的费用，玉山承担，我不会过问。

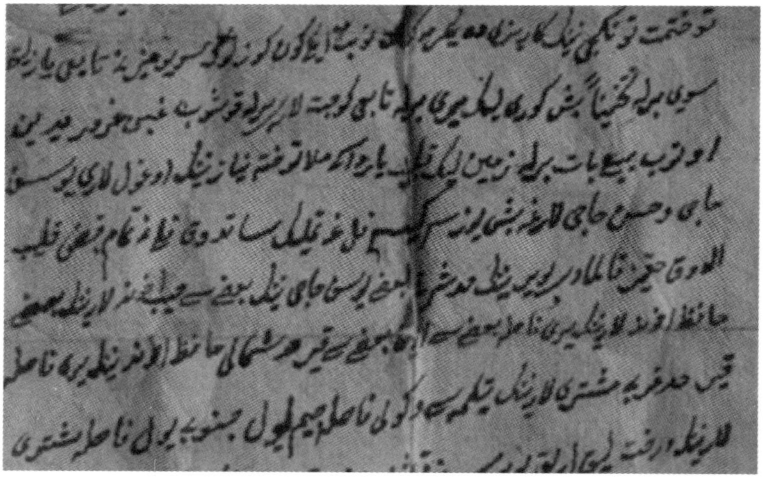

图 2

2. 察哈台语契约文书二

此件察哈台语契约文书里两处出现坎儿井名，其第一行可看出“托合提买提通其坎儿井”；还有第七行提到有关坎儿井的术语“tilme 坎儿井龙口”。（见图 2）此文书有关内容如下：

tohtimet tongqining karizi※de yigirme kvn nowitide ikki kvn kvzlvk svyvmizni tabie yazlik.

svyi bilen tehminen bex kvrrilik yeri bilen tabi ` e koqetliri bilen qoxup ghebin gherurliridin

otvp bibat birle zeminlik qilip yardiki molla toqniyazning oghulliri yvsvp

haji we hvse hajilerghe bex yvz ser komvxke temlik sattuq pulni tamam qebiz qilip

alduq heqqimiz qalmidi bu yerning hod xerqi bezisi yvsvp hajining bezisi qayib ahunlarning bezhsi

hapiz ahunlarning yeri pasil bezisi eriq bezisi qiri, hot ximali hapiz ahunning yeri pasili

qiri hot gherbi muxterilerning tilmesi 2 we koli pasili hem yoli jenobi yol pasil muxteri

1 托合提买提通其坎儿井，以 20 天为两次循环浇水次序的；

两次水和 5 斗农田加上苗木，没有任何偷奸耍滑；

经过认真商议，给亚尔沟托克尼亚孜的儿子玉苏甫；

玉山 500 两银子卖出，钱已悉数收讫；

没有剩下尾款，此地东部，部分与玉苏甫，部分与卡依甫；

还有部分阿皮孜的农田地界灌溉渠和地埂，北到阿皮孜的农田；

地埂，西到购买者的坎儿井龙口、涝坝地界和道路，南临购买者的。

3. 察合台语契约文书三

此件察合台语契约文书里也出现坎儿井名，如：此文书上头部分可看出"Gongxang tüwen kariz［公尚吐湾坎儿井（公商下边坎儿井之意）］"。（见图 3）此段文书有关内容如下：

Tarihka bir ming vq yvz ellik sekkiz. min ` goyning yigirme sekkizionqi yili ikkinqi ay. menki langfu gungxangdiki muhemmet baki hajining oghli seti ahundurmen. ikrar kildimki, inim seydul ahundin setiwalghan gungxang tvwen kariz※diki mezkur ikki eghez oyni kvn qikix terepke udul arlikliri we arkidiki kotan bilen koxup we yene ata miras ozvmge tewe bolghan bir kvrrelik kuruk yerimni koxop zim-

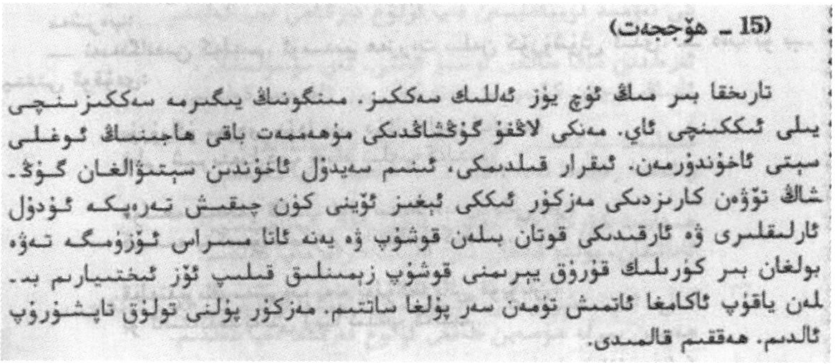
(15 ـ ھۆججەت)

تارىخقا بىر مىڭ ئۈچ يۈز ئەللىك سەككىز. مىنگونىڭ يىگىرمە سەككىزىنچى
يىلى ئىككىنچى ئاي. مەنكى لاڭفۇ گۇڭشاڭدىكى مۇھەممەت باقى ھاجىنىڭ ئوغلى
سېتى ئاخۇندۇرمەن. ئىقرار قىلدىمكى، ئىنىم سەيدۇل ئاخۇندىن سېتىۋالغان گوڭ-
شاڭ تۈۋەن كارىزدىكى مەزكۇر ئىككى ئىغىز ئۆينى كۈن چىقىش تەرەپكە ئۇدۇل
ئارلىقلىرى ۋە ئارقىدىكى قوتان بىلەن قوشۇپ ۋە يەنە ئاتا مىراس ئۆزۈمگە تەۋە
بولغان بىر كۆرىلىك قورۇق يېرىمنى قوشۇپ زىمىنلىق قىلىپ ئۆز ئىختىيارىم بى-
لەن ياقۇپ ئاكامغا ئاتمىش تۈمەن سەر پۇلغا ساتتىم. مەزكۇر پۇلنى تولۇق تاپشۇرۇپ
ئالدىم. ھەققىم قالمىدى.

图 3

inlik kilip oz ihtiyarim bilen yakup akamgha atmix tvmen ser pulgha sattim. mezkur pulni toluk tapxurup aldim. hekkim kalmidi.

4. 察合台语契约文书四

此件察合台语契约文书里三处出现坎儿井名，如：此文书上第二行可看出有关坎儿井的术语“Kona tilme（“坎儿井旧龙口”之意）；还有第四行两处提到有关坎儿井的术语“tilme”与“kona tilme”（“坎儿井新龙口与坎儿井旧龙口”之意）。（见图 4）此文书有关内容如下：

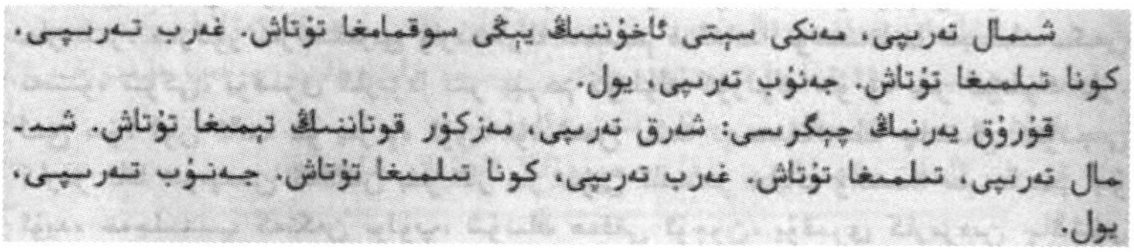
شىمال تەرىپى، مەنكى سېتى ئاخۇننىڭ يېڭى سوقمامغا تۇتاش. غەرب تەرىپى،
كونا تىلمىغا تۇتاش. جەنۇب تەرىپى، يول.
قورۇق يەرنىڭ چېگرىسى: شەرق تەرىپى، مەزكۇر قوتاننىڭ تېمىغا تۇتاش. شى-
مال تەرىپى، تىلمىغا تۇتاش. غەرب تەرىپى، كونا تىلمىغا تۇتاش. جەنۇب تەرىپى،
يول.

图 4

ximal terpi, menki seti ahunning yengi sokmamgha tutax, gherib terpi, kona tilme gha tutax, jenob terpi yol.

Kuruk yerning qigrisi : xerik terpi, mezkur kutanning temigha tutax , ximal terpi, tilmegha tutax, gherib terpi, kona tilmegha tutax, jenub terpi yol.

5. 察合台语契约文书五

此件察合台语契约文书里两处出现坎儿井名，如此文书上头部分可看出“tüwen kariz 吐湾坎儿井（下边坎儿井之意）”。 此段文书有关内容如下：

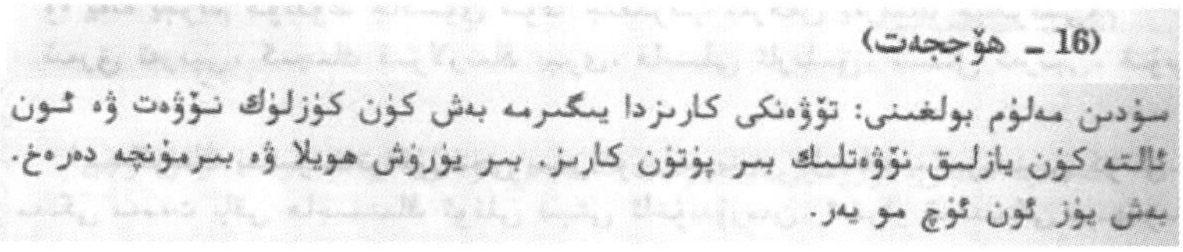

(16 ـ ھۆججەت)
سۈدىن مەلۇم بولغىنى: تۆۋەنكى كارىزدا يىگىرمە بەش كۈن كۈزلۈك نۆۋەت ۋە ئون
ئالتە كۈن يازلىق نۆۋەتلىك بىر پۈتۈن كارىز. بىر يۈرۈش ھويلا ۋە بىر مۇنچە دەرەخ.
بەش يۈز ئون ئۈچ مو يەر.

图 5

... Sudin melom bolghini：towenki karizda yigirme bex kvn kvzlvk nowet we on alte kvn yazlik nowetlik bir pvtvn kariz. bir yvrvx hoyla we bir munqe dereh. bex yvz on vq mo yer ...

6. 察合台语契约文书六

此段察合台语契约文书里四处出现坎儿井名，如：此文书上头部分和第四行，第七行可看出“yuquri kariz 玉库日坎儿井（上边的坎儿井）”；还有第五行里提到“Qatkal konqi kariz 恰特卡勒孔其坎儿井（恰特喀勒乡皮匠坎儿井）”。（见图 6）此段文书有关内容如下：

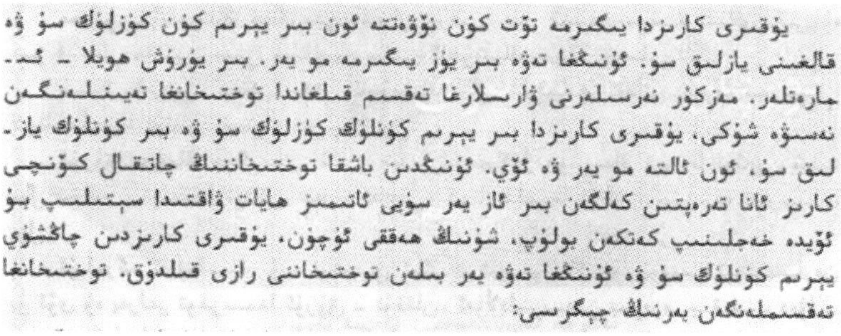

يۇقىرى كارىزدا يىگىرمە تۆت كۈن نۆۋەتتە ئون بىر يېرىم كۈن كۈزلۈك سۇ ۋە
قالغىنى يازلىق سۇ. ئۇنىڭغا تەۋە بىر يۈز يىگىرمە مو يەر. بىر يۈرۈش ھويلا ـ ئىمـ
ارەتلەر. مەزكۇر نەرسىلەرنى ۋارىسلارغا تەقسىم قىلغاندا توختىخانغا تەيىنلەنگەن
نەرسە شۇكى، يۇقىرى كارىزدا بىر يېرىم كۈنلۈك كۈزلۈك سۇ ۋە بىر كۈنلۈك ياز-
لىق سۇ، ئون ئالتە مو يەر ۋە ئۆي. ئۇنىڭدىن باشقا توختىخاننىڭ چاتقال كۆنچى
كارىز ئانا تەرەپتىن كەلگەن بىر ئاز يەر سۈيى ئاتىمىز ھايات ۋاقتىدا سېتىلىپ بۇ
ئۆيدە خەجلىنىپ كەتكەن بولۇپ، شۇنىڭ ھەققى ئۈچۈن، يۇقىرى كارىزدىن چاڭشۇي
يېرىم كۈنلۈك سۇ ۋە ئۇنىڭغا تەۋە يەر بىلەن توختىخاننى رازى قىلدۇق. توختىخانغا
تەقسىملەنگەن يەرنىڭ چېگرىسى:

图 6

Yukiri karizda yigirme tot kvn nowette on bir yerim kvn kvzlvk su we kalghini yazliksu. uninggha tewe bir yvz yigirme mo yer. bir yvrvx hoyla – imaretler. mezkur nersilerni warislargha teksim kilghanda tohtihangha teyinlengen nesiwe xuki, yukuri kariz※da bir yerim kvnlvk kvzlvk su we bir kvnlvk yazlik su, on alte mo yer we oy. uningdin baxka tohtihanning qatkal konqi kariz※ ana tereptin kelgen bi az yer svyi atimiz hayat waktida setilip bu oyde hejlinip ketken bolup, xuning hekki uqun, yukuri karizdin qangxuy yerim kvnlvk su we uninggha tewe yer bilen tohtihanni razi kilduk. tohtihangha teksimlengen yerning qegrisi:...

7. 察合台语契约文学七

此段察合台语契约文书里出现坎儿井名，如此文书上头第二行可看出“Bahauddin hajining karizi（巴哈吾邓的坎儿井）”。（见图 7）此段文书有关内容如下：

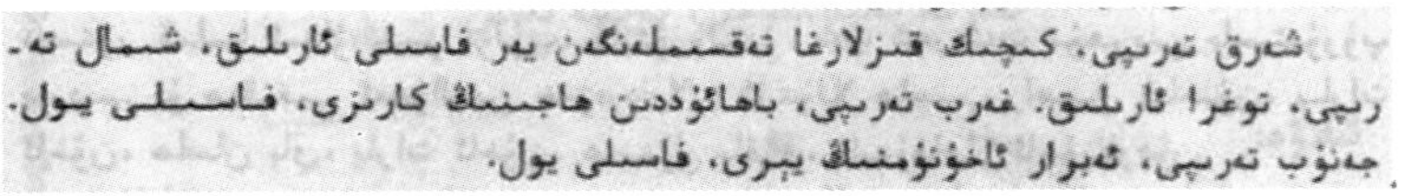

شەرق تەرىپى، كىچىك قىزلارغا تەقسىملەنگەن يەر فاسىلى ئارىلىق، شىمال تە-
رىپى، توغرا ئارىلىق. غەرب تەرىپى، باھائۇددىن ھاجىنىڭ كارىزى، فاسىلى يول.
جەنۇب تەرىپى، ئەبرار ئاخۇنۇمنىڭ يېرى، فاسىلى يول.

图 7

Xerik terepi kiqik kizlargha teksimlengen yer pasili arilik, ximal teripi, toghra arilik, gherib terpi, bahauddin karizi, pasili yokl. jenobi terpi, ebrar ahunumning yeri, pasili yol

8. 察合台语契约文书八

此段察合台语契约文书里两处出现坎儿井名，如此文书上头部分和第三行可看出“yuquri kariz 玉库日坎儿井（上边的坎儿井）”。（见图 8）此段文书有关内容如下：

…. Tohtihangha yene yukurki kariz diki hoylidin bir eghiz samanlik oy we bir qong kotan, kvn qikixka mangidighan yoli bilen koxup oy orni teksimlep berduk. mehpi kalmighayki, yukuri karizda teksim kilinmay kalghan bir kvn kvzlvk we yerim kvn yazlik kuduk svyi oghul – kizlarghateksimlengenidi….

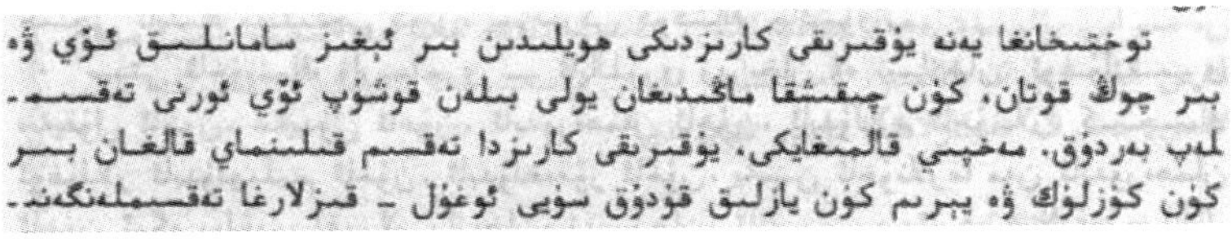

تۇختىشخانغا يەنە يۇقىرىقى كارىزدىكى ھويلىدىن بىر ئېغىز سامانلىق ئۆي ۋە
بىر چوڭ قوتان، كۆن چىقىشقا ماڭىدىغان يولى بىلەن قوشۇپ ئۆي ئورنى تەقسىمـ-
لەپ بەردۇق. مەخپىي قالمىغايكى. يۇقىرىقى كارىزدا تەقسىم قىلىنماي قالغان بىر
كۆن كۆزلۈك ۋە يېرىم كۆن يازلىق قۇدۇق سۈيى ئوغۇل - قىزلارغا تەقسىملەنگەن.

图 8

9. 察合台语契约文书九

此件察合台语契约文书里出现坎儿井名，如此文书从上面第三行可看出“tüwen kariz 吐湾坎儿井（下边坎儿井之意）”。（见图 9）此段文书有关内容如下：

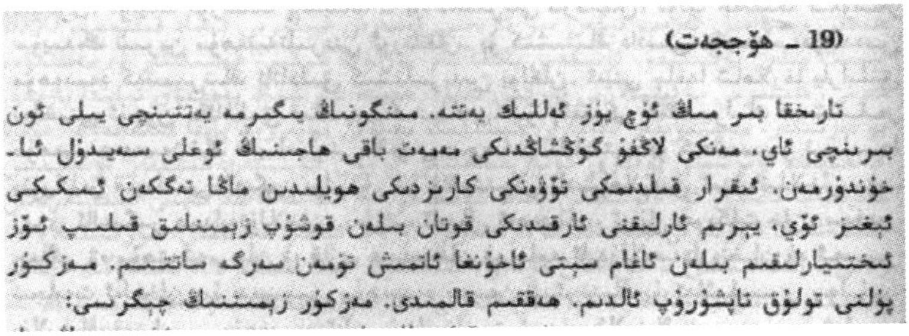

(19 - ھۆججەت)

تارىخقا بىر مىڭ ئۈچ يۈز ئەللىك يەتتە. مىنگونىڭ يىگىرمە يەتتىنچى يىلى ئون
بىرىنچى ئاي، مەنكى لاڭفۇ گوڭشاڭدىكى مەمەت باقى ھاجىنىڭ ئوغلى سەيدۇل ئا-
خۇندۇرمەن. ئىقرار قىلدىمكى تۆۋەنكى كارىزدىكى ھويلىدىن ماڭا تەگكەن ئىككى
ئېغىز ئۆي، يېرىم ئارىلىقنى ئارقىدىكى قوتان بىلەن قوشۇپ زېمىنلىق قىلىپ ئۆز
ئىختىيارلىقىم بىلەن ئاغام سېتى ئاخۇنغا ئاتمىش تۈمەن سەرگە ساتتىم. مەزكۇر
پۇلنى تولۇق تاپشۇرۇپ ئالدىم. ھەققىم قالمىدى. مەزكۇر زېمىننىڭ چېگرىسى:

图 9

tarihka bir ming vq yvz ellik yette, min ` goyning yigirme yettinqi yili on birinqi ay, menki langfu gungxangdiki memet baki oghli seydul ahundurmen. ikrar kildimki tv-wenki karizdiki hoylidin manga tegken ikki eghiz oy, yerim arilikni arkidiki kotan bilen koxup ziminlik kilip oz ihtiyarlikim bilen agham seti ahungha atmix tvmen serge sattim. mezkur pulni toluk tapxurup aldim. hekkim kalmidi. mezkur ziminning qigrisi:...

10. 察合台语契约文书十

此段察合台语契约文书里两处出现坎儿井名，如此文书第四行可看出“ata miras kariz（父遗的坎儿井）”，还有第五行里提到“Qizilar kariz 克子坎儿井（“克子”是挖坎儿井主人的绰号）”。（见图 10）此段文书有关内容如下：

Tarihqe bir ming ikki yüz seksen bexinqi yili（回历 1285 年，即公元 1868 年）

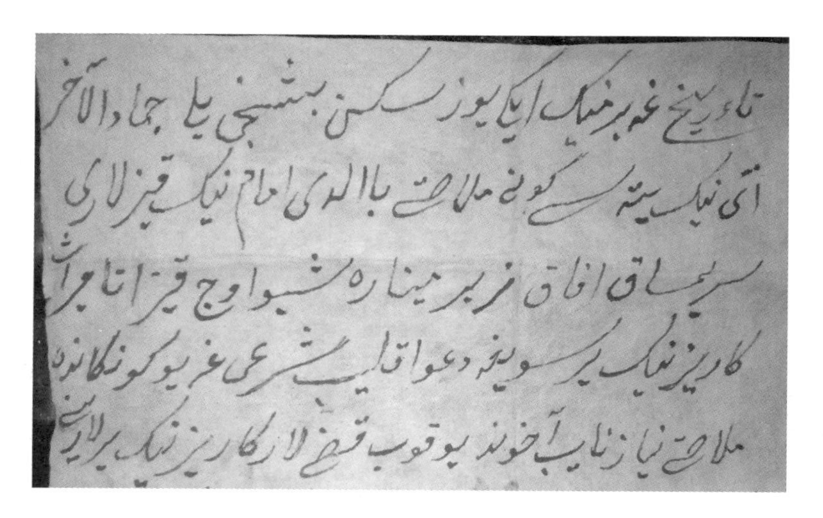

图 10

jamadil ahirning yettisi kuni（6 月 7 日） molla seti baliri imamning kizlari sirimsak afak zibire minare uxbu ü q kiz ata miras karizning yer süyighe dewa kilib xerighe y ü k ü ngende molla seti niyaz nayib ahun yukub qezi karizning yerlirini. . .

11. 察合台语契约文书十一

此段察合台语契约文书里出现坎儿井名，如此文书第五行可看出“karizidiki tehminen bir dadenlik zimin（坎儿井的大约一石农田，daden 是容量单元，石之意，一石等于十斗）”。（见图 11）此段文书有关内容如下：

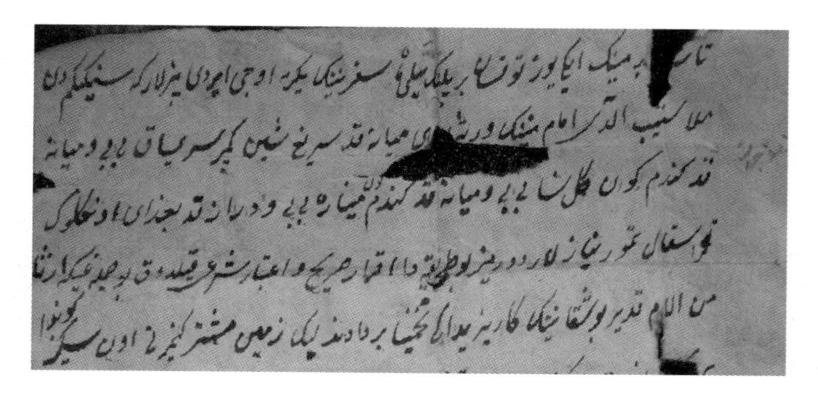

图 11

Tarihqe bir ming ikki yüz tohsan bir yili （回历 1291 年，即公元 1874 年）sefer ayning yigirme ü qi erdi（2 月 23 日） bizlarki singgimdim molla litip alidin imamning warisliri ［... ］ büwi ［... ］ büwi ［... ］ niyazlardurmiz bu terikide iqrar seri we etibar xeri qilduq bu mülki miras? ［... ］ ning karizidiki tehminen bir dadenlik zimin muxterikimizni on sekkiz künde...

12. 察合台语契约文书十二

此件察合台语契约文书里出现坎儿井名，如此文书从上面第二行可看出“qerim kariz 克热木坎儿井（qerim 为挖深坑，挖深沟之意）”。（见图 12）此段文书有关内容如下：

图 12

Tarih bir ming ü q y ü z atmix tortinqi yili （回历 1364 年，即公元 1947 年）erdi menki singgim nam kol niyaz ahundurmen qerim kariz rejep hatunining...

坎儿井消失对吐鲁番的影响

帕丽旦木·沙丁

一、坎儿井研究背景及意义

随着现代化技术的进步以及社会的发展，坎儿井正面临着消失的危险。坎儿井如果不加以保护，20 年后有可能全部干涸，目前吐鲁番坎儿井面临着严峻的形势。因此，对吐鲁番坎儿井的保护与研究具有重大的意义。

二、坎儿井简介

“坎儿井”是维吾尔语“kariz”的音译，是干旱地区开发利用山前冲积扇地下潜水进行农田灌溉和人畜饮用的一种古老的水平集水工程。坎儿井这种灌溉方式是新疆各族人民自古以来在与干旱缺水的自然条件斗争的过程中，根据本地区的地理情况和地下水的特点，通过不断变革、创造应用发展起来的，因此坎儿井的创造是古代劳动人民勤劳和智慧的结晶。坎儿井主要分布在新疆东部博格达山脉南麓的吐鲁番和哈密两个地区。直到现在，坎儿井依然在为吐鲁番和哈密地区的农业生产、人民生活和生态环境发挥极其重要的作用。坎儿井的工程的主体深藏地下，总长曾达 5000 多千米，人们形象地喻之为“地下长城”。吐鲁番坎儿井历史悠久，其起源于何地？过去有关文献资料和一些学者曾做过多种解释，众说纷纭。从目前较有说服力的考古和考证资料看，吐鲁番地区的坎儿井最早出现在西汉时期，距今有 2000 多年的历史。它与吐鲁番的葡萄一样享誉中外，被誉为与万里长城和京杭大运河齐名的中国古代三大工程之一。

三、坎儿井在吐鲁番建造的原因

坎儿井在吐鲁番盆地大量兴建和当地的自然地理条件分不开。吐鲁番是我国极端干旱地区之一，年降水量只有16毫米，而蒸发量可达到3000毫米，可称得上是中国的“干极”。但坎儿井是在地下暗渠输水，不受季节、风沙影响，蒸发量小，流量稳定，可以常年自流灌溉。吐鲁番虽然酷热少雨，但盆地北有博格达山，西有喀拉乌成山，每当夏季大量融雪和雨水流向盆地，渗入戈壁，汇成潜流，便为坎儿井提供了丰富的地下水源。盆地北部的博格达峰高达5445米，而盆地中心的艾丁湖，却低于海平面154米，从天山脚下到艾丁湖畔，水平距离仅60千米，高差竟有1400多米，地面坡地平均约四十分之一，地下水的坡降与地面坡变相差不大，这就为开挖坎儿井提供了有利的地形条件。吐鲁番土质为砂砾和黏土胶结，质地坚实，井壁及暗渠不易坍塌，这又为大量开挖坎儿井提供了良好的地质条件。“坎儿井”是“井穴”的意思，在高山雪水潜流处，寻其水源，在一定间隔打深浅不等的竖井，然后再依地势高下在井底修通暗渠，沟通各井，引水下流。地下渠道的出水口与地面渠道相连接，把地下水引至地面灌溉桑田。正是因为有了这独特的地下水利工程——坎儿井，把地下水引向地面，灌溉盆地数十万亩良田，才孕育了吐鲁番各族人民，使沙漠变成了绿洲。

四、坎儿井给吐鲁番人民带来的影响

吐鲁番盆地是东天山中一个山间盆地。西部和北部与天山主脉博格达山连接，最高海拔5445米；东部为沙山，南部为觉罗塔格山，中心的艾丁湖海拔－154米。顺山势东西延伸250千米，南北宽约60～80千米。整个盆地十分封闭，呈现出典型的干旱荒漠气候特征。最高气温为49℃，最低气温－29.9℃；年最大降水量为48.4

毫米，最小降水量为 2.9 毫米，平均降水量为 16 毫米；年平均蒸发量为 2844.9 毫米。大风较多，风向西北，平均 8 级以上大风年达 31 次以上，各主要风口遭遇大风在 100 次以上。但用坎儿井水灌溉农田，绿洲呈现了一派生机，使冠以葡萄之乡美称的吐鲁番驰名中外。在当时的科技水平和经济水平情况下，若想修数十千米的渠道从山口引水到绿洲是不可能的。人们为了生存，在与干旱做斗争的长期生产实践中，利用了本区的地质、地貌和地下水的取水工程。

坎儿井是新疆各族劳动人民认识自然和改造自然的发展结果。在当时的科技水平情况下，它能把地下水自流引入灌区，这不能不说是一项先进的水利工程，对社会经济活动做出了巨大的贡献。随着社会的发展，科学技术的进步，生产力水平的提高，取水工程的形式会变得多种多样。在今天，当讨论合理开发利用干旱区的有限水资源时，对取水结构形式选择时，我们会有不同的看法，这是非常正常的。据了解，人们对坎儿井的运用前景有两种截然不同的看法：一种意见认为，坎儿井是吐鲁番盆地、哈密盆地各族人民古老文化的精粹，是干旱风沙区一种优良的取水工程，它具有“水行地下，减少蒸发，防止风沙，不用动力和自流灌溉”的特点，在今天应当加强管理保护，改造利用和发展（甚至提出全面恢复坎儿井）；另一种意见认为，坎儿井是截取地下潜流含水层的水平集水建筑物，取水深度浅，截水断面小，随着地下水开采量的增加和地下水位的不断下降，坎儿井必然要干枯和断源。加之工程量大，坍塌严重，管理和维护困难，在科学技术进步的今天，坎儿井势必被淘汰，为更先进的取水结构形式所取代。

据有关资料介绍，新疆干旱是所处地理位置及第三纪后期以来，青藏地区喜马拉雅运动持续多次大范围大幅度隆起影响的必然结果。自那个时候起，新疆一直向着干旱发展，东天山中的几个完全封闭的盆地（吐鲁番和哈密等）更是如此。人们更不可能改变这个自然历史的进程，但我们能够依据这个干旱规律，运用现今的科学技术，提出适合地区自然特点的取水结构形式，有力地开发利用干旱区的有限水资源，使我们的工农业生产活动与干旱的客观实际相协调，促进我国经济的发展。

五、坎儿井消失给吐鲁番人民带来的影响

（一）学术价值上的损失和影响

坎儿井是我国水利文化的一个重要组成部分，是我国古代科学技术的一份宝贵遗产，弄清坎儿井的历史起源与变迁，对探讨我国科技发展史，指导今天的水利建设都有重要的价值。如果坎儿井消失，人们将失去这一宝贵文化，致使人们对水利工程的发展探索进程变得缓慢。

（二）经济价值上的损失和影响

历史上，坎儿井曾经是吐鲁番地区的主要水源，可以说没有坎儿井，就没有吐鲁番的绿洲经济。一方水土养育一方人，如果绿地消失，人们不能发展农业，没农业没法发展，绿洲将会沙漠化。

（三）历史、文化、旅游价值的损失和影响

坎儿井是吐鲁番的象征，是吐鲁番人民精神的化身，代表了吐鲁番人民的勤劳与智慧，是吐鲁番文化的指示物。近年来旅游的人越来越多，游客对坎儿井的兴趣度也在不断上升，越来越多的游客将会来到吐鲁番，这样会带动整个地方的其他产业，使当地人民富起来。如果坎儿井消失，会在一定程度上导致经济发展缓慢，整个地方建设将会受到影响，进入恶性循环。

六、坎儿井与人民生活之间的密切关系

（一）坎儿井对当地人民的生产生活的作用

1. 提高农业产量及质量的作用

闻名全国的吐鲁番葡萄、哈密瓜等水果与坎儿井水的养育有着密不可分的关系，

高品质的水果种植面积每年都会快速地扩大，农作物每年的收成也逐步增加，这增加了当地人的收入，同时还提高了当地农民的生活水平。特别是经过坎儿井水的灌溉的吐鲁番盆地的棉花，品质优良，其具有成熟早、产量高、不易受病虫害影响等特点，它是吐鲁番地区经济的主要产业。吐鲁番地区的绿洲经济离不开坎儿井无私的哺育。

2. 对旅游业发展的促进作用

坎儿井是2000多年来人类文明发展历史上保存较完好，具有自己特点的伟大地下水利灌溉工程，多年来它沉淀了浓厚的文化内涵与历史研究价值，成为今日不可或缺的人类遗产之一。它还带来了一系列的旅游资源等，每年慕名前来坎儿井乐园的游客数不胜数。坎儿井乐园不仅包含了坎儿井暗渠的参观，而且还有利用坎儿井水灌溉的葡萄园和果园，以及晾晒葡萄干的凉房等。除了坎儿井乐园，当地人们还建起了坎儿井博物馆，里面介绍了有关坎儿井的所有基础知识，使游客更能了解古代人民是如何利用坎儿井生活发展的。

（二）坎儿井与生态系统之间的关系

1. 维护自然生态平衡

由于坎儿井水由高处往低处流，减少了大量的蒸发所带来的水量损失，这对于全年降水量少而蒸发量很大，并且无法从外界直接获得水资源的吐鲁番盆地来说有着重要的节水意义。坎儿井的原理是地下浅层采水，这对于该地区地下水含量影响较小。有些人说，在冬天坎儿井的水无法直接利用，白白浪费水源，事实上，冬天坎儿井水还在永不停息地补给着自然环境。尤其是吐鲁番地区有三分之一的坎儿井闲水”最后都会流入下游的艾丁湖，这不仅维护了艾丁湖的生态平衡，还调节了吐鲁番地区的气候。

2. 增加动物多样性

坎儿井是一种人类利用自然条件把地下水引出地面的水利工程，一眼望去，吐鲁番盆地到处都整整齐齐地排列着“小圆点”竖井口，坎儿井改变了荒漠与绿洲的地面景观。坎儿井下是独特的小世界，有独立的空间结构和适宜的小气候，为动物提供了特殊的生态环境。据调查，在吐鲁番盆地内生活着18种脊椎动物，它们在坎儿井区域栖息、繁殖及觅食，分布在坎儿井区域的暗渠、明渠、竖井壁、土堆内或涝坝等部位，其中包括鱼类3种、两栖类1种、爬行类5种、鸟类6种、兽类3种。坎儿井所灌溉的农田，所哺育的一片片绿洲，对吐鲁番生态系统有着重要的作用。况且吐鲁番盆地是降水量很少、蒸发量极大、植被稀疏、局地性强等特点集于一身的特殊地域，但仅仅在坎儿井区域就有着独特、典型的生物多样性。

3. 改变植被多样性

吐鲁番区域内植被种类较少，在农田植被生态系统内，除了人工种植的葡萄、棉花、甜瓜等作物外，其他天然植被种类很少，生长范围也仅局限于田间地头或水渠旁。在荒漠植被生态环境区，天然植被生长稀少，还没有发现乔木一类的大型植被，仅有小乔木，灌木类的梭梭、柽柳、盐穗木，且生长比较稀疏，生物总量少，有效的植被生态群落不利于发育。从北往南，在艾丁湖荒漠植被生态区，植被种类从多种类逐渐变为单一种类，下位内生物量面积逐渐减少，从生长的柽柳、梭梭、花花菜、盐穗木、刺山柑、翼果霸王等的植物群落变为骆驼刺、芦苇，然后变为盐穗木、柽柳，最后植被消失。

如果坎儿井消失，这些植被趋于绝灭，吐鲁番生态局面将受到巨大冲击，该地生态系统将被摧毁，从而会对经济发展产生直接的影响，所以说没有坎儿井就没有美丽的吐鲁番、哈密绿洲。没有吐鲁番、哈密绿洲同样也不可能产生这里独特的绿洲文明，甚至这里的人类活动也不会充满勃勃生机。时至今日，极度缺水、降水量极少、蒸发量极大的吐鲁番、哈密盆地，其典型的、极度脆弱的绿洲生态还在依靠坎儿井水的滋润顽强地维持着。

坎儿井作为吐鲁番、哈密盆地生态环境的主要供水者，保障了这一区域绿洲的活力。近年来坎儿井的条数和水量急剧减少，然而在许多地方的坎儿井仍然为当地的农业、林业、畜牧业和水产业的发展起着很大的作用。特别是坎儿井一年四季不会断流，用上好的水质在满足农业生产中季节性缺水和一般性灌溉需求的同时，也在非灌溉期浇灌大片荒漠植被和村庄里的树木，维持当地的生态平衡，为保护生态环境起着不可替代的作用，造就了独特的平衡的生态布局。

七、坎儿井的保护措施

（一）坚持贯彻落实相关法规

吐哈盆地属极端干旱严重缺水区。随着吐鲁番、哈密地区经济的不断发展，水资源缺乏的矛盾将日益突出。目前，由于人们加大了对地下水资源的开发力度，将难以在短期内逆转地下水水位的下降趋势。鉴于此，从立法的角度来看，建议制定相关的法律条例，并严格执行，以对坎儿井的水资源进行保护，尽快制定出合理的应急抢救保护预案，建立坎儿井自然保护区，以防止在新的开发建设中对坎儿井的水源造成新的破坏。

（二）落实最严格的水资源管理制度

按照新疆实行最严格水资源管理制度“三条红线”的控制指标，从吐鲁番、哈密地区水资源可持续开发利用的角度出发，建议地方制定配套机井控制和削减计划，压采地下水 5.9 亿立方米（其中吐鲁番 3.0 亿立方米，哈密 2.9 亿立方米），实施地表水、地下水统一联合调度。

（三）优化水资源配置，实现可持续发展

建议吐哈盆地按照灌区上、中、下游的布局，合理配置井渠水源布局，上游采用地表水，中游用泉水和坎儿井水，下游以机井灌溉为主，以河水作为补充水源。使盆地地面水和地下水达到最优联合调度，有效保证现有坎儿井水源补给，提高水资源利用效率和改善生态环境。

（四）建立健全坎儿井管理体制

切实加强对坎儿井的维护管理，建立好管理制度，定期检查，积极申请国家补助，地方财政配套一部分，有计划地采取民办公助的方式，对坎儿井逐步进行改造。

建议成立坎儿井用水户协会，成立相应的坎儿井监测站，委托具有相关资质的检测部门随时对坎儿井的水位、流量、水质等变化情况进行监测，为保护研究坎儿井提供可靠决策依据。另外，凡对坎儿井维护管理好的单位和个人，应给予奖励；对有经验的坎儿井老工匠，应给予奖励和照顾；同时培养新的坎儿井技术人员，使后继有人。

（五）加大对坎儿井工程的保护

建议选择水文地质条件较好的坎儿井，适当延伸暗渠集水段，或增设横向集水段，以增加截取地下潜流的深度和广度。坎儿井暗渠输水段适当扩大后，采用混凝土卵形涵管衬砌加固，管外回填砂砾料以防坍塌。坎儿井的竖井，根据工作和检查需要，可适当合并，改进加固，其井口用混凝土活动盖板封闭。竖井与暗渠连接处，建议增设沉砂池，以便定期清淤。坎儿井集水段和暗渠混凝土管设计施工，需充分考虑施工检修和继续延伸工作，对布置过密的坎儿井可适当合并，统一配水，这样的改造有利于坎儿井安全，延长使用寿命，减少维修费用和劳动强度，增加单井出水量，提高灌溉效益，降低用水成本。

关于坎儿井保护立法的几个相关问题

热米娜·克衣木

一、坎儿井概况

坎儿井与万里长城、京杭大运河并称为中国古代三大工程。我国坎儿井主要分布在新疆东部博格达山南麓的吐鲁番及哈密，南疆地区也有少量分布，其中以吐鲁番、哈密地区最多、最集中也最具代表性。

坎儿井是一种古老的在干旱地区开发利用山前冲积扇地下潜水进行农田灌溉和供人畜饮用的水平引水工程。坎儿井这种取水方式是新疆各族人民自古以来在长期与干旱缺水的自然条件斗争的过程中，根据本地区的自然地理条件和水文地质特点，在应用中不断变革、创造、发展起来的，因此坎儿井的创造是古代劳动人民勤劳和智慧的结晶。直至现在，坎儿井依然在吐鲁番和哈密地区的农业生产、人民生活和生态环境维护中发挥着极其重要的作用，因此仍具有较强的经济价值、历史文化价值和生态保护价值。

坎儿井是生活在极端干燥酷热环境下人们因地制宜，利用地面坡度无动力引用地下水的一种独特地下水利工程，它由竖井、暗渠、明渠、蓄水池（涝坝）四部分组成。竖井是开挖暗渠时供定位、进入、出土、通风之用；暗渠，也称集水廊道或输水廊道，首部为集水段，在潜水位下挖，引取地下潜水流；明渠与一般渠道基本相同，横断面多为梯形；蓄水池，当地居民称为涝坝，用以调节灌溉水量，缩短灌溉时间，减少输水损失，同时蓄水池形式的存在对于改善周边临近区域生态环境也有着极其重要的意义。

（一）新疆坎儿井的目前数量和分布区域

从行政区划看，新疆的坎儿井主要分布在吐鲁番地区和哈密地区。另外，在乌鲁木齐市、昌吉州奇台县和木垒县、克州阿图什市、喀什地区、和田地区皮山县也有少量分布。（见表1）现在继续使用并发挥很好作用的坎儿井，都在东部天山南坡最干旱缺水的地区。从水文地质条件看，坎儿井主要分布在荒漠地区有丰富的地下水源、地面和地下含水层有一定的坡降、地层土质坚硬的区域。

表1　新疆地区坎儿井分布情况一览表

地区	数量/条
乌鲁木齐市	2
昌吉回族自治州	86
吐鲁番地区	1108
哈密地区	340
克州阿图什市	2
喀什地区	1
和田地区	1
合计	1540

（二）新疆坎儿井的类型

坎儿井按水文地质条件大致可分为三类。第一种是山前潜流首部补给型坎儿井，这类坎儿井直接引取山前侧渗地下潜流，集水段一般较短；第二种是山溪河谷补给型坎儿井，这类坎儿井集水段较长，出水量也较大，分布最广；第三种是平原潜水补给型坎儿井，这类坎儿井一般分布在灌区内，地层为土质构造，水文地质条件较差，一般出水量较小。

（三）新疆坎儿井保存数量

据第三次全国文物普查资料统计，新疆现存坎儿井总数为1540条，其中有水坎儿井为507条，无水坎儿井1033条。经2008—2009年展开第三次全国文物普查，确认吐鲁番地区坎儿井总计 1108 条，有水 278 条，无水 830 条，可以确定吐鲁番的坎儿井数量最多。吐鲁番地区位于东天山中段，是以艾丁湖为中心的相对封闭的山间盆地，其地势低洼，有相对独立而完整的地下水系统。在 20 世纪 50 年代末，吐鲁番地区坎儿井最多时达到 1237 条。此后，随着当地耕地面积的不断扩大和机电井的大力发展，地下水水位急剧下降，严重干扰了坎儿井水源，最终导致大量坎儿井因断流而被荒弃。

（四）坎儿井历史、社会、经济、生态价值

坎儿井是生活在极端环境下的当地居民，依据自然条件特点，遵循客观规律，科学利用有限资源，充分发挥想象力与创造力的杰出产物。从历史价值看，这一伟大创举，不仅满足当时人们生产、生活需要，更是经济社会、文化交流发展的催化剂。无动力引取地下潜流，是“绿洲”延续与西域地区社会发展的资源保障。以坎儿井为核心的民间传说、文学作品、生活习俗等，则孕育出了与绿洲文化相生相伴的坎儿井文化，坎儿井从此成为西域地区独特的人类生存耐受力的见证和文化象征。从社会价值看，历史上，坎儿井大规模兴起与西域农业的发展、人口的聚集、聚落的形成相辅相成，并直接影响聚落、农业的分布，是当地居民生活精神和历史文化的重要部分，与居民的日常生活形成密切的情感交流，由此产生了众多的民俗活动、生活模式及传说故事，具有较高的社会人文价值。坎儿井是新疆多民族独特文化形成与演进的条件和见证，是特定条件下人类与环境相互作用的典范。从生态角度看，坎儿井的独特输水方式、合理调配，利用了有限的水资源，不仅在涝坝区域形成了一个微型的生态乐园，从更广袤的地理范围来说，更是保障了整个西域地区环境的可持续发展，实现了人与自然的和谐共融。从经济价值看，坎儿井至今仍在现代水利灌溉事业中发挥着积极的作用。如吐鲁番地区现仍有 278 条有水坎儿井，出水流量为 18 立方米每秒，控制灌溉面积 47 万亩，为 5 万人、10 万头牲畜提供饮用水。另外，坎儿井所具有的独特的人文内涵，使它成为当地一道亮丽的风景线。仅吐鲁番一地，每年就有数十万中外游客参观坎儿井，为当地带来可观的经济效益。从技术层面看，作为一种古老的水平集水建筑物代表，竖井、暗渠、明渠、涝坝等元素构成一个统一

的建筑整体，地上地下分层并相互贯通的立体式结构，也是水利建筑史上的一个特例；作为灌溉技术典范，无动力取水方式，开凿、掏捞、岁修等技艺形成了一个有机的技术整体。从景观价值看，坎儿井及其所依赖的山形地势，共同组成了蔚为壮观的独特景观。醒目的竖井口连绵分布于广袤的土地上，犹如一串串珍珠镶嵌于戈壁之中。绿色与灰色的反差，生命与干涸的相互作用，使得坎儿井具备了一种独特且极富地域特色的美感。

二、坎儿井保护的紧迫性

（一）坎儿井面临的现状

吐鲁番的坎儿井呈衰减之势。20世纪50年代全疆坎儿井多达1700条，随着不断干涸，80年代末已降至860余条。

究其原因，首推吐鲁番地区绿洲外围生态系统的严重破坏。最新卫星遥感监测数据表明，该地区强烈发展荒漠化土地面积已占总面积的46.87%，而非荒漠化面积仅占总面积的8.80%。水资源日渐短缺，地下水水位不断下降，坎儿井水流量也逐年减少。

对于坎儿井的日渐式微，各方看法不一。一种观点认为，从纯经济角度看，坎儿井已无生存必要。在科技飞速发展的今天，坎儿井未免过于落后，夏季易干涸，冬季水多时又易白白流走，无法蓄存。而水库可蓄水，随时进行生态调节，所以应该任坎儿井自然消亡，优胜劣汰，由水库等水利设施取而代之。

另一种观点则认为，坎儿井是我国古代劳动人民留下的不可多得的珍贵人文遗产，具有极高的历史价值和科学价值，尤其在强调生态开发的今天，坎儿井具有不可比拟的旅游开发价值。如果因为今天的短视让这份人类遗产消失殆尽，我们将愧对子孙后代。

是生存还是毁灭？坎儿井的命运悬而未决。在吐鲁番地区工作长达30年的行署副专员蔡炳华痛心疾首："任其下去，不出30年，坎儿井将不复存在。"

当地人士的态度是：水库要建，机井要打，坎儿井要保护。据悉，目前吐鲁番地区除将坎儿井列入农业水利的一部分进行维修保养外，还组织了“坎儿井研究会”，并将成立“坎儿井监测站”，随时观测坎儿井水位水质等的变化。

（二）法律保护的缺失对经济发展造成的不良影响

被誉为世界水利工程奇迹的坎儿井，是人类劳动和智慧的结晶，具有独特的人文价值和历史内涵，而它的保护一直受到各方的关注。坎儿井的保护与利用，给我们的启示是：文化遗产保护，不仅要将更多的历史信息传递下去，传给子孙后代，更要惠及百姓，给他们带来实实在在的好处。这正是保护利用与立法相结合的管理规则。当地百姓对我们的热情关注和迫切希望，也说明文化遗产保护应与现代和谐生活当中百姓的生产、生活密切结合起来。

新疆坎儿井暗渠总长度超过5000千米，至今一直是吐哈盆地发展农牧业生产的主要水源，但是由于工农业生产的快速发展，人口不断增加，大量引用地表水，开采地下水，严重影响了坎儿井的水源，再加上公路、铁路等基础设施的建设，以及旅游业的兴起，坎儿井受到人为破坏的情况也日益严重，坎儿井面临着不断衰退、水源枯竭的状况。如不加强管理和保护，再过20年，坎儿井将全部枯竭。

面对这种情况，尽快出台相关保护管理条例，建立健全坎儿井管理体制，规定自治区水行政主管部门负责对坎儿井的保护、利用，并实施监督管理，坎儿井所在的市县人民政府水行政主管部门负责其各自行政区域内的保护利用，都是十分必要的措施。为保护坎儿井水源，新建、改扩建水库时或者打机井时，应当对工程的建设和运行进行科学论证，避免对坎儿井水源地造成影响。此外，各地水行政主管部门也要实行水资源的总量控制，合理配置水资源量，防止坎儿井水源枯竭。

坎儿井是当地生态环境的晴雨表，影响着各族群众的生产生活。吐鲁番地区水资源匮乏，水作为不可再生的资源对于60万各族群众来说极其珍贵。让我们加入到保护坎儿井的行列中，从自身做起，用心呵护这一条条流淌千年的“地下运河”，及时制止那些向坎儿井里乱扔垃圾，在坎儿井边玩耍、嬉戏等不文明的行为，保护水资源，保护珍贵的历史文化遗产，让古老的坎儿井水永不干涸。

三、坎儿井立法保护相关实践

2000年之前，吐鲁番地区也是千方百计、想方设法加大对坎儿井的清淤、防渗、加固，然而有水坎儿井接二连三的断流告诉吐鲁番人民：光靠一个地区的力量或者说仅仅是工程上的保护并不能从根本上解决问题。于是人民便迫切地希望能从根本上对坎儿井实行保护。

2002年，新疆维吾尔自治区九届人大五次会议把杨学良（新疆维吾尔自治区人大法制委员会副主任委员）、阿不拉·玉素甫（新疆吐鲁番地区人大工作委员会主任）等10位代表提出的关于《抢救吐鲁番古老水利设施坎儿井》的议案确定为大会六大议案之一。代表们建议建立坎儿井自然保护区，以免在新的开发建设中造成新的破坏。例如，在坎儿井环境完好的典型地区采取引水回灌的方式，局部抬高地下水水位，加强对坎儿井暗渠的防渗处理，保存那些具有典型意义的坎儿井。

2003年，新疆农业大学教授、著名水利专家郭西万说，坎儿井面临的窘境，再次为新疆的水资源利用敲响了警钟。作为一个蒸发量远大于比降水量的地区，增强节水意识，提高水的利用率，显得更为迫切。

2005年，新疆维吾尔自治区政协委员若孜·马木提（新疆维吾尔自治区政协民族宗教社会法制委员会副主任）在自治区政协九届三次会议上呼吁：如果不采取有效措施，坎儿井将逐渐由盛转衰，甚至在几十年后消亡。由此戈壁绿洲的生态安全将会受到严重威胁。

2007年1月17日，新疆维吾尔自治区十届人大四次会议召开，吐鲁番（现高昌区）人大常委会主任努尔丁·尼亚孜等10位人大代表联名提出议案，建议尽快制定坎儿井保护管理条例。

2006年3月，全国政协十届四次会议在京召开。在全国政协文化艺术节委员、新疆天山电影制片厂总编室副主任、国家一级编剧、维吾尔族作家吐尔逊·优努斯倡议下，新疆维吾尔自治区的政协委员联名向大会提交了《关于立法保护新疆坎儿井》的提案，希望将坎儿井的保护纳入法制化轨道，让这项地下水利工程得到有效保护。此外，包括著名作家王蒙在内的十几位政协委员也在提案上签名。

全国两会结束后，全国政协把这个提案转到新疆维吾尔自治区。从4月到7月，新疆维吾尔自治区人大常委会和法制办经过多个部门的多次调研、论证，很快形成初稿，又经过10余次修改，草案于9月上报自治区人大常委会。条例的通过对坎儿井保护具有里程碑式的意义，它标志着多年来一直呼吁的法律保护终于得到了实行。全国政协的这个提案也得到了全国政协委员、国家文物局局长单霁翔的高度重视。在他的亲切指导下，2006年5月25日，坎儿井地下水利工程被国务院批准为第六批全国重点文物保护单位；12月15日，又被国家文物局列入《中国世界文化遗产预备名单》。

2009年7月，新疆维吾尔自治区人民政府公布自治区全国重点文物保护单位保护范围、建设控制地带的通知。吐鲁番地区人民政府办公室，相关文件指出以坎儿井竖井口为中心向左右平行延伸30米为保护范围，以保护范围为界，向左右平行延伸700米为建设控制地带，将严禁爆破、钻探、挖掘、筑路等行为。在建设控制地带施工、取土及存放易燃、易爆、易腐蚀物品等行为，都将因为可能会对文物安全产生影响，而被加以禁止。

按照全国重点文物保护单位的保护管理标准，应尽快建立好坎儿井保护范围界定，划分建设控制地带，严格执法，对坎儿井保护范围以内及监控地带内的一切非法行为进行彻底查处和处理，保证坎儿井保护范围的环境风貌的真实性和原真性。

四、坎儿井立法保护取得的成效

2003年，尽管国务院七部委专门制定的《吐鲁番地区文物保护与旅游发展总体规划》对坎儿井进行了规划，却仅仅针对的是旅游用途。2006年，吐鲁番地区提出率先建立我国第一个“世界文化多样性综合示范区”，坎儿井仅仅是全面展示吐鲁番丰厚的历史、文化和自然资源中的一个可以关注的对象。新疆坎儿井研究会也多次提出，应该建立坎儿井保护区，采取工程措施保护和依法保护等办法，在依法保护的前提下，最大限度地开发利用坎儿井资源，让更多的国内外游客在若干年后仍能有幸一睹这一伟大的“地下运河”。然而，有效保护好现存的坎儿井还是要付诸行动。

当然，吐鲁番地区的坎儿井水资源的保护进入法制管理的轨道时，吐鲁番盆地的水资源的合理开发利用也得到了初步改善。自 2006 年 12 月 1 日《新疆维吾尔自治区坎儿井保护管理条例》实施以来，吐鲁番地区采取以下积极有效的举措对坎儿井进行保护。建设节水型社会将作为水利工作的重点，要大力发展设施农业，实行严格的“四禁”政策，严禁农业开荒，对农业新打井原则上不再审批，逐步实现关停部分机井，减少地下水的开采，涵养地下水环境，避免因地下水水位下降而对坎儿井衰退干涸造成直接危害，这些方面一定要严格落实《新疆维吾尔自治区坎儿井保护管理条例》，责任到人，上下进行问责，涉及文物破坏行为的情况，依照《文物保护法》进行彻底的严格执法，将一切破坏性行为扼杀在萌芽状态。据介绍，短短几十年间新疆坎儿井数量减少了三分之二，并仍在以每年 20 条的速度锐减，被誉为“生命之源”的坎儿井正经历着前所未有的生存危机。吐鲁番地区是全疆坎儿井数量较为集中的地区，拯救坎儿井的工作任重而道远。

为使坎儿井重新焕发生机，从 2009 年起国家文物局拨付专项资金用于坎儿井的维修、加固。同时，地区高度重视坎儿井的保护与管理，从政策、工程建设、技术管理等方面加大了力度，并成立了坎儿井保护工作领导小组。

吐鲁番市（现高昌区）艾丁湖镇农民阿不力提·阿不力米提听说乡里有参与维修坎儿井的任务，便积极报名。他说：“坎儿井养大我们一代又一代人，连外国人来了都赞不绝口，我们更应该像保护自己的眼睛一样保护它。”

目前，在文物部门的大力宣传和执法的推进下，在当地各级人民政府的紧密配合下，在坎儿井附近居民的大力支持和参与保护下，坎儿井保护范围内的一切破坏性活动，被全面禁止或废除。在坎儿井边生活的人民因保护工程的顺利实施，从各项惠民工程中得到了实惠，尤其是参与坎儿井保护的广大老百姓最大限度地得到了实惠，周边的环境风貌也得到了改善，形成了新的和谐社会面貌。

从坎儿井的历史进程、现状和它的未来发展的角度分析，坎儿井作为祖先留下来的珍贵的农业水利文化遗产，为人类历史文化的发展做出了不朽的贡献，有效的立法保护和依法保护管理坎儿井是我们义不容辞的责任和神圣的使命，所以在今后开展坎儿井的立法工作和依法保护管理利用坎儿井时将从以下几个地方着手进行思考和探讨：

早日做好重点保护型坎儿井的归类和建档工作，明确文物部门和水利部门的职能作用，形成合作、和谐、与时俱进的分工精神，责任明确，形成合理的文化遗产保护意识。

今后在立法保护坎儿井时，坎儿井的立法保护范围需要更新和确认实际边界，与当地农村新农村建设实施方案接轨，保持它原有的文化遗产价值和社会生态价值，突出它的地方特色和周边环境风貌的改善与恢复。

立法保护和执法保护相结合的保护管理模式必须同步进行。以《新疆维吾尔自治区坎儿井保护管理条例》立法实践和《文物保护法》的执法案例为基础，在今后的保护管理工作中，要更加突出和亮化文物行政执法作用，按照《文物保护法》的相关条款，结合《新疆维吾尔自治区坎儿井保护管理条例》的详细内容，结合执法实际，突出坎儿井的文化遗产价值和农业水利遗产价值。

总之，坎儿井的立法保护和保护工程在遵循文化遗产保护原则，满足水利工程实际需要的前提下，用事实说明了“国家保护为主，动员全社会共同参与保护管理”的文化遗产保护体制的切实可行，用事实说明了坎儿井是新疆各族人民创造的，也是新疆各族人民保护下来的，也用事实说明了谁创造了文化遗产，谁就是文化遗产的真正主人，谁就是文化遗产保护的主要力量。不管是确立文化遗产，还是确立农业文化遗产，其根本的目的就是更好地保护和利用。人民很清醒地意识到，对坎儿井的立法保护和依法管理，不仅可以保护它最原始的技术，同时也可以有效保护这里的自然环境。保护坎儿井，不但是保护中华民族优秀水文化的一个重要组成部分，实际上也是立法和依法并用地保护一份珍贵的世界遗产。因此，今后的立法保护和依法治理破坏坎儿井周边环境的一切不合法的行为，就应该按照《中华人民共和国文物保护法》及《新疆维吾尔自治区坎儿井保护管理条例》相关条款和实施细则，定期和不定期地对坎儿井保护范围进行巡查和排查摸底，严格执法，落实责任，保护好我们眼前的文化遗产不受任何破坏，保持它的环境风貌的真实性。

第四篇　吐鲁番坎儿井的文化与传承

坎儿井申遗的意义与作用

丁晓莲

近年来随着对遗产概念与内涵认识的不断深入，文化线路、遗产运河、遗产廊道等一系列体现人类在各个历史时期的社会、经济与文化发展动态特征的遗产，已成为国内外遗产保护领域探讨的热点。 坎儿井与万里长城、京杭大运河并称为中国古代三大工程，作为我国古代劳动人民留下的不可多得的珍贵历史文化遗产，坎儿井不仅具有极高的历史价值和科学价值，而且至今仍具有不可替代的实用价值，与新疆的文明发展过程也密不可分。 历史上坎儿井总长曾达到过 5000 千米以上，被誉为“地下运河”，是生活在极端干燥酷热环境下人们因地制宜，利用地面坡度无动力引用地下水的一种独特地下水利工程。

目前，世界上有 40 多个国家有坎儿井，相较而言，伊朗和我国新疆地区留存的坎儿井较多。 我国坎儿井主要分布在新疆东部博格达山南麓的吐鲁番和哈密两个地区，南疆的皮山、库车和北疆的木垒、奇台、阜康等地也有少量分布，其中以吐鲁番盆地最多最集中。 2004 年起，联合国粮农组织开始在世界范围内陆续选出一些全球重要农业文化遗产地作为试点，伊朗坎儿井率先申报世界农业文化遗产试点项目。 因此，无论是现实保护传承需要，还是世界范围内的良性竞争，着力推进坎儿井的保护利用及申遗工作是我们肩负的历史使命。

一、 申遗是解决坎儿井保护问题的有效途径

（一）坎儿井面临的严峻形势及原因分析

坎儿井是一项古老的地下水利工程设施和人类宝贵的文化遗产，距今已有近

2000 年的历史。中国境内 97%以上的坎儿井分布在新疆东部吐鲁番和哈密盆地，坎儿井历史总数曾达到 2000 条。随着社会经济的高速发展，绿洲面积的急速增加，耕地无序扩大，机电井泛滥使用，造成地下水严重超采，2009 年地下水超采达 2 亿立方米，已到了地下水不能承受、水资源无以为继的地步。受以上巨大影响，有水坎儿井数量逐渐减少，逐年呈现加速干涸的趋势。1957 年吐鲁番坎儿井为 1237 条，出水量 5.62 亿立方米，灌溉面积 32 万亩。2002 年有水坎儿井为 404 条，2010 年锐减至 278 条，年均干涸达 16 条，与 1957 年相比，干涸的速度让人触目惊心。随着新的灌溉手段的出现，坎儿井日渐式微，目前坎儿井正以平均每年 20 多条的速度在消亡。甚至有专家认为，如果不加以保护维修，20 年后坎儿井将全部干涸。分析其原因，主要集中在以下几个方面。

1. 坎儿井病害频发

坎儿井病害频发，主要有以下几种形式：

（1）竖井口冻融破坏。其主要原因在于，坎儿井暗渠和竖井井口与周边环境在冬季存在巨大的温度、湿度差。坎儿井外部环境温度平均值为 5℃，环境平均湿度 30%；暗渠平均温度≥15℃，平均湿度≥90%；竖井井口平均温度≥10℃，平均湿度≥85%。

（2）暗渠冲击荷载破坏。随着新疆交通道路建设的兴起，紧邻坎儿井的周边乡村道路密布，加之这一区域坎儿井暗渠的覆盖层都较薄，且一般未考虑预加固措施，在车辆冲击震动荷载反复作用下，暗渠很容易坍塌。

（3）暗渠渗流条件破坏。以兴建拦水坝为代表的各种大型水利设施建设，短期内会使得坎儿井的出水量增大，但是随着水的下渗，暗渠所在围岩饱水，力学性能下降，加之动水压力与静水压力对暗渠的持续作用使得坍塌情况屡见不鲜。

（4）暗渠冲刷破坏。有些坎儿井引流坡度过大，流速过快，水流对暗渠和渠脚的冲刷加剧，造成渠脚被掏空，暗渠横向跨度增大，在外界环境干扰下易失稳坍塌。

（5）暗渠植物根劈破坏。植物根劈作用破坏主要集中在输水段，该区域的植物以根系发达的红柳等为主，高度发达的植物根系造成根劈作用十分明显，使得暗渠渠壁开裂坍塌。

（6）暗渠应力释放破坏。暗渠开挖后，围岩应力会在应力扰动区引起应力重分布，形成二次应力场。当暗渠埋深到达一定深度时，随着暗渠顶部覆盖厚度持续增大，暗渠拱顶压力及暗渠侧压力也明显增大，当应力超过岩体稳定极限状态后，会造成破落坍塌。

（7）涝坝、明渠淤积渗漏。现存有水坎儿井，大多年久失修，渗漏严重，有些涝坝甚至成了生活垃圾的堆积所，污染情况严重。

2. 新疆属严重缺水地区，且水资源分配极不均衡

作为坎儿井集中地的吐鲁番和哈密盆地，水资源尤其紧缺。近年来，由于地下水长期处于严重超采状态，地下水水位逐年下降，直接导致部分坎儿井集水困难，最终部分坎儿井水流量逐渐减少乃至断流。

3. 大量水库的修建

农业用水、工业用水、居民生活用水等用量逐年增大，为解决缺水之急，地表水被大量开采，许多河流的上游修建了水库。以吐鲁番为例，托克逊县阿拉沟水库的建成，将对其博斯坦乡所属的十几条坎儿井造成直接影响，造成其集水困难。1950年，吐鲁番有耕地24万亩，如今扩大到120万亩，是过去的5倍，大量新增耕地抢占原本就十分紧缺的水资源，坎儿井面临着极其严峻的考验。

4. 坎儿井被作为旅游资源过度开发

城市化的快速发展对自然气候的破坏是严重的，雪线上升，雪水供应大幅度减少，坎儿井水源严重匮乏。而纷至沓来的游客又影响到坎儿井的日常维护。

5. 保护意识不足

坎儿井2006年才被列为国家级文物保护单位，人们的保护意识尚显不足，甚至出现人为填井的事件。

6. 保护力度不足

坎儿井保护力度不够，资金投入总量偏少，覆盖面不广，仅仅依靠抢救性的保护措施挽救少量坎儿井的模式已不能解除其生存威胁。

（二）坎儿井文化遗产保护中存在的问题及原因分析

1. 存在的主要问题

（1）坎儿井保护工作资金投入总量明显偏少，资金短板导致坎儿井保护工作举步维艰，坎儿井生存状况仍不乐观。

（2）坎儿井不同于一般意义上的文物，其数量众多且分布极不均衡，大部分坎儿井又地处偏远，不利于保护工作的集中系统铺开。

（3）坎儿井在许多当地居民的心目中仍是自家私有财物或集体共有物，对坎儿井这一国家级文物保护单位认识不足，保护意识淡薄。

2. 原因分析

（1）新疆文博事业发展较其他先进省市滞后，优秀文博专业人才匮乏，理论研究成果尚显单薄。究其原因，新疆较其他先进省市经济实力不足，历年来对文物保护事业投入力量尚不足，资金短板情况严重制约了全疆文物保护事业的健康高效发展。

（2）坎儿井保护工作长期以来由当地文物部门、水利部门承担，在具体实施过程中集中体现为以下几点困难：一是长期以来文物与水利部门因工作角度差异，文物保护与水利利用无法完美契合，未能充分整合利用现有优势资源，实现多角度保护利用，造成坎儿井保护工作“一条腿走路”的情况，因此亟待制定有关标准，彻底解决保护与利用这一矛盾；二是坎儿井保护与申遗工作专项资金总量严重偏少，导致两部门无米下炊。

（3）因坎儿井的独特性，套用一般意义上的文物保护标准，将导致工作方向的偏失。亟待制定与坎儿井有关的政策及制度，从而使得保护有依据，实施有标准，做到既强调保护与申遗工作的易操作性，又能结合当地实际情况，因地制宜开展工作。

（4）后备人才梯队建设有待加强。坎儿井保护与利用工作不同于一般事务性工作，其急需大批专业性人才。坎儿井保护与申遗工作，在现阶段不少情况下都属摸着石头过河，缺乏理论支持及技术支持必将阻碍有关工作的顺利开展。

（三）申遗是解决坎儿井保护问题的有效途径

申遗是坎儿井进入主流制度构建的一条有效路径。 在进入世界遗产的队伍的过程中，坎儿井保护管理体系得以构建完成，不断健全相关的法律规章制度，完成统一规划，为坎儿井的永久保护提供了强有力的保障。 与此同时，坎儿井的保护有机会得到国际援助、技术和智力支持，将最大化整合资源，明确坎儿井价值和历史定位。随着申遗工作的不断推进，坎儿井极高的历史价值、科学价值、社会经济价值和精神价值也将得到更广泛的关注。

坎儿井是极干旱地区人民根据本地自然条件和水文地质特点创造出来的一种特殊庞大的地下水利工程设施，被地理学界的专家称为“地下运河”，与长城、京杭大运河合称为我国古代三大工程。 正是由于坎儿井的创造与繁盛，极端干旱酷热地区生活的各族人民才具备了持续而坚强的生命力，才孕育了人与自然和谐相处的绿洲文化，推动了世界四大文化的交汇整合，形成了丰富多彩的地域文化，促进了区域经济社会的快速发展，创造了辉煌的历史，在新疆乃至中国的历史上写下了绚丽的篇章。 坎儿井，从社会经济角度来看，是一项特殊的水利工程，有着实际利用价值；从文物保护的角度来看，它是一种文化遗产，通过这一历史载体，释放出独具魅力的历史文化气息，同时其发展历程也给我们提供了一个追本溯源，探究各历史时期人们生产、生活、文化等各领域的良好媒介；从社会功用来说，它又是一项宝贵的旅游资源，可以促进甚至带动一个区域的经济建设；从社会精神价值来看，它更是新疆各民族顽强拼搏，携手共建美好家园的精神象征，在新时期新疆保稳定促发展的总体战略中，有着极为重要的现实教育意义。

二、 坎儿井申遗的可行性分析

（一）世界文化遗产的评审标准

世界遗产包括“世界文化遗产（含文化景观）”“世界自然遗产”“世界文化与

自然双重遗产”三类，坎儿井已被列入《中国世界文化遗产预备名单》之中。世界文化遗产的评审标准如下：

第一是申报项目自身价值，包括六项，满足其中一项即可。

（1）代表一种独特的成就，一种创造性天才的杰作；

（2）能在一定时期内或世界某一文化区域内，对建筑艺术、纪念物艺术、城镇规划或景观设计方面的发展，产生重大影响的作品；

（3）能为一种已经消失的文明或文化传统提供一种独特的或至少是特殊的见证；

（4）可作为一种类型建筑群或景观的杰作范例，展示出人类历史上一个（或几个）重要阶段的作品；

（5）可作为传统的人类居住地或使用地的范例，代表一种（或几种）文化，尤其是处在不可挽回的变化之下，容易损毁的地址；

（6）与现行传统思想、信仰或文化艺术作品有直接或实质关联，具有特殊普遍意义的实物。

第二是当地政府和人民群众保护该遗产的自觉性和积极性。

第三是该遗产项目环境的协调及对不协调状况的克服程度。

符合以上三条标准和要求才有机会进入世界文化遗产之列。

（二）坎儿井的文物构成

坎儿井地下水利工程作为文物本体，与坎儿井公共空间场所及相关无形遗存共同构成了核心遗存；与坎儿井相关联的物质遗存与非物质遗存共同构成了坎儿井的相关联遗存。作为坎儿井文化的构建人与传承人的当地居民（主要为当地维吾尔族村民）则成为坎儿井地下水利工程的核心构建人。（见表1）

表 1　坎儿井的文物构成

<table>
<tr><td rowspan="6">核心遗存</td><td>有形遗存</td><td>文物本体</td><td>核心文物</td><td>坎儿井地下水利工程包括竖井、暗渠、明渠、涝坝（小型水库）</td></tr>
<tr><td rowspan="5">无形遗存</td><td colspan="2">坎儿井地下水利工程掏挖、岁修技艺</td><td>掏挖技艺、岁修技艺、开挖仪式</td></tr>
<tr><td rowspan="4">坎儿井文化</td><td>坎儿井的精神意义、文化内涵</td><td></td></tr>
<tr><td>以坎儿井地下水利工程为核心的传统生活方式</td><td>灌溉用水的分配、水利设施的调配</td></tr>
<tr><td>与坎儿井相关的起源、历史传说</td><td>口述历史、神话传说</td></tr>
<tr><td>传统制度</td><td>坎儿井制度、村规民约</td></tr>
<tr><td colspan="2">核心构建人</td><td colspan="2">吐鲁番地区维吾尔族村民——坎匠</td><td>坎儿井匠、一般居民</td></tr>
<tr><td rowspan="6">相关联遗存</td><td rowspan="4">相关联有形遗存</td><td rowspan="2">自然环境风水格局</td><td>山形水系</td><td></td></tr>
<tr><td>自然植被</td><td>周边植被、古树名木</td></tr>
<tr><td>生态价值</td><td>坎儿井绿化</td><td></td></tr>
<tr><td colspan="2">吐鲁番地区传统民居和用地</td><td>传统民居、晾晒房、葡萄园、耕地</td></tr>
<tr><td rowspan="2">相关联无形遗存</td><td rowspan="2">坎儿井相关联民俗文化、传统生活</td><td>民间信仰</td><td>文化信仰</td></tr>
<tr><td>故事传说、口述历史</td><td>坎儿井的起源、发展与演变，林则徐井</td></tr>
</table>

（三）坎儿井与同类遗产的比较

1. 坎儿井与世界其他水利工程的对比

作为一项古老的水利工程设施，坎儿井最直接的特点是利用高度差实现无动力引取地下潜流，最显著的特点是实现了对周边环境干扰最小化，规模宏大、覆盖面积广但施工难度及投入资金总量相对较小，与周边环境和谐共融。

（1）坎儿井不仅未破坏附近区域的自然风貌、生态环境、自然景观、区域气候等，反而与之完美契合，发挥了良好的生态效应、环境效应与经济社会效应，实现了水资源的可持续利用。

（2）坎儿井集合了农田水利、环境水利、供水工程、蓄水工程的特点，实现了综合水利利用。

（3）坎儿井是由数量众多的单元工程共同形成的系统工程，而每一个单元工程又呈现各自特点，也即宏观上是有机整体，微观上又各自独立。

（4）坎儿井建筑外观造型独特。

（5）坎儿井的兴建修护多属民间自发行为，以技艺传承、文化传承等为主要方式。

2. 坎儿井与极干旱地区其他遗产对比

（1）坎儿井遗存数量大，分布广泛，不局限于单一特定区域。

（2）坎儿井是“活的文化遗产”，与以交河故城、高昌故城为代表的实际使用价值已丧失或部分丧失的遗址相较，其现实利用价值仍十分显著。

（3）坎儿井与其他古遗址大多或直接暴露于地表，或深埋于地下不同，坎儿井主要结构呈现立体式分布。

（4）坎儿井分布呈“网状”，单体上相互独立完整，整体上又彼此联系紧密，这与其他遗址存在显著差异。

（四）坎儿井的独特性

1. 施工工艺有所差别，各有千秋

施工工艺上存在区域差异，如新疆坎儿井的油灯定位、伊朗坎儿井潜水棒的使用等。

2. 文化背景及内涵的差异

新疆的坎儿井文化与绿洲文化相生相伴，作为世界坎儿井体系中的不同分支，不同地域间坎儿井仍保持着大量的相似性，如坎儿井名称发音、构成物质要素等均十分相似，但局部仍有部分差异，体现着不同的特色。

（五）坎儿井的普遍价值

《世界遗产公约》规定了世界遗产的根本性和原则性问题，《操作指南》是为了保证《世界遗产公约》而制定的，其规定了世界遗产申报、管理的具体实施细则。按照《操作指南》第 49 条规定，突出普遍价值是指遗产的文化和（或）自然价值之罕见超越国家界限，对全人类的现在和未来均具有普遍价值的重大意义。这不仅要求遗产在某一国家或地区具有重要价值和本体的不可再生性，还要求其在世界范围内与其他相似遗产相比，具有绝对的稀有性和某种不可替代性。

第一，历史上，新疆坎儿井总长曾达到过 5000 千米以上，被誉为“地下运河”。其修建长度堪比“万里长城”，投入的人力、物力更是难以尽数，且与许多大型古建筑官方性质不同的是，坎儿井的兴建多属民间自发行为。除晚清时期林则徐代表官方鼓励当地民众大力发展坎儿井外，正史记载鲜见其他官方行为，这是坎儿井一个鲜明的特点，也从侧面印证了坎儿井与广大人民群众的广泛、密切而真实的联系。目前，坎儿井仍是新疆当地人民生产生活的基础设施，是“活的文化遗产”，延续着与当地人的精神联系。并且，这种联系不仅仅因为文化惯性，而因其真实的利用价值更显牢固。

第二，坎儿井的存在，使得极度干旱缺水地区的人们，具备了顽强持续的生存能力，也孕育出了一个个“绿洲”。星罗棋布的绿洲与唇齿相依的坎儿井相互呼应，形成了西域地区独特的发展轨迹，促进了经济、社会、文化发展的同时，也为“丝绸之路”与多种文明在这一区域的交汇、融合及繁盛奠定了良好的物质基础与文化氛围。

第三，新疆坎儿井的学术研究方兴未艾，国内外许多知名学者、专家始终高度重视并潜心钻研，研究成果日益丰硕。新疆坎儿井较完整地保留了竖井、暗渠、明渠、涝坝等建筑遗存，系统传承发扬了开凿、掏捞、岁修等施工工艺，真实记录了坎儿井与人以及自然环境三者之间相互依存、和谐共处的情境，成为我们印证并研究人类在极干旱地区生存的范例。对坎儿井的历史沿革、工艺流程、整体结构以及坎儿井文化等的深入研究，不仅仅具有重要的学术价值，而且兼具实际利用与指导价值。

第四，千百年来，坎儿井融合地域文化及特色，不断发展演进，形成了独树一帜的新疆坎儿井。其文化底蕴以当地居民文化生活为基础，文化核心真实反映了当地人民的美好愿望，文化价值则是我们印证并研究新疆古人类发展轨迹的重要手段；其实际利用价值，与当地农业生产、聚落村庄、人口密集程度完美呼应，孕育出了闻名天下的哈密瓜与葡萄；其建筑外观与周边环境浑然一体，绵延的封土堆与戈壁荒滩连为一体，造型简单实用的龙口、明渠与绿洲环境相得益彰。坎儿井以其独特的魅力成为新疆对外宣传的一张重要名片。

第五，坎儿井具有较高的审美和艺术价值。第三次全国文物普查数据显示：吐鲁番地区现存坎儿井 1108 条，其中有水 278 条，全长合计接近 4000 千米。这些坎儿井宛如盘踞在戈壁荒滩的一条条蜿蜒的巨龙，沿地势高低一字排开，形成了独特而强烈的视觉冲击。其规模之宏大、覆盖之广袤、数量之众多、气势之雄壮，在全国古遗迹中都属罕见。

第六，作为无动力取水设施，坎儿井取水能力及覆盖范围明显高于其他类似水利设施，且施工工艺简单实用，充分利用随手可及的现有资源的模式，使得兴修成本较为低廉。其在结构布局、技术措施、节水能效、价值性价比等各方面都符合现代科学原理。

第七，坎儿井是人与环境和谐共存的具体产物，是新疆人类活动与自然环境之间联系的重要纽带。坎儿井与人类活动和自然环境形成了一个有机的和谐整体。

（六）坎儿井的真实性和完整性

1. 真实性分析

（1）重要物质保持了较好的真实性

明渠、暗渠、竖井、涝坝（小型水库）等都保持了较好的真实性。第一，这些物质要素大多保存完好，除部分塌方、流水冲刷损坏外，仍保持原始开凿状态。第二，以遗留作业痕迹为代表的，能反映当时施工技艺、流程等各方面情况的原始初状保持较为完好。如现在部分坎儿井暗渠边壁，十字镐作业痕迹等仍清晰可见。

（2）周边原始风貌保持较好的真实性

坎儿井地表的封土堆大多保存完好，高空航拍时仍排列有序、清晰可见；许多坎儿井的竖井在开挖时就坐落于农户小院或农业耕种区，现仍保持原状；涝坝大多仍保持原始围堰形式，周边村落、林木等也保存较为完好。

（3）村落与坎儿井之间明确的共生关系保持着较好的真实性

坎儿井与农业文化、人居文化、精神文化的关系仍然保持着，并且仍是当地环境下重要的灌溉方式和生活方式。坎儿井与聚落之间相互依存的关系仍旧延续着，并可以预见的是，受文化惯性及地域条件影响，这种共生关系必将在未来相当长的一段时期内继续保持。

（4）非物质要素保持较好的真实性

如传统技艺、生活方式和习惯也因为物质环境的发展相对稳定而保持较好的真实性。坎儿井分布范围内，村落、水库、河流、人工水渠灌溉和其他农作物的变更都反映出这处景观逐步演化的过程，这一变化也是真实的。

（5）信息来源的真实性

坎儿井的信息传递主要依靠当地居民的口口相传，部分信息并不见于正史，这是因为地处偏远、地域文化差异所致。但起源传说、掏捞工艺、以坎儿井为核心的生活方式等的代代相传是真实的，并至今仍深刻地影响着当地居民的社会生活。

2. 完整性分析

（1）分布在新疆的坎儿井、村落、农田等它们之间的关系是完整的，完整地体现了当地人与环境的相处。

（2）以坎儿井为核心的物质要素与非物质要素之间的联系是完整的，形成了一个有机的统一整体。

（3）坎儿井的掏捞、岁修技术在文物部门的支持下传承发展（以吐鲁番地区坎儿井保护与利用工程为杰出代表），其掏捞、岁修工艺保存较为完整。

（4）坎儿井灌溉范围取决于行政区划分，也受人力能达到的范围影响（如地下水水位、水源等因素），现有边界能保证其完整性。

（5）现有坎儿井的分布、村落范围、土地的边界、建筑密度与其所拥有的水源，也即坎儿井及其产出，是相对平衡的。

（6）依赖这片土地而生存的村民因相关物质要素仍保持较好的完整性，这使得村民所掌握的相关农业技术保持得也较为完整。

坎儿井申报世界文化遗产对吐鲁番农村的影响

冯志强

坎儿井是生活在极端环境下的当地居民，依据自然条件特点，遵循客观规律，科学利用有限资源，充分发挥想象力与创造力的杰出产物。这一伟大创举，不仅满足当时人们生产、生活需要，更是经济社会、文化交流发展的催化剂。无动力引取地下潜流，是“绿洲”延续与西域地区社会发展的资源保障。以坎儿井为核心的民间传说、文学作品、生活习俗等，则孕育出了与绿洲文化相生相伴的坎儿井文化，坎儿井从此成为西域地区独特的人类生存耐受力的见证和文化象征。

一、吐鲁番农村坎儿井现状

吐鲁番绿洲和农业文明的形成与坎儿井是密不可分的，直到现在，坎儿井依然在吐鲁番地区的农业生产和人民生活中发挥着极其重要的作用。坎儿井遍布吐鲁番大小乡镇、村、社区，曾经是当地农业、居民用水的主要来源。解放前，吐鲁番和哈密地区的工农业生产用水及人畜饮水，主要靠泉水和坎儿井水；解放后，人民的生产积极性得到了充分发挥，工农业生产发展很快，生产生活用水严重不足，20 世纪 50 年代主要靠新挖坎儿井，掏捞、延伸坎儿井，挖泉眼，增加可供水量。随着耕作面积的增加，仅仅依靠坎儿井水、泉水已远远不能满足需要，同时由于科学技术和生产力的不断发展，机井打水普及，坎儿井维修加固不到位等原因，导致可使用坎儿井数量锐减，说坎儿井处在“濒危”状态，并不过分。“村里原来有 40 多条坎儿井，现在只有 16 条还出水，剩下的 20 多条不是干了，就是塌陷了。”吐鲁番村民阿布力孜这样说道。由于坎儿井的大量干涸，严重影响了当地人畜饮水安全及生态环境，部分村庄不得不搬迁。如吐鲁番恰特喀勒乡其盖布拉克村向南与艾丁湖直线距离只有 10 千米，属于灌区下游，由于这里的水质水盐失衡，许多土地已不适宜耕种，政府出资在有水的地方为他们盖了新房，帮助他们搬迁。①

引起坎儿井不断减少的主要原因有以下几方面。

1. 绿洲规模不断扩大

解放初至 20 世纪 50 年代末，坎儿井的变化和绿洲面积的增加相一致，而 60 年代中期至今，两者的变化趋势则相反。

2. 开发地表水

20 世纪 60 年代初开始开发利用地表水，在各流域上游和中游修建水库和防渗渠道，到 20 世纪 90 年代修建中小型水库 8 座，总库容达 8000 万立方米。防渗渠长达 4774 千米，防渗率达 70%，减少了坎儿井水源的补给。

3. 盲目发展机电井，掠夺式开采地下水

坎儿井灌区机电井数量由 1966 年的 127 眼增至 2003 年的 5309 眼，相应的年出水量由 1.10 亿立方米增至 7.04 亿立方米，并且机电井的打井深度越打越深。②

随着 2006 年“坎儿井地下水利工程”被国务院公布为全国重点文物保护单位，并被国家文物局列入《中国世界文化遗产预备名单》，吐鲁番当地政府做了大量工作推动坎儿井维修加固，坎儿井保护利用工程于 2009 年 12 月正式启动，截至目前，已完成 5 期维修加固工程，并且将坎儿井的保护利用工作与中央关于“最美乡村建设”完美结合，使文物保护与环境生态有机结合。当地大力推广设施农业建设，先后出台了《关于进一步强化吐鲁番地区水土开发及凿井管理的意见》《关于吐鲁番地区城镇规划区内关闭自备水源的意见》等一系列政策措施，严禁农业开荒，对农业新打机电井原则上不再审批，逐步实现关停部分机电井，减少地下水的开采，涵养地下水环境，避免因地下水水位下降而对坎儿井衰退干涸造成直接危害。坎儿井干涸现象得到抑制，实现了出水量和灌溉面积双提高，坎儿井在吐鲁番农村生产、生活中的重要作用不断增强，农村生态环境也在不断改善。

---

① 新疆吐鲁番地区文物管理局、吐鲁番学研究院编：《守望坎儿井》，新疆人民出版社，2013 年。

② 李吉玟等：《近 60 年新疆吐鲁番盆地坎儿井衰败的影响因素及环境效应》，《水土保持通报》2013 年第 33 卷第 5 期。

二、坎儿井申遗对吐鲁番农村的重要意义

坎儿井申遗对吐鲁番具有十分重要的意义，一旦申遗成功，将极大提升吐鲁番知名度，从而带动当地旅游、文化发展。同时，作为文化遗产，坎儿井维修加固、展示利用还将获得更多的资金支持，使这一传承千年的文化遗产得到更好的保护与利用。

“如果申报成功，坎儿井保护将有机会得到国际援助，这其中包括资金和技术支持，坎儿井的永久性保护就有了强有力的保障。”自治区文物局原局长盛春寿曾经说过。

坎儿井申遗和一般遗址的申遗不同，目前坎儿井遍布吐鲁番大小村镇、社区，从农民的田间地头、房屋周围穿过，依旧为当地村民使用，是主要用水来源之一，与村民的生产生活息息相关。因此，申遗的不断推进，坎儿井使用条件的不断改善，将对当地农村生态、人文起到巨大作用，而且一旦申遗成功，四面八方的游客将涌进吐鲁番，游览坎儿井，带来巨大的旅游收入，当地农民也将成为直接受益人。

（一）生态意义

坎儿井作为独特的水利工程，在其漫长的发展过程中，与周围环境产生了和谐统一的关系，形成了其独特的生态景观。在20世纪50—60年代的吐鲁番地区，随处可见以坎儿井命名的村落，到处可见一片宜人的田园风光：一条或数条坎儿井水在村内蜿蜒流淌，清清的流水穿过街道，穿过院落，最后汇入涝坝，灌溉着亩亩良田。人们依水而居，世代休养生息，利用坎儿井水浇灌着院落内的鲜花、蔬菜和瓜果，在炎热的夏季享受着坎儿井带来的许许凉意。在20世纪60年代初的夏日夜晚曾有过这样的场景：在坎儿井涝坝旁的片片林荫下，妇女们用脚蹬着摇床哄着孩子，手里绣着花帽，嘴在不停地和女伴说着悄悄话，高兴了抿着嘴笑一笑。男人们三五成群地下着方（当地的土围棋），不时爆发出争吵声，打破了沉静，涝坝里浮在水面

的鱼儿吓得一个激灵沉到水底去，树上的小鸟也停止了鸣叫。这种和谐安逸的田园风光情结令人难以忘怀，成为吐鲁番一道独特的人文景观。

坎儿井四季长流，它良好的水质浇灌荒漠野生植被，对维系当地生态平衡、保护生态环境起到了其他水源无法取代的作用，并形成了其特有的生态平衡网络。主要表现在：一是只要有坎儿井流水的地方，就会形成林带，有人工林带也有野生草木，各种植物不仅为人类生存创造了条件，同时也改造了其周围环境。在干旱区只要有了水，就会有野生植物，在涝坝里和下游的湿地里还有很多水生植物。二是由于有水有草木，就有很多昆虫繁衍。三是由于有水、有草木、有昆虫，就会有很多鸟类，有候鸟也有留鸟，有的在树上筑巢，有的在土堆中做窝。四是由于有了涝坝，水中就会有一些鱼类和两栖类动物，当然也为人工水产养殖创造了有利条件。所有这些形成了一条完整的生态链，为当地村民生存创造了良好的自然环境。

现在由于坎儿井大量干涸，这样的景观已大大减少，有的世代依靠坎儿井为生的村落，由于坎儿井的断流、干涸，周围生态环境恶化，不得不整体搬迁。以前随处可见自然美景，现在人们只能在保存较好的坎儿井村落回味这美好的意境了。坎儿井大量干涸导致了植被面积不断减少和长势衰败，绿洲边缘环境遭到破坏，局部风沙活动加剧。1957 年吐鲁番盆地由坎儿井水维持生长的天然植被面积达 12.3 万公顷。2003 年降至 6.3 万公顷，减少了 49.02%。[①] 如果没有坎儿井水的四季长流，吐鲁番盆地的野生动物在冬天就会没有水喝，吐鲁番盆地的艾丁湖湖区就会变成荒漠。在冬季，吐鲁番盆地大部分的水资源最终都会汇入艾丁湖，大量的坎儿井水成了艾丁湖水的主要来源，而艾丁湖的年平均蒸发量达 3000 毫米左右，蒸发的水在盆地内形成局部水陆小循环，最终又以山区降水的形式回归盆地。这不仅对艾丁湖的自然生态平衡起着很大作用，而且对整个盆地的气候及生态平衡都具有重要意义。坎儿井本身也是一个独特的生态系统，它不仅是当地很多植被获取水分的主要途径，同时对动物的生存起着特殊的作用。坎儿井沿线地表上的一排排土丘，有利于蜥蜴、沙鼠等穴居动物的栖息；不少鸟类利用坎儿井的内壁筑巢、繁殖或御寒；坎

---

① 李吉玟等：《近 60 年新疆吐鲁番盆地坎儿井衰败的影响因素及环境效应》。

儿井的涝坝是鱼类、两栖类动物的特殊生存环境，同时，涝坝还具有调节坎儿井水量和改善局部区域生态环境的功能。坎儿井以其独特的构造和丰富的水资源孕育了当地的动植物，并引入了其他物种，丰富了该区域内的生物种类。

（二）民生意义

作为吐鲁番具有悠久历史的灌溉系统，坎儿井在当地农民的生产、生活中发挥着重要的作用，而近年来，坎儿井的干涸、废弃和机井取水的副作用，给当地农民带来了困扰。“后来出现了机井，人们开始打井取水。因为打井取水，马上使人感到生活很方便，一根管子直接接到家里去，大家都用机井水，不用坎儿井水。坎儿井是人与自然最和谐的一种关系，山上有多少水，流下来多少水，流到村庄就是多少水，但是，机井只要这一层没有水，就往下再打，结果从几十米抽到几百米，水费一下子涨上去了，老百姓就承受不起了。”[①]吐鲁番当地村民感慨道。

坎儿井的运行是利用吐鲁番盆地地面坡度大于地下水力坡度的特点，引取上游的地下潜流向下游引出地面，在不需要动力的前提下进行自流灌溉，不需要任何提水设备，因而节省动力提水设备的投资，费用比机井更经济、节约。坎儿井的水多是天山冰雪融水渗入地下汇集而形成的，输水全线基本全封闭，不受外界环境污染，所以坎儿井水质好，清凉纯净，人畜饮用都非常安全。

坎儿井水温稳定，有利于干旱地区农田灌溉。坎儿井输水暗渠低于地表面很多，水温常年基本保持不变，特别适合干旱地区炎热夏季和严寒晚秋季节的农田灌溉。在炎热夏季，土壤温度要高出空气温度很多，农作物根系长期处于不利于生长发育的高温环境下，致使农作物产量不高，质量不好。而坎儿井的水温却要低于田间土壤温度，用坎儿井水进行灌溉，可调节土壤的温度，促进农作物根系发育，有利于农作物生长。在春、冬季灌溉之际，土壤表层处于冰冻状态，而坎儿井水温（4℃～10℃左右）高于田间温度，用坎儿井水灌溉，可使农作物种子正常发芽，提前进入生长期。

① 新疆吐鲁番地区文物管理局、吐鲁番学研究院编：《守望坎儿井》。

除此之外，资金问题也是造成近年来农村坎儿井维护缺失的一个重要原因。吐鲁番市托克逊县的一位大队支部书记亚森·哈斯木曾经反映：“现在村里25岁以下的年轻人都不愿学习坎儿井的维修技术，因为干这个活挣钱太少。可是坎儿井在竖井和暗渠的掏挖中不仅要求技术，还要求丰富的经验，这样下去，这个代代相传的技艺就会慢慢失传了。”为资金所困，还使一些稍加维修就能正常出水的坎儿井也被废弃在一旁了。

因此在坎儿井申遗推进过程中，各级政府应该充分调动坎儿井使用者参与文化遗产保护的积极性，使坎儿井得到更加全面有效的保护、利用和传承，为坎儿井申报世界文化遗产工作奠定基础。自2009年3月第一期坎儿井保护与利用培训班开班以来，已举办了三期坎儿井保护专题培训班。当地多次邀请文物保护专家、水利专家为参与掏捞的农民授课，教授坎儿井维修加固工艺，对基层从事坎儿井保护、维修的能工巧匠，从文化遗产保护角度进行理论知识的培训。

为了保证参与掏捞农民的切身利益，2010年5月11日，由新疆维吾尔自治区水利水电建设工程造价管理总站、新疆水利水电工程建设监理中心吐鲁番监理部、吐鲁番地区文物管理局、吐鲁番地区水利水电勘测设计院、新疆华赋工程造价咨询有限公司，以及坎儿井掏捞队代表等组成的六方工作小组，正式启动了吐鲁番地区坎儿井暗渠加固人工费定额测定工作。吐鲁番坎儿井一期保护工程实施以来，由于施工方多是当地农民群众，人工费的定额没有一个权威确切的标准。为解决这一实际问题，同时也为后续加固工程中人工费的支付提供标准依据，吐鲁番地区坎儿井保护工程领导小组组织启动了此次定额测算工作。此次定额测算工作，从坎儿井保护工程实际情况出发，广泛征求社会各界意见和建议，力求使定额标准更具可操作性、更贴近吐鲁番地区实际情况，注重定额测算结果的权威性、标准性、指导性，真正实现用科学发展观指导坎儿井保护工程。

在坎儿井保持利用工程实施过程中，运用传统的施工和掏挖清理办法，直接惠及当地民众，为当地农民增收奠定了基础。据不完全统计，参与坎儿井工程实施的村民，均实现了年增收5000～10000元的目标。

坎儿井的保护利用工作，为当地农民谋得了福利，受到了当地人民的极大欢迎。

吐鲁番市托克逊县夏乡恰克恰村掏捞队队长阿不来肯木·嘎依提说："几千年来坎儿井都是我们自己修缮的，这次由政府出资，当地农民维修加固还是头一回，感谢党和政府利民惠民的好政策。"吐鲁番市艾丁湖乡花园村村支部书记沙塔尔·加帕尔说："现在是国家出钱，我们维修加固坎儿井，自己参与掏捞清淤。文物局每天还给每个人平均70元补助，等坎儿井都有水了，还是我们农民获得好处！"鄯善县连木沁镇霍加木阿勒迪村村支书肉索里·买买提说："政府出钱进行抢修后，井'活'了，这让我们看到了希望。"[①]

（三）旅游价值

坎儿井文化遗产是一种活态遗产，目前仍被吐鲁番当地居民使用，因此不能像保护城市建筑遗产或文物古迹那样将其进行封闭保护，否则只能造成文化遗产的破坏和文化遗产地的持续贫穷。坎儿井文化遗产要采用一种动态保护的方式，也就是说要"在发展中进行保护"。只有保证遗产地的农民能够不断从坎儿井文化遗产保护中获得经济、生态和社会效益，他们才会愿意参与到文化遗产的保护工作中，从而推进文化遗产的有效保护。

国家文物局原局长单霁翔曾说过："只有将文化遗产保护工作融入当地经济社会发展计划之中，惠及群众，才能真正体现出文化遗产的价值。"

坎儿井申遗，不仅能促进坎儿井维修加固工作，解决当地人畜饮水问题，又可供农田灌溉，还有着巨大的旅游开发价值。申遗也能让全世界理解、认同本地坎儿井的文化，使吐鲁番的文化竞争力在国际上得到巨大的提升。有了头衔，有了知名度，游客量就会上升，紧跟着服务水平也会上升，就业率、产品销售量也会上升——客流带来物流，人气带来财气。因此，不仅仅是文化竞争力，一个世界遗产，将会带来吐鲁番旅游全方位的竞争力提升。

坎儿井景观的旅游开发始于20世纪90年代，1993年5月，吐鲁番坎儿井乐园建成并对外开放，标志着坎儿井旅游开放事业的起步。目前吐鲁番旅游景区的"坎

① 新疆吐鲁番地区文物管理局、吐鲁番学研究院编：《守望坎儿井》。

儿井乐园”依托具有近200年历史的米依木坎儿井，通过对该坎儿井的暗渠、龙口、竖井口、涝坝部分及坎儿井发展历史与挖掘掏捞工艺的全面展示，尤其是让游客在炎炎夏日亲身感受坎儿井暗渠中的清凉，让坎儿井对游客更加具有吸引力。据吐鲁番旅游部门统计：2011年，吐鲁番两处坎儿井景区共接待游客近122万人，门票收入近2047万元。[①] 而坎儿井一旦申遗成功，其旅游价值绝不仅限于一处旅游景点。以吐鲁番当地交河故城申遗成功为例，自交河故城2014年成功申报世界文化遗产以来，景区参观人数逐年稳定增长。各级政府对景区的关注与投入也不断增加——依托交河故城申遗成功后的巨大影响力，建成了交河故城“情人谷”，加入了电瓶车游览项目，丰富了交河故城游览内容；推出了“夜游交河”旅游项目，使交河故城游览时间与游览内容有了质的飞跃；电瓶车游览项目、夜游交河门票等收入，也在一定程度上提升了景区门票的整体收入，改善了长期以来依靠单一景区门票收入的窘境。与此同时，作为世界文化遗产的交河故城已成为吐鲁番旅游的一张黄金名片。当地政府将“丝绸之路国际马拉松”赛事、2017年“春博会”主会场等一系列活动放在交河故城，既使活动有了更大的号召力，也为交河故城带来了巨大的游客量，有效实现了当地政府与文化遗产的双赢。交河故城景区的发展也极大带动了周边村镇的旅游发展，“交河小镇”、吐鲁番市亚尔镇“杏花园”、吐鲁番沙疗场等一系列旅游产业在交河故城周边逐步建成，景区的发展也逐渐从单一的门票收入转变为吃、住、玩一体的综合型景区。旅游经济的繁荣，不仅为当地提供了大量服务性岗位，也为当地农民开办农家乐，向游客售卖农副产品提供了机遇，有效增加了当地农民收入。

相对于“交河故城”申遗成功后对周边农村旅游的极大促进，坎儿井申遗将会为吐鲁番更多农民带来更多旅游收益。首先，坎儿井遍布吐鲁番乡村，其规模、广度不是交河故城这种固定景区所能比拟的，故游客游览地点也不会过于单一。其次，目前坎儿井仍与吐鲁番农民生产生活息息相关，游客在游览坎儿井的同时将会深入吐鲁番一区两县农村社区，这也为当地更多地区的农家乐、农业展示，以及农产品销售等提供了契机。

---

① 新疆吐鲁番地区文物管理局、吐鲁番学研究院编：《守望坎儿井》。

综上所述，坎儿井申报世界文化遗产，将会极大带动吐鲁番农村旅游的发展，转变农民思想观念，改变单一农产品出售模式，促进旅游服务型产业发展，促进当地农民增收。但仍要注意，坎儿井在一定程度上代表吐鲁番当地独特的历史文化，在农村地区发展坎儿井旅游的目的不是让乡村变成旅游区，走向城市化，丧失乡村的“农业生产、农民生活、农村生态”的“三生”功能，而是通过乡村游憩功能的实现来强化乡村的“三生”功能，以“遗产景观、农业产品和生产过程”为吸引物来发展旅游，通过旅游达到农业增效益、农民增收和农村更加宜居的目的。

（四）文化意义

历史上，坎儿井一直是吐鲁番盆地发展农牧业生产和解决人畜饮水问题的主要水源，在吐鲁番地区的农业生产发展及整个社会经济发展中都曾起到过决定性的作用，并形成了一些独立的坎儿井灌区。吐鲁番盆地的各族人民把坎儿井誉为“吐鲁番的生命之泉”。坎儿井的大规模兴起与新疆农业的发展、人口的聚集、聚落的形成相辅相成，并直接影响聚落、农业的分布，是当地土地使用的重要条件。坎儿井在吐鲁番盆地2000多年的发展中，在人们的衣食住行各方面都有着重大的影响，形成了独特的社会文化，对吐鲁番绿洲的形成和发展，绿洲文明的孕育，特别是吐鲁番文明的形成起到了决定性作用，可以说没有坎儿井就没有吐鲁番这个绿洲和绿洲文明，也完全可以这样说，吐鲁番的文化就是坎儿井文化。

新疆研究生态人类学的学者们经过系统的田野调查，发现20世纪50年代初期吐鲁番地区维吾尔族人聚居的乡村的社会结构、生活方式、婚姻葬俗、土地资源使用的方式，都与坎儿井和坎儿井水的使用有着密切的关系。在人们的自然生态观念中，对于坎儿井和水源的观念占有重要的地位，这些观念和由此形成的水资源使用方式，与当代环境科学和可持续发展观念的某些认识非常接近，一些与坎儿井修建和维护有直接关系的民间仪式仍然存在于绿洲的某些乡村。①

随着时间推移，机井用水的普及，当地农民对坎儿井的依赖程度逐渐降低，这种

① 新疆吐鲁番地区文物管理局、吐鲁番学研究院编：《守望坎儿井》。

独特的文化纽带也逐渐减弱。而坎儿井申报世界文化遗产，将会推动当地群众对吐鲁番文化遗产的继承和保护的重视。在申遗工程中，各级政府在做好坎儿井保护工程的同时，还积极努力推动当地坎儿井文化的展示、利用。国家文物局原局长单霁翔在坎儿井保护与利用培训班上讲课时曾说："组织培训当地民众参与文物保护工程，既能对文化遗产的真实性实现最小干预，又有利于文化遗产的世代传承；既保护了物质文化遗产，又保护了非物质文化遗产。"2011 年 3 月，吐鲁番地区坎儿井保护与利用工作领导小组召开专题会议论证坎儿井遗址博物馆设计方案，筹划坎儿井的展示利用各项工作，向世人展示坎儿井的历史与文化。

经过不断的努力宣传，坎儿井的文化价值逐步被吐鲁番各族群众所领悟。"原来以为坎儿井就是给我们提供水源的，现在明白了坎儿井还有那么高的文化价值。"托克逊县依拉湖乡（现为镇）布尔加依村大队支部书记阿布力孜·木努甫曾感叹道。

"30 多年前，坎儿井是我们的文化中心，每到夏天傍晚时分，村里的小伙子和姑娘们沿着这道明渠，欢快地跳着麦西来甫……"葡萄乡（现为镇）布拉克村的阿不力米提·热西提老人回忆当年的时光，目光中充满了留恋和渴望之情。[①]

为落实好惠民政策，自 2016 年开始，在国家、新疆维吾尔自治区文物局的支持下，吐鲁番坎儿井涝坝加固工程顺利启动并实施。该项目在前五期坎儿井保护加固的基础上，提出坎儿井保护展示新理念，启动坎儿井微型景观建设工作。托克逊县大瓜克其克坎儿井涝坝加固项目为首批试点工程，从设计施工到工程结束，建设方、设计方、施工方与当地村民不断开展讨论，调整设计方案，确保坎儿井外观与当地的传统建筑、民风民俗等元素相融合，在其涝坝区域开展景观建设工作，既发掘其对外展示利用功能，又能为当地百姓提供休闲娱乐健身场所。项目对坎儿井涝坝周边景观及环境进行修缮和改造，采用当地青砖对坎儿井涝坝地面进行了铺装，使整个环境干净整洁，同时搭建了村民文化舞台，架设了葡萄廊架等，为当地村民建设了文化活动场所，丰富了村民的精神文化生活，使坎儿井文化遗产得到了有效展示和利用，使坎儿井在确保其灌溉功能的基础上，其文化遗产价值也得到充分展示。此项工程

① 新疆吐鲁番地区文物管理局、吐鲁番学研究院编：《守望坎儿井》。

从开工到结束，得到了当地村民的广泛参与和支持，受到了当地政府的欢迎和肯定，为吐鲁番市民族团结、和谐稳定起到了促进作用。

三、结语

目前，自 2006 年吐鲁番坎儿井被国家文物局公布在《中国世界文化遗产预备名单》中以来，已有 10 余年时间，新疆维吾尔自治区政府及吐鲁番当地政府也为坎儿井“申遗”做了相当多的工作，下大力气开展了坎儿井维修加固与展示利用方面的工作，切实为吐鲁番乡镇、村舍带来了好处，受到了当地农民的极大好评。 但坎儿井因其与吐鲁番当地农民生产生活息息相关，涉及面广，我们必须提前谋划，认真对待，方可既保证申遗顺利进行，又保证农民利益不受损害。

（一）结合吐鲁番当地实际情况，提前做好相关政策制定

坎儿井分布位置不同，如部分在城镇，部分在偏远的农村，其遗产区与缓冲区的划定标准各是什么？ 根据现行的《新疆维吾尔自治区坎儿井保护条例》规定，坎儿井周边 30 米范围为保护区，原则上严禁一切建设或拉沙取土等行为。 与此同时，现存坎儿井往往与路网、城镇、村落紧密相连或融合，开发与保护、建设与传承之间存在巨大现实矛盾。 仅以保护区划范围而言，申遗后其范围会更广，要求会更严，审批会更谨慎，这种矛盾会随着坎儿井申报世界文化遗产工作的逐步深入而愈加激烈。 只有提前考虑，深入吐鲁番各农村开展实地调研，提前制定相关政策，才能使涉及保护区建立的拆迁等工作顺利进行。

（二）深入农村开展宣传，争取农村群众对坎儿井申遗的支持

各级政府通过组织开展培训班、宣讲队，深入农村向正在使用坎儿井的当地农民开展宣传，使他们认识到坎儿井不仅是他们赖以生存的水源地，更是我们民族的活着的文化遗产，保护好、利用好它是每个公民的光荣义务。 各级政府要引导他们

在日后的生产活动中更加注重坎儿井的维护，并吸引周围更多的民众参与到坎儿井保护与宣传工作中来，为坎儿井申遗奠定群众基础。

（三）发挥社会各方面力量，做好农村地区坎儿井保护工作

充分发挥社会各方面的作用，在实施保护与维修过程中要做好两个结合：一是文物保护程序的规范严格介入，依据《文物保护法》等文物保护的相关规范与坎儿井特殊的保存状况，把没有资质的农民掏捞队伍引入到坎儿井的保护工作中来，加强专业与非专业队伍的结合，以专业规范引导地方保护力量开展坎儿井的保护、维修。二是把现代多学科新技术锚杆加固、券顶支护等技术运用到竖井、暗渠的加固支护中，同时正确使用当地农民的传统技术、掏捞工艺进行暗渠的掏挖、清淤等。总之，把传统技术与现代新技术、新工艺有机结合起来，充分发挥社会力量，做好文化遗产的传承与发扬。①

① 盛春寿：《关于坎儿井保护维修的思考》，《西域研究》2011年第2期。

关于吐鲁番坎儿井的民间故事

祖力皮亚·买买提

吐鲁番是东西方文化荟萃之地，是丝绸之路上最重要的十字路口之一。目前已知，新疆大地最早的人类栖息地之一在今天交河故城沟西一带，考古资料证明，早在四万年前，也就是旧石器时代晚期开始，这里就出现了人类活动的足迹。生活在吐鲁番盆地的祖先从游牧社会转向农耕社会，从事农业生产之后，先民们根据当地特殊地理环境和水文气候特点，用自己的智慧和勤劳的双手在漫长的历史进程中同干旱斗争而创造出一种特殊的地下水灌溉工程——坎儿井。这是一种能够把地下丰富的潜水流，通过人工开凿的地下渠道，引到地面上使用的灌溉系统，当地人称之为坎儿井。

坎儿井是吐鲁番古代劳动人民的一大创举，它巧妙地利用了地面坡度大于地下水力坡度的特点，达到引取地下水自流灌溉的目的。它具有防蒸发、抗风沙、自流灌溉等许多独到的特点，特别适合干旱缺水地区。吐鲁番地区现有 1108 条坎儿井，它们在当地农业生产和人民生活中依然占有举足轻重的地位。

一、吐鲁番坎儿井名称来源的民间传说

坎儿井是极干旱地区人们赖以生存、发展的“生命之源”。吐鲁番盆地具有独特的地质结构、自然环境和气候特征，当人们进行大规模土地开发急需用水而地面水源又严重不足时，坎儿井才应运而生。古往今来，坎儿井奇妙的结构在人们日常生活、生产中发挥着巨大作用。在吐鲁番盆地，几乎每一个人都和古老的坎儿井有着千丝万缕的联系，有着割舍不断的深情，而坎儿井也像血脉一样在代代守护中传承，且流淌不息。当地人利用吐鲁番特殊的地势高差开凿出一条条坎儿井，引来滔

滔泉水，不断地变荒漠为绿洲，创造了光辉灿烂的古代文明，种出了香甜可口、驰名中外的瓜果葡萄，使这里成为祖国锦绣山河中鲜艳夺目、独具特色的一个花圃，成为丝绸古道上一颗璀璨的明珠。长期以来对坎儿井研究最多的是起源问题，但是至今也没有一个令人信服的结论。

关于坎儿井的起源，在吐鲁番盆地流传有这样的一些传说：

传说一——很久很久以前，天山南部和北部生活着两个部族，山南的高昌河流域夏季酷暑，水成为灌溉土地的主要源泉，当地的居民主要从事种植业、园艺业、手工业和畜牧副业。从山北流入的水在山南形成了很多泉眼，高昌园内的族人就是靠泉水延续生命。山北天气凉爽，水源充沛，水草茂盛，牧场广袤无垠，水源处的人们从事着畜牧业。起初，山南山北两边的人们都是一家人。后来，因为种种冲突致使一家人一分为二。

高昌河边一个名叫艾孜孜的智者、英雄，他持之以恒驱赶着牲畜翻山越岭去放牧。在此期间，他爱上一家名为再迪拉訇的巴依老爷的千金女，名叫拜合提古丽，拜合提古丽也爱上了他。两人想结婚，此消息经朋友之口传到艾孜孜父母那里，他父母带了很多礼物，来到了山北的再迪拉訇家中，将彩礼交于媒人，可是两家之前有结怨，女方家人又嫌弃艾孜孜的父母贫穷，没有接受媒人的彩礼。万般无奈的艾孜孜连夜翻过天山带着拜合提古丽逃跑。怒不可遏的再迪拉訇翻山越岭将所有的河流出口封闭，阻断了山南人民依靠的生命水源。果不其然，因为流向山南的水被阻断，南部的泉水逐渐开始干涸，高昌一带变得严重干旱起来，很快便发生灾荒，牲畜消瘦，库房、口袋都已变空（一无所有），粮食庄稼停产，山上的果实不能成熟，致使这里族人的生活雪上加霜。百姓中流传着这样的歌谣：再迪拉訇心如磐石，不让拜合提古丽嫁给艾孜孜，断绝所有牲畜的水草以及泉水，百姓们对再迪拉訇的残忍予以诅咒。艾孜孜因在追寻个人纯洁和坚贞不渝的爱情路上致使本族人蒙受灾难而痛心不已，决心召集与自己同龄的巴哈尔迪尔等小伙子从地下挖掘暗道，打算将山北的水通过此暗道引到山南，实现山裂水通。受到甜蜜爱情滋润的艾孜孜不畏艰辛带领大家继续挖暗道，为了解决暗道堆积的泥土，他们每隔一段距离就在地表上挖井，然后把这些暗道连接，大家传唱着这样的歌谣："沼泽下引水，胳膊上系着情人的头巾，心血汗水汇聚成卡尔艾孜孜（今坎儿井），卡尔艾孜孜穿过我们的房屋、果园和田地。"以这种气势凿井，不但离山更近，而且暗道的四边井口的泉水，似穷人的眼泪一滴一滴地渗入暗道逐渐哗哗作响，开始流淌，从大家居住的竖井口中流出来，看到这一排排泉眼流出水的村民们无不热泪盈眶，这热泪汇聚流入泉水形成湖泊。看到这一切人们不再哭泣，纷纷高喊"kül！kül！"这 kül 就是现代维吾尔语"湖 köl"的变体。乡里的老人庆祝吉祥的劳动，从钟爱的树上取下一截插在湖边，说算是给后代留下的遗产，把桑树、杏树、梨树、白杨树、柳树枯死剩下的树枝从根部撬下一截并栽在湖边和井旁，就这样坎儿井边成了绿洲。乡里的长者商议认为此水是艾孜孜等人所凿，劳苦功高，引领着人们，因此就将这个工程称为"卡尔艾孜孜"，以后就简称为"卡尔孜"（坎儿井）。从此以后，坎儿井就成为高昌一带人们的生命线了。①

传说二——很久以前高昌一带火焰山旁有一片葱郁的绿洲带，这里居住着一个部族，大家和睦相处，四周环山，因低洼之处夏季酷暑似火焰般的热量使这里的山成了火洲。此处水源紧缺，人们主要依靠泉水灌溉农作物，靠在戈壁饲养牲畜维持生活。

一天这里的一个牧童赶着羊群经过山北长满骆驼刺的地带，由于天气十分炎热，葫芦瓢里的水早早就喝完了，牧童很快就开始遭受饥渴之苦了。看着这岿然不动的天山山峰，看着那像喷火银盘般的骄阳倒映所致的海市蜃楼，看着那一望无际的荒野，牧童似乎在思考着什么。最后，计上心来，牧童用手中的木棍开始挖掘脚下的沙土，不一会儿挖出了湿土，牧童兴奋至极，不顾疲惫不停地挖起来直到精疲力竭，不得不休息。休息过后，看到挖的池子在阳光照射下闪闪发光，牧童手舞足蹈地大喊，他捧起一抔水喝下，清凉止渴后，便把羊群赶来饮水后回到了村子。牧童将此事告诉了村里的长者后，第二天村里的长者带

① 吾买尔·斯地克：《和谐生态里程碑——坎儿井》，新疆科学技术出版社，2012年。

领着数十个身强力壮的年轻小伙子，拿着坎土曼、铁锹来到了牧童挖好的水池旁，这水池里聚集了很多水，看到这一幕，大家又高兴又吃惊，按照长者的要求把水池又做了开挖，挖出小渠。坎土曼刚一挖，一股泉水流了出来，兴奋至极的小伙子又将水渠高处一刨，水渠变深了，土方量也增加了，把挖好的水渠打通，从某一处将泥土取出。为了解决通气的问题，在渠的上方开挖井，就这样形成了原始的坎儿井。后来又进行了延伸，井口的数量逐渐增多，形成了诸多的坎儿井。自此以后，这坎儿井就奇迹般地像高昌马体内的血管一样将这里的土地连接了起来。坎儿井使这片土地再次恢复了昔日的生机，火焰山旁的土地也焕发了勃勃生机，这里成为日后盛产葡萄的故乡，以及生活和文化的摇篮。从此以后，人们更加崇奉坎儿井。后来村里的男人们经常掏挖坎儿井，拓展了坎儿井的长度，使其水量增加，水源增多，活力倍增。大家也极为重视坎儿井周边的卫生。①

坎儿井似树行行现，我们的情人在远方。

传说三——火焰山那里曾经有过一个特别特别大的怪物，这家伙的名字就叫龙。这个怪物卧在那里，堵住了顶峰白皑皑的厚雪融化后经天山赐予我们家乡的流水。它每次喝水的时候，我们家乡就会闹旱灾，庄稼地、森林、菜园全都变成了枯叶一片，家乡人民陷入了饥饿，牲畜处于死亡边缘。饥饿的动物全从这地方逃走了。家乡对水的渴望，家乡人民的悲怨哀号终于触动了真主，他以无比的威力刮起狂风，聚来石块泥土，将这庞大的怪物埋在它所卧的地方。堆起来的这些石头泥土就形成了高昌山。

自那以后，干涸的河床、水渠中又有了波浪翻滚的水，它冲击着块块碎石，拍打着两岸流淌。这些水浇灌了庄稼地，浇灌了森林果园，使它们重现绿色，也饮饱了牲畜和飞禽走兽。从此家乡的人民欢乐愉快，所有的动物也快活无比。家乡的人民开始在无垠的土地上播种小麦、玉米和棉花等农作物，安心地

① 吾买尔·斯地克：《和谐生态里程碑——坎儿井》。

放牧。人们逐渐富裕起来，家乡沉浸在丰收的喜庆之中。

日复一日，年复一年，有一天，河道、水渠中的水又断流了。家乡的长者们经过协商，派了一批人去查看，这些人却踪迹全无地消失了。后来又派了一批健壮的勇士们上山。他们发现山脚下有一个异常庞大的怪物躺在那里，堵住了流往家乡的河水。原来，长年累月躺在山底下的那条龙凿穿了山体拱钻了出来，他又像过去那样卧在那里挡住河水、狂饮河水。勇士们无法忍受自己家乡的破败毁灭，同他搏斗了几天几夜，也未能战胜这个怪物。他们筋疲力尽，好不容易才脱开龙的魔爪回到了家乡。家乡的长者们、贤人们知道了这一情况后再次协商，出了一个好主意。那就是悄悄地挖井，不能让龙有丝毫察觉，而且在地下将这些井一一贯通，将水引到家乡来。看吧，就是靠这个主意，家乡人民才把水引到了这里，使故乡重新繁荣起来。人们称这些水渠为“坎儿井”。[①]

传说四——火焰山南麓是一片水源充沛，水清山秀，鸟语花香，牛羊叫声不断，各类动物满地奔跑的草原。有一天，“太阳神”从天上降临到这片草原，暂住几日并把自己的飞马放到草原上。当时，信仰萨满教的火州教徒向“太阳神”的这种行为表示反对，同时把“太阳神”的飞马驱赶出草原。“太阳神”经受不住折磨，开始念咒语道：“愿天神让你们的山着火陷入悲怆。”整个火焰山转眼间变成火海，河流小溪水因火海的作用立即蒸发，转移后注入天山深处两山之间的盆地，慢慢地形成“天池”。当地人民使用任何办法也无法将火扑灭，无奈之下，向“太阳神”坐禅祈祷。人民的悲苦声已传到“天宫”，随即形成闪电打雷暴风雨天气，倾盆大雨下了三天三夜，“火海”之火暂时扑灭。整片丛林呈现活力，人民得到幸福。但后来的日子又是连续无雨，火焰山之火复燃，河流的水逐渐消退，整个火州又遇严重旱情。

这时，有一个铁汉子，考虑到家乡人民的苦难，设想给家乡开挖一条水渠，下定决心把“天池”的水引入家乡。他刚开始挖渠接近十几里时，有个女子听

---

① 吾买尔·斯地克：《和谐生态里程碑——坎儿井》。

到这位“独生子”铁汉子的名气，为见到铁汉子面，不惜代价走到铁汉子挖渠现场，但铁汉子没穿衣服施工，觉得害羞，急忙离开工地，隐居到天山脚下的“托波阿塔尔”麻扎，不再返回。从此以后，“独生子”铁汉子挖的水渠渐被废弃。家乡连续的旱灾，使铁汉子无法忍受，无奈之下铁汉子整天在麻扎里蹲点修行，为家乡人民排忧解难，向“土神”祈祷坐禅。“土神”被他的忠诚行为所感动，开始操控，一瞬间使土地产生剧烈震荡，很快就形成冰雪覆盖的博格达峰。此次山地运动后，“天池”的东北出现一个裂缝，立即变为引水渠。

博格达峰融化下来的雪水一部分流入“天池”，一部分流入吐鲁番方向，预防吐鲁番再次着火。吐鲁番当地民众中流传着的博峰之冰雪融化完毕，吐鲁番立马着火的故事就来于此。为此，勤劳聪慧的吐鲁番当地人民，自力更生，解决了水资源匮乏问题。从那时起，当地的有钱有势之人开始聚集到一起讨论、谋划，设计开挖“坎儿井”。

从山前地带往平原挖竖井并在地下用“暗渠”连接起来，让地下水畅通无阻地流出来，把地下水引入到地面，由此就诞生了吐鲁番当地人民的伟大创造“坎儿井”。此后，“坎儿井”作为一个新的名称出现，意为“劳动、劳作”，kariz，iz 即为 “足迹、痕迹”。吐鲁番当地人民依靠自己的聪明才智，因地制宜，发明“坎儿井”，他们在农业生产中利用坎儿井水进行浇地，此外，生活也得到了极大便利。①

传说五——很久很久以前，有一个年轻的小伙子赶着羊群来到吐鲁番。他长途跋涉，终于找到一处绿草茵茵的洼地，洼地里长满茂盛的牧草，只是不见水的影子。年轻的牧羊人想：绿草和清水从来就是一对分不开的情人，看到绿草就一定能找到水。可是他从太阳出找到月亮升，就是没有找到一滴水。眼看羊群就要渴死了，牧羊人心急如焚，拼命从绿草地上向下挖，当他挖到两丈深时，水像珍珠似的从地下涌了出来，比甘露还甜，比美酒还香。从此，生活在火州

① 吾买尔·斯地克：《和谐生态里程碑——坎儿井》。

的各族人民，便学着牧羊人的样子掏泉眼，挖暗渠，开凿成了一道道的坎儿井。①

传说六——很久很久以前，在高昌流域有一片水草丰美的大草原。有一泉眼滋润着这片草地。在这片草原上有一个小伙儿放牧。有一天，小伙儿正把脚伸进泉水里，有一白胡须老爷爷拄着拐杖来到小伙儿身边。小伙儿，既没有站起来，也没有给老爷爷行礼，脚也一直伸在泉水里。老爷爷走到小伙儿前面说："小伙儿，请把你的脚从泉水里拿出来，让我喝一口泉水。"这时小伙儿说："你从哪里来，有什么权利（资格）要喝这泉水？"被小伙儿伤透了心的老爷爷开始做祈祷。这时，天地一震，泉水转眼间便干涸了。老爷爷继续上路了。这时小伙儿回过神来，追上并跪在老爷爷的脚下开始祈求，可是老爷爷没有理会小伙儿，说："机会一过永不再来，恶有恶报，善有善报！"当老爷爷走了七步路的时候，羊群中有一只羊发声："尊敬的爷爷，我们的主人要为他的作为付出代价，可我们怎么办？"老爷爷开始寻思，用自己的拐杖在地上画了几条线，便把它们连接起来，说："为你们放水，给你们的主人一次改过自新的机会。"说完就走了。小伙儿领会了老爷爷的启示，就开始挖井。小伙儿将挖好的井串通起来，把地下的水引导到地表上来了，将它称为"坎儿井"。②

传说七——古时候，在迪坎的周围是一眼望不到边的大草原。这里的人们都在草原上以放牧为生。一天，有一个牧羊娃把畜群赶到草场上放开后，自己就睡着了。他的羊群吃着草渐渐离开草场远去了，沿着库木塔格沙山走进了戈壁荒滩。牧羊娃醒来一看，羊群不见了。他踏着羊群的蹄印走进了一望无际的沙漠戈壁里。牧羊娃寻找着自己的羊群，真是又急又渴。实在是干渴难耐的牧羊娃抱着"会不会有水"的希望，用手里的木棍子朝潮湿的地上插了下去，拔出木棍一看，木棍的头上沾满了泥巴，而且过了不一会儿，插过木棍的泥坑里就聚

① 吾买尔·斯地克：《和谐生态里程碑——坎儿井》。
② 吾买尔·斯地克：《和谐生态里程碑——坎儿井》。

了半截水。聪明的牧羊娃就用苇管吸泥坑里聚集的水喝，他解了渴，还把一根苇管插在泥坑里做好标记才去找羊群，找到了羊群就把它们赶回家了。

晚上，牧羊娃就把发生的事情告诉了自己的父亲。第二天，父子二人找到了那个地方，并且用那个时代的工具挖起地来。他们越挖，水越往外涌。他们顺着水流方向又挖了一条水渠，水渠越延越长，水也越来越涨，开始流到地面上来了。渐渐地土层厚起来，挡住了去路，地面上的水渠挖不成了。他们又施展才智，开始在地下横着挖起洞来。洞越延长，水也越旺。但是挖了一段后，横洞再也没办法延伸了。于是，他们又开动脑筋想出了一个主意，那就是从停止挖洞的地方朝上挖一眼井。横洞里的泥呀、土呀都通过这眼井提到上面去了，而且又使横洞继续延长了。就这样，足够牧人家用的水开始流到地面上来了。从那时起，在迪坎一带首次出现了由一口口竖井连通的原始坎儿井。

后来，牧人一家将横洞和竖井越来越朝上面延长。延长得越多，水也就出来得越多。夜间为了不让水白白流掉，就在坎儿井暗渠的出口处修建了蓄水池，还沿坎儿井出水口和蓄水池的岸边植树，建了园子。

在迪坎一带原始坎儿井出现以后，周围其他各地挖坎儿井这富有智谋的事业就推广开了。在那个时代，人们把劳动干活说成是“坎儿”，把用简单的劳动工具挖出的蓄水池、坎儿井出水口、地下横洞、竖井这些复杂的工程都称作“印子”。把“坎儿”和“印子”联结起来就叫作“坎儿印子”了。随着久远年代的逝去，由于人们方言土语的变化，这种将地下水引流到地面上的奇迹就被叫作“坎儿井”了。

传说八——很久以前，一位牧羊人赶着羊群在戈壁滩上迷失了方向，干渴难耐，昏死过去。朦胧中经一位老者指点，牧羊人在一处湿地挖到可口的泉水。他回去后把这处水源告诉了村里人。村民在戈壁滩上开凿了一条长长的引水渠到村里，可是水还没流到村口就被烈日晒干了。牧羊人正在困惑之时又在梦中得到老者指点，在地下开挖暗渠，每二十丈掘一竖井，把挖掘暗渠的泥土从竖井中提出。村民们经过三年零六个月的艰难施工，终于把清泉成功引到村里。全村男女老少痛快地畅饮泉水，唱着木卡姆，跳着麦西来甫舞，戈壁从此变成了瓜果飘香的绿洲。①

上述民间传说毕竟是传说，但这些传说记录了生活在盆地的先民为了延续生命，在吐鲁番这样自然环境极为恶劣的干旱大地孕育绿洲，为后代留下更为舒适的生存条件，打造合适和具备保障的生存环境，通过超人的智慧精确寻找水源、创造坎儿井的进程，这是研究坎儿井的历史中一个不可忽视的信息资料。因为，许多传说把人类重要的文化现象通过口头的方式带到文字时代，所以民间传说无论多么暗淡影绰，还是可以给我们提供一些线索。

吐鲁番坎儿井从古到今是先民与干旱缺水的局面所做的斗争的结果，一分钟都没有停止过。当地人民用先民流传下来的办法将浅层地下水引出地面来改善自己的生存环境，尤其是解决及灌溉人和牲畜的饮水问题。所以，吐鲁番人认为没有坎儿井就没有吐鲁番绿洲。

除了上述关于坎儿井名称由来的民间故事外，吐鲁番每一条坎儿井都有非常有趣的名字和名字有关的故事。坎儿井的名称多样性，主要是以坎儿井的开挖者、所有者、购买者、社会职业或外号作名称，还有以植物、所处的地理位置、动物的名称来命名的。

1. 克兰德琼坎儿井②

该坎儿井位于托克逊夏乡喀格恰克村一小队，长度约 4 千米。据阿木提所述之家族谱系推断，克兰德琼坎儿井约开于 1880 年，其名称来源据阿木提所述，克兰德是个绰号，沙迪克带领本家族人开挖这条井，耗尽家里所有财产亦未能修成，于是沙迪克向周围乡邻筹措，但并未有人响应，无奈之下，把自己的孩子卖于乞丐用于筹资，终修成此井。乡邻因此笑话他是克兰德（“克兰德”维语为乞讨、要饭的意思）。沙迪克修完此井，有了一定租地收入后，又从乞丐那里把自己的孩子买了回来。随后当地人把此井称为克兰德琼坎儿井。

当时本地人都流传着这样的俗语：“在坎儿井源头投入银子，在龙口就会捞出金

① 新疆吐鲁番地区文物管理局、吐鲁番学研究院编：《守望坎儿井》，新疆人民出版社，2013 年。
② 调查时间：2011 年 10 月 31 日 16：30；调查对象：阿木提阿吉·芒尼克（1922—）。

子。”（意为高投入就会产生高收益）当地人非常重视坎儿井水资源的保护与有效利用，在日常生活和生产活动中，尤其注重传承保护生态环境和节水习惯。整个坎儿井灌溉区域内家家户户都形成了保持坎儿井水源清洁，爱护生命之水，注重保护明渠及暗渠水质清洁的良好生活习惯，从而在村民当中形成了一种生态和谐文明的家园文化和风俗习惯，这种家园文化一直流传到今天，对促进现代社会精神文明和新农村建设起到良好的社会效益，同时逐渐成为建设美好家园及生态和谐社会主义新农村的重要组成部分。

2. 大瓜克其克坎儿井①

该坎儿井位于托克逊夏乡喀格恰克村五小队，长度约 3 千米，开凿距今约 85 年。大瓜克其克坎儿井名称来源，据艾米都拉阿吉老人所述，大瓜为绰号，因其父肉孜买提· 艾力善于种瓜，他种的瓜比较大，深受当地人喜欢，并亲切称其为“大瓜”。后这一绰号逐渐流传开来，随后当地人民就将他所开挖的坎儿井称为大瓜克其克坎儿井。

3. 迪齐拉热坎儿井②

据老人讲述该井在他小时候就存在，也就是迪坎乡形成时就有该条坎儿井。老人的祖先开挖该条坎儿井，开挖人名叫苏皮尼亚孜帕蒂奇（牧羊人），当时这一带都属于鲁克沁王管辖区的一个小村庄。当时该村周围都长有胡杨、红柳、杂草、芦苇等植被，是一片大草原。这里很早以前有一眼泉眼，名叫卡拉布拉克（意为黑泉），冒水很大，十分有名。老人的太爷苏皮尼牙孜帕蒂奇一生都在这里以放牧为生，经常在黑泉边给牛羊群吃水并在周围的草地里放牧，年年在这里居住。有一天，牛羊群所有者带着手下人到这里打猎时，来到苏皮尼牙孜帕蒂奇跟前问道：您还有什么要求和想法？他回答道：我想在这个泉眼边开挖一条坎儿井来解决我们的生产生活用水和牛羊群饮水问题，因为一大群牛羊在这个泉眼边吃水无法满足它们的喝水问题，有时牛羊群几乎互相挤到一起，抢着喝水。当时在这个村坎儿井周围居

---

① 调查时间：2011 年 11 月 1 日 10：30；调查对象：艾米都拉阿吉（1931—）。

② 调查时间：2012 年 1 月 6 日 11：10；调查地点：鄯善县迪坎乡迪坎村 4 组；调查对象：尼亚孜·艾外都拉，95 岁。

住着11户人，以坎儿井水为生从事农业生产和畜牧业。解放后随着人口数量增大，对水的需求也逐年增加，原先在这里共有10条坎儿井，村民几乎就依靠这10条坎儿井的水来维持生活，当时水的紧张程度，要求每个村民都有节水意识，不光是要有这种意识，还要对掏捞坎儿井有一种自豪感、荣誉感，有尊敬掏捞人员辛勤劳动的意识。

当时在村民当中流传着一些有关坎儿井掏捞加固方面的歌谣：马车里已加好马，但没绑紧麻绳子，谁来吃这些苦，唯独你我一起吃这些苦。这个歌谣里所体现的意思为，当时该村的坎儿井掏捞人员在每次完成掏捞工程后都在坎儿井竖井口旁边休息，互相唱着歌谣，以唱歌谣方式来消除自己的劳累。因当时坎儿井掏捞这一工程，实际上是一种特别艰难的体力消耗很大的劳动，整个工程一般在水下进行，需要坚持不懈、吃苦耐劳的精神才能完成。

4. 吐鲁番市葡萄乡霍依拉坎儿孜村阿扎提坎儿井（琼坎儿井）[①]

该条坎儿井是被一个名叫海里切泊齐（“泊齐”意为说大话的人）的女人出资组织人开挖出来的，新中国成立后，结合时代的特征，改名为阿扎提（解放之意）坎儿井。

5. 奥依曼买里村居结克坎儿井

居结克坎儿井位于托克逊县郭勒布依奥依曼买里村。1833年，一个叫沙木沙克的人在这里开挖了这条坎儿井。因为这条井出水口附近是个红柳、骆驼刺丛生的地方，沙木沙克在一边务农的同时也搞起了家庭养殖业——养鸡，居结克在维吾尔语中是“小鸡”的意思。所以，这条井叫居结克坎儿井。[②]

6. 贝勒克其坎儿孜村托格拉克坎儿井

托格拉克坎儿井位于吐鲁番市葡萄镇贝勒克其坎儿孜村。“托格拉克”维吾尔语是“胡杨树”的意思。传说，这条坎儿井完成后，水量特别大，流速也特别快，比马跑得还快，一直流到一个叫阔什墩的地方才停下来，流水经过的地方不久长出了

① 调查时间：2012年1月16日上午；调查地点：吐鲁番市葡萄乡霍依拉坎儿孜村阿扎提坎儿井（琼坎儿井）调查对象：伊萨克·依明（66岁）。

② 新疆吐鲁番地区文物管理局、吐鲁番学研究院编：《守望坎儿井》。

胡杨树，所以该坎儿井名字叫托格拉克。这条坎儿井也称塔斯米其坎儿井。传说，此坎儿井为塔斯米其组织人开挖出来的。[①]

二、结语

总之，坎儿井自身存在着的各种特点和现象，与人民征服大自然，并与大自然保持和谐的关系联系在一起。与此同时，在吐鲁番坎儿井开挖和利用过程中产生了很多可歌可泣的生动故事或传说。它们是吐鲁番各族人民勤劳智慧的结晶。

吐鲁番人民对坎儿井有着极其深厚的情感。当时，坎儿井与吐鲁番各族人民的生存紧密联系在一起。为此，在盆地生活的先民在开挖和利用坎儿井过程中，口传和创作了无数的故事传说及诗歌民谣，充分体现出自己的火热情感和丰富的内心世界。与坎儿井名称相关的民间故事传说，一方面说明坎儿井形成过程与民间故事的产生关系，另一方面以民间流传的生动故事来充分说明，吐鲁番当地坎儿井创造者的原始口传资料，为我们今后研究坎儿井有关故事提供了第一手资料。

坎儿井起源于何时何地，争论了一百年，虽然没有结论，但有一点是可以肯定的，人们更看重的是它维系荒漠绿洲的地下水水位、保护生态平衡的作用。当然，也有人认为最重要的作用在于它深厚的历史人文价值以及独特的旅游价值。其实，它是世界水利史上的奇迹，是吐鲁番人与恶劣环境顽强搏斗的大无畏精神的写照，是吐鲁番人因地制宜、充满想象力创造性解决问题的智慧体现，是水与智慧融合的伟大结晶，是各族人民携手共建美好新疆的具体产物。

---

① 新疆吐鲁番地区文物管理局、吐鲁番学研究院编：《守望坎儿井》。

新一代坎儿井的掏捞传承人

再同古力·阿不都热合曼

坎儿井是古代西域新疆各族劳动人民勤劳智慧的结晶，被地理学界的专家称为"地下运河"，与长城、京杭大运河并称为我国古代三大工程。它不仅是一项伟大的水利工程，同时也蕴含着极为深厚的文化底蕴。坎儿井的存在使得极端干旱酷热地区生活的各族人民具备了顽强的生命力，孕育了人与自然和谐相处的绿洲文化，推动了世界四大文化的交汇融合，形成了丰富多彩的地域文化，促进了区域经济社会的快速发展，创造了辉煌的历史，在新疆乃至中国的历史上写下了绚丽的篇章。可以说，坎儿井是这一地区的生命之源、文化之基。时至今日，坎儿井仍在当地的经济社会中发挥着积极重要的作用，并且以其科学、合理、可持续的先进性创造着和谐的现代化绿洲。

坎儿井是在其他地区工程技术的基础上，根据本地自然条件和水文地质特点创造出来的一种特殊庞大的地下水利工程设施。其基本方式是通过人工掏挖，将地下水源引流至绿洲，用于实现居民饮用及农业灌溉。其构造主要有竖井、暗渠、出水口、明渠、蓄水池等。坎儿井一直以来都是绿洲经济发展的重要支柱，现在又成为地区旅游业的重要组成部分。

世界上的坎儿井以中国、伊朗两国为主要代表，这其中，新疆吐鲁番坎儿井最具代表性。长期以来，它一直是当地发展农牧业生产和解决人畜饮水问题的主要水源，被称为"沙漠生命之泉"。

坎儿井在吐鲁番有着无可替代的使用价值，作为我国古代劳动人民留下的不可多得的珍贵人文遗产，具有极高的历史价值和科学价值。

过去50年来，我国新疆的坎儿井生存状况堪忧，随着新的灌溉手段出现，坎儿井日渐式微。目前坎儿井正以平均每年20多条的速度消失，专家认为，照此速度，20年后坎儿井将全部干涸。

坎儿井现阶段能够发挥的作用已不是单纯的农业灌溉、维系荒漠绿洲的地下水水位和保护生态平衡，更重要的在于其历史人文价值及旅游价值，因此加强对坎儿井的保护已经刻不容缓。

从古至今，坎儿井的名字以掏捞坎儿井的传承人命名，可以分为以下几种形式：

（1）“巴依”开挖的坎儿井，以“巴依”的名字命名。如甫拉提巴依坎儿井，“甫拉提”是维吾尔男名，“巴依”意指富人、有钱人。甫拉提巴依坎儿井位于吐鲁番市艾丁湖乡叶木西村，水源为灌溉渗漏，1800年开挖，总长度3000米。

（2）平民百姓掏捞的坎儿井，百姓自主开挖，以其父名命名坎儿井，如依米提·托乎提坎儿井，“依米提·托乎提”为维吾尔男名。依米提·托乎提坎儿井位于吐鲁番市亚尔乡亚尔果勒村，水源为灌溉渗漏，1935年开挖，总长度为1000米，竖井总数110眼，首部井深7米，历史最大流量7升每秒（1955年），2003年流量1.7升每秒。

掏捞坎儿井的工作不是一个人能完成的，不管是巴依坎儿井还是百姓坎儿井，所有人员都投身其中参与坎儿井掏捞工作。我们身边有许多坎儿井工匠在七克台镇亚克村，阿布都热依木·玉山三代以来在七克台镇亚克村定居，在掏挖坎儿井或是摔跤运动中都得到了乡亲们“祖尔”（强壮）的称号。他的爷爷阿吾孜伯同参与掏挖工作45年，父亲玉山伯同30年，阿布都热依木·玉山本人参与坎儿井掏挖工作25年，三代人共挖坎儿井100年。阿布都热依木·玉山的爷爷阿吾孜伯同70岁辞世后，他的父亲玉山伯同接手了掏挖坎儿井的工程，其父亲在76岁时辞世，阿布都热依木·玉山接手了掏挖坎儿井工程，他带领乡亲们掏挖亚克村三条坎儿井的两条——艾木都·莫拉坎儿井和吾努都尔相由坎儿井，每年对这些坎儿井进行维护，使坎儿井从未断水。他们三代人对亚克村三条坎儿井的掏挖、引水都做出了卓越贡献。坎儿井掏挖工程到阿布都热依木·玉山手中时，村里人口数量增多，使用的土地面积逐渐增大，对水的需求量大，阿布都热依木·玉山明白水是本村的生命之源，因而掏挖坎儿井的意志更加坚定，投身于坎儿井源头掏挖、引水、清理污泥、维修等工程中，使坎儿井水量增多，有效解决了水和地、人和地的矛盾。在亚克村就因为有了像阿布都热依木·玉山一样对坎儿井工程的贡献者与掏挖坎儿井的祖先，才使坎儿井的水源不被阻断。 在亚克村，目前有近 30 名坎儿井工匠，这种光荣的职业，一直在代代相传。

2005 年，托克逊县伊拉湖乡布尔加依村有一位名叫阿不都热依木·吾尊伯克的老农民自己开挖了一条新坎儿井。 60 多岁的维吾尔族老农民阿不都热依木·吾尊伯克个子很高，身体硬朗，肤色很黑，布满岁月痕迹的脸给人以诚恳、忠厚、本分的印象。 一块石板上扭扭歪歪地用维吾尔文刻着“阿不都热依木于 2005 年开凿”字样，这无疑就是这条坎儿井的开凿时间。

这条坎儿井总长度为 700 米，刚开挖坎儿井时竖井还很多，至少有 9 眼，由于后来为了增水，在坎儿井暗渠里铺设了水泥管以防渗漏，就毁掉了几眼竖井。 每年总水量约为 7 万立方米，其中除去冬季非灌溉期的水量，大约有 4.9 万立方米的水可供灌溉，按照每亩 1000 立方米的灌溉标准计算可灌溉近 50 亩土地。 据阿不都热依木·吾尊伯克介绍，他现在灌溉的地最多也就是 40～50 亩的样子，由于这个地方是沙石戈壁地，渗漏和蒸发肯定比别地要大得多，这种用水量也基本符合吐鲁番地区的现状。

老农民阿不都热依木·吾尊伯克为了开挖这条新生坎儿井，前后花掉 26 万元，最后又卖掉已经结了果的 3 亩多果园，并把得来的钱毫不迟疑地投入到这条坎儿井的挖掘工作，周围的人包括家庭成员都十分不理解。

现在听到动人的流水声，看到这股清清爽爽的碧水，阿不都热依木·吾尊伯克的脸上终于露出了欣慰的笑容，阿不都热依木·吾尊伯克劳作着，他的这片绿洲在一天一天地拓展着，相对应地，这片茫茫戈壁也一点一点地退缩着。

鄯善县也有一条新挖的坎儿井。 主人用儿子的名字“瓦里斯”给这条井命名，就是想让他的后代传承坎儿井文化。 这条井是 2002 年开挖的，2008 年完工，全长 5100 米，暗渠只有 1100 米，竖井 50 眼，首部井深 22 米，龙口深度 3.5 米。

还有一条坎儿井的主人是红山庄园的庄主吴拥军，他在红山脚下有一片一百多亩的土地，这条井挖成后，水根本就用不完。 他挖这条坎儿井的动机很简单，大河水不能满足他的用水需要，于是，他请县上的水利专家帮他看水脉。 专家就是专家，第一口探井，挖到 9 米时就有水了，让他没想到的是，地下水水位下降得很快，这口探井第二年就没水了。他就向上延伸，一直延伸了500米。为了水能流下来，他又从头到尾进行坡降，往下降了50厘米，暗渠里最高的地方有3米多高。为挖这口井，他用上了这几年所有的积累，用上了所有现代化的方式，比方说风镐、空压机、炸药、挖掘机、电动葫芦，他还同时挖6眼竖井，结果吃了很多苦头。水准仪在地面上定位竖井还行，到地下就得用传统的方法，用油灯定向，刚开始不得诀窍，总是挖不直，最后从迪坎请了个老匠人，全用的是传统的方法，简单好用，井也挖直了。在离探井不远处是红土层，吴拥军为了进度就用了炸药，结果这个地段后来就经常坍塌。

吐鲁番市（高昌区）三堡乡芒格布拉克村二队农民穆萨·库尔班，生于1942年，他身材高大，浓眉大眼，苍白的胡须，村民们都称他"坎儿斯其"，意思是掏挖坎儿井的工匠。他十六岁开始参加坎儿井挖掘工程，当时坎儿井挖掘工作由5人一组，人最多的时候共30多人参加，每年挖掘大约2000米长、25米深的坎儿井。穆萨·库尔班参加了三堡乡9条坎儿井的挖掘，如：安碱坎儿井，水源为二黑沟水系，总长度5000米，竖井总数300眼，首部井深30米，历史最大流量45升每秒，干涸时间为1990年。

同干坎儿井，"同干"，维吾尔语，意为"回族人"。水源为二黑沟水系，1930年开挖，总长度4000米，竖井总数250眼，首部井深30米，历史最大流量35升每秒。干涸时间1991年。

合尼木坎儿井，"合尼木"，维吾尔语，意为"大家闺秀（的）"。位于吐鲁番市三堡乡曼古布拉克村。水源为二黑沟水系，总长度5000米，竖井总数300眼，首部井深30米，历史最大流量57.9升每秒。干涸时间1989年。挖掘合尼木坎儿井时，到了中部多次坍塌，因而多次换井挖掘。在合尼木坎儿井挖到村庄时，挖出了圆口竖井，使村民便于取水饮用。一般竖井口挖出的方口竖井方便坎儿斯其进出暗渠。

英坎儿井，"英"，维吾尔语，意为"新"。水源为二黑沟水系，1978年开挖，总长度2500米，竖井总数200眼，首部井深20米，历史最大流量4.6升每秒。干涸时间1987年。可浇灌30亩地。

琼坎儿井，“琼”，维吾尔语，意为“大”。水源为二黑沟水系，总长度3500米，竖井总数200眼，首部井深25米，历史最大流量58升每秒。干涸时间1988年。

当时坎儿井一般是在冬季进行挖掘，夏季维修。坎儿井挖掘工程困难重重，不仅十分辛苦，还处处有生命危险。在出水口周围3千米是黏胶土，上游部分沙石地，挖掘过程中引起多次坍塌。坎儿井里空间有限，施工相当困难。在过去，由于设备简陋、作业条件差，经常发生坎儿井掏捞人员受伤甚至被塌方掩埋丢了性命。虽然受到多种困难险阻，但是，挖掘坎儿井的工匠们发扬不怕苦不怕累的精神，从事掏捞坎儿井工作近30年。现在当年在三堡乡芒格布拉克村参加挖掘坎儿井工匠的人只有穆萨·库尔班还在世。

我们身边还有把一生都奉献给掏挖坎儿井工作的前辈努尔丁·卡德尔，现年63岁。他23岁的时候成为高昌区亚尔镇亚尔村坎儿井掏捞队的一名队员，29岁当上坎儿井掏捞队队长，没想到这一干就是40年，他把一生都献给了保护坎儿井的事业。村民们都亲切地叫他“坎儿斯其”。他在保护坎儿井方面做了大量的工作，每天带着队里的人检查坎儿井，如果发现坍塌的、堵水的地方，总是带头下井修复，40年来，他都是这样过来的。高昌区亚尔镇亚尔村有3条坎儿井，总长度12.5千米，灌溉着村里的6000亩农田，维系着村里112户人家，近5000人的生产生活以及家禽家畜饮水。

在保护坎儿井的过程中，努尔丁积累了丰富的掏捞经验。努尔丁在实践中总结经验，积极探索坎儿井保护新技术、新办法。多年前，他曾与村里的一位铁匠商量，发明了坎儿井暗渠箍圈，但是一直因为缺乏资金无法投入使用，他为此十分苦恼。

2009年，国家把坎儿井列入文物进行保护，并拨付了专项资金，地区文物部门采纳了他的技术开始批量生产。用这种水泥箍圈箍起来的坎儿井暗渠，可以有效防止塌方造成的堵塞。这个水泥圈是努尔丁凭自己多年掏捞坎儿井的经验，自己琢磨研制出来的。在努尔丁的努力下，亚尔村坎儿井龙口处清澈透明的水始终静静地流淌着，源源不断地流向村里，流向葡萄园。40年来，多少掏捞队员因为辛苦和危险离开了坎儿井掏捞队，他的队员们走了一批又一批，换了一茬又一茬，有的去买车跑起了运输，有的开起了餐厅做了老板，有的去收葡萄干做起了生意。只有努尔丁仍然在坚持着，他把自己的一生都交给了坎儿井，他深爱着的事业。他现在最大的愿望就是继续参加坎儿井保护工作，为子孙造福，也希望更多的人参与到坎儿井保护工作中来。

（一）现代挖井匠人面临的问题

当年，坎儿井是村民们用水的唯一来源，对于掌握了维修坎儿井技术的村民，其重要性可想而知，毕竟一个村落的命脉全都得靠他们来维护。但现在有了机井，他们的作用开始变得无足轻重了。所以，这些掏捞坎儿井的前辈们也不愿自己的孩子学习掏捞坎儿井的技术了，他们不愿自己的孩子接自己的班，主要原因是太危险，又不挣钱。坎儿井一年比一年少，没有未来，但他们又担心这门技艺后继无人，毕竟这一代代传承下来的技艺凝聚了太多祖辈的智慧。没有人愿意眼睁睁地看着坎儿井干涸，但是很多时候却很无奈。

（二）培养新一代掏捞传承人

1. 定期举办高规格的培训班

广泛开展岗前培训和在岗技能提升培训。应结合岗位技能要求，按照先培训后上岗原则，对新参加掏捞工作的工匠，采取自主培训或委托培训的方式，开展以基本技能、安全知识、开挖工艺、施工方法、施工工具的用途、操作规程及从业素质为主要内容的岗前培训。

吐鲁番地区文物局管理2009年举办了坎儿井培训班，充分调动掏捞坎儿井、保护坎儿井的积极性。定期举办培训班使坎儿井传承人素质得到更加全面的提升，解决利用和传承问题，对基层从事坎儿井保护、维修的能工巧匠，从文化遗产保护角度进行理论知识的培训提高。勤奋学习是提高素质、增长才干、成就事业的必由之路，是时代赋予掏捞队伍的一项重要职责。坚持不懈的学习积累使广大掏捞队员培养了科学的思维方法，熟知了必备的专业知识，提高了专业素质。

2. 在工作实践中锻炼成长

人的本领不是与生俱来的，而是在实践活动中逐渐历练提高的。在实践中锻炼掏捞传承人，是培养新一代掏捞人的一条根本途径。要多给掏捞传承人特别是中青年掏捞传承人交任务、压担子、提要求、教方法，帮助他们认清形势任务，提升思维层次，理清工作思路，在掏捞坎儿井实践中提升工作水平，得到思想和行为上的锻炼和进步。提倡向努尔丁·卡德尔学习，在实践中发明坎儿井暗渠箍圈。希望更多的掏捞传承人在实践中锻炼成长，做出更多关于坎儿井的发明。

3. 在思考总结中日臻完善

思考总结是学习的继续，是巩固和提升学习成果的过程，是提高能力素质和决策水平的阶梯。“行成于思毁于随”，一个勤于思考、善于总结的人，能够积极地汲取成功的营养，避免重复以往的失误，在掏捞工作中不断总结，并在总结中逐步提高。要在思考总结的过程中，把握规律，提炼新鲜经验，并使之转化为谋划工作的思路、促进掏捞工作的措施、完成任务的本领。同时，善于发现相关知识，见贤思齐，虚心学习借鉴有益的东西，经常查找坎儿井干涸的客观原因，如区域水资源缺乏合理的配置规划，导致地表引水工程、机井工程及坎儿井之间的水资源配置关系不协调，尤其是机井与坎儿井争水问题怎样有效解决。针对问题要定出明确目标，改进方法，从而少走弯路。

4. 强化学习意识，提升业务素质

学习不仅是工作人员增长才干、提高素质的重要途径，也是做好掏捞坎儿井各项工作的重要基础。当今时代，科技进步日新月异，知识更新不断加快，掏捞传承队伍建设中出现的新问题不断增加。与过去相比，掏捞工作人员愈来愈老龄化，新一代掏捞传承人相关工作经验不丰富，学历比较低，大部分是小学毕业，少部分是高中毕业。懂得普通话、计算机等专业知识的较少，影响了掏捞传承人科学发展能力的提升。如果掏捞工作者熟悉汉语和电脑技术，就可以参考现代技术最新科研成果。所以掏捞传承人要抓紧学习，才可以顺利完成当代赋给予的历史任务，保障坎儿井工作发展。

5. 掏捞设备由国家出资专门配备

掏捞设备由国家出资专门配备，这样才能保障掏捞坎儿井的设备齐全，可以引进现代掏捞工具和现代化设备。 20 世纪 90 年代之前，掏捞工具基本上还是传统工具，危险大，主要依靠坎土曼、柳条筐、牛拉绳索、木头架子、清油灯（棉籽油）等。 井下作业要时刻警惕掉碎土，因为很可能要塌方。 发现掉土时，人要向竖井口方向快速撤离，同时也要时刻关注煤油灯火苗的弯度。 如果火苗弯得特别大，可能是前方正在塌方所吹来的风，所以必须赶快撤离。 掏捞过程中，上下人最关键也最危险。 人往井下走时，如果控制不好牛，绳子退得太快，人会一下坐到水里，或者撞到两边井壁。 人上来时，如果牛拉得太快，人也会撞到井壁。 所以，驾驭牛也是个技术活。 过去各村总是自发地组织年轻力壮的村民来干这些事情，现在组织可以说不是那么容易，许多年轻人觉得掏捞坎儿井活重，收入少。 老人们说坎儿井呈现急剧衰减的态势，其中一个重要原因就是掏捞坎儿井出现了后继乏人的状况。

以前坎儿井的修护完全靠人力，掏捞困难、维修作业条件差、劳动强度大，既危险又辛苦，没有几个年轻人愿意干这种活儿。 现在由国家出钱利用现代专业机械设备譬如电动提升工具空压机、挖掘机、电动葫芦、防水灯、风镐等等进行坎儿井施工，便大大减轻了人工掏捞的劳动强度。 因此，加强有关坎儿井的各种实验研究，提高掏捞坎儿井的工作人员的劳务费，这样更多的年轻人就愿意加入到这支队伍中来，掏捞坎儿井就后继有人了。

6. 掏捞和维修坎儿井资金由国家出资

虽然挖井匠们对开挖坎儿井事业的积极性很高，但是在资金方面受到了阻碍，一是隶属村队管辖的，村委会拿不出更多的资金维修加固。 多数坎儿井运行年代已较长，长期以来，由于缺乏系统的管理、维修保护，很多坎儿井暗渠坍塌，竖井破损和坍塌，明渠和涝坝破损，造成坎儿井水越来越少。 二是私人开挖的坎儿井资金全部垫付，对增挖、清淤只能维持现状，无法保证坎儿井水量增加。 所以掏捞和维修坎儿井由国家出资才能解决最基本的问题。

坎儿井不仅在历史上对新疆地区的绿洲经济发展和绿洲文明孕育发挥过巨大作用，时至今日，它在社会经济生活中也有极其重要的作用。 坎儿井是人们在艰苦的条件下，根据特殊自然环境、地形地貌，靠自己的勤劳双手和聪明才智创造的奇迹。

一辈辈坎儿井掏捞人为坎儿井的掏捞、保护流汗流血，甚至付出了生命。 如今，坎儿井掏捞技术已被列入世界非物质文化遗产名录。 当下，我们的任务是传承祖辈们遗留下来的文化遗产，培养出一代代优秀的坎儿井掏捞人，遇到问题解决问题，运用现代化的手段改进维修保护技术，加强保护意识，让更多的人意识到保护坎儿井这条生命线的重要性，从而使更多的年轻人加入到坎儿井掏捞、保护队伍中，使坎儿井水长流不息，造福子孙，也让坎儿井如同吐鲁番葡萄一样，闻名中外。

吐鲁番整治坎儿井涝坝衍生出来的新型农村文化

于海琴

我国坎儿井主要分布在新疆东部博格达山南麓的吐鲁番及哈密，南疆地区也有少量分布，其中以吐鲁番盆地最多最集中。全国第三次文物普查结果显示：吐鲁番地区现存坎儿井1108条，其中有水的坎儿井278条，干涸的坎儿井830条。据吐鲁番市水利部门统计数据，吐鲁番地区坎儿井年径流量可达1.786亿立方米，灌溉面积约13万亩，约占全地区总灌溉面积的8%。就全国范围而言，新疆吐鲁番盆地坎儿井数量最多，分布范围最广，规模最宏大，历史沿革脉络较清晰，且当地居民对其依赖性也超出了其他区域，它具备了真实完整的普遍突出价值，在新疆坎儿井中最具代表性和影响力。①

一、坎儿井和涝坝的概念

坎儿井，是“井穴”的意思，早在《史记》中便有记载，时称“井渠”。而新疆维吾尔语则称之为“坎儿孜”。坎儿井是我国新疆荒漠地区特有的一种灌溉系统，是生活在极端干燥酷热环境下人们因地制宜，利用地面坡度无动力引用地下水的一种独特地下水利工程，由竖井、暗渠、明渠、蓄水池（涝坝）四部分组成。竖井是开挖暗渠时供定位、进入、出土、通风之用；暗渠，也称集水廊道或输水廊道，首部为集水段，在潜水位下挖，引取地下潜水流；明渠与一般渠道基本相同，横断面多为梯形；涝坝是调节水量的蓄水池，用以调节灌溉水量，缩短灌溉时间，减少输水损失。除水量极少的坎儿井外，绝大多数都有涝坝，水量大的坎儿井还会有几个涝坝。涝

① 维吾尔·米努甫：《新疆坎儿井研究》，《新疆社科论坛》1991年第2期。

坝面积一般都在 1.5～2.0 亩，水深在 1.5～2.0 米。同时蓄水池形式的存在对于改善周边临近区域生态环境也起到极其重要的作用。

二、坎儿井和涝坝的重要意义

吐鲁番独特的地理气候条件，使得聚居的绿洲周边多为干旱、半干旱地区，居民点远离河流和天然湖泊。即使有水资源也不是四季充沛，吐鲁番的河流都为季节性河流，季节性河流的特点是夏季充沛，冬季河道干涸。而且，夏季不同月份的水量也不同，有的月份水量多，有的月份水量则少。冬季寒冷，河面还会结上很厚的冰，居民用水就十分困难。而坎儿井就解决了荒漠地区人们用水的需求，因为坎儿井是地下暗渠输水，一般不受季节、风沙等影响，又因其具有防止水分蒸发等许多独特的优点，在吐鲁番盆地恶劣的环境下，坎儿井得以广泛建设与应用也就成了必然。如果没有坎儿井水的四季长流，吐鲁番盆地的人们冬天就会没有水喝。坎儿井本身也是一个独特的生态系统，它不仅是当地许多植被获取水分的重要途径，同时还对动物的生存起着特殊的作用。①

坎儿井涝坝形成了新疆地区人民的独特风俗，比方说去涝坝取水的主要是妇女，男人去取水会被认为是不体面的；有的涝坝附近定期开展唱歌、跳舞、演讲等文艺活动；涝坝还成为青年男女相互结识和谈情说爱的场所。坎儿井涝坝的独特性，使新疆地区人民形成独特的风俗习惯，这在其他地区是看不到的。

特定的自然环境，孕育了坎儿井存续的条件，坎儿井的实际价值则是人类与周边环境和谐共处的基础。坎儿井的独特输水方式，合理调配了有限的水资源，不仅在涝坝区域形成了一个微型的生态乐园，而且从更广袤的地理范围来说，保障了整个西域地区环境的可持续发展，实现了人与自然的和谐共融。

① 韩承玉：《吐鲁番盆地的坎儿井》，《新疆农业科学》1963 年第 11 期。

三、坎儿井和涝坝的现状

随着人类活动的日益活跃，雪线上升、绿洲面积不断增大、机电井的无序使用等情况，使坎儿井所在地下水水位逐年下降，加剧了坎儿井集水困难，导致有水坎儿井消亡加速。同时，坎儿井自身脆弱性、人为破坏以及其与各地兴起的基础建设之间的矛盾，导致坎儿井遗存状况堪忧。吐鲁番盆地坎儿井最多时达 1237 条（1957 年统计），暗渠长约 5000 千米，竖井深度总计约 3000 千米，总土方量超过千万立方米；目前尚存坎儿井 1091 条（2002 年统计），其中有水坎儿井 404 条，干涸坎儿井 687 条，可望恢复干涸坎儿井 185 条，不可恢复干涸坎儿井 502 条。从 1957 年以后，由于耕地面积扩大，修建了防渗渠道和大力发展机电井，干扰了坎儿井水源，使坎儿井水减少了 1.52 亿立方米，条数减少到 824 条，但坎儿井灌溉面积仍占到 22.3%。此外，涝坝坍塌现象较为普遍，有些涝坝需进行维修和防渗处理，大部分井口需要加固，部分坎儿井的延伸、掏捞、修复和加固等工作由于当地农民资金的缺少无法实施，对坎儿井的水量大小造成了严重影响。

四、坎儿井遭到破坏的原因

（一）吐鲁番生态系统的破坏对坎儿井的影响

在全球气候变暖的大前提下，最新卫星遥感监测数据表明，新疆地区总面积的 46.87%已经一步步发展成荒漠化土地，而非荒漠化面积仅占总面积的 8.8%。降水减少，地表水资源减少，地下水水位不断下降，而水污染不断增加，可利用水资源日渐短缺，没有水的坎儿井只能遭到废弃。特定的条件造就了坎儿井，也使得坎儿井本身易遭受不可逆的变化影响而变得易于被破坏，自然环境的变化、病害机理的多样性等都成为这一脆弱的灌溉方式的巨大威胁。

（二）科学技术的迅速发展对坎儿井的影响

坎儿井后续维护资金投入多，技术要求高。随着科学技术的发展，机井效率高，投资少，得到了广泛的使用。如今在新疆地区取水，正常都是通过机井从地下抽取大量的地下水。除了机井，新疆地区还建成了多个水库，像已经建成的柯柯牙水库和坎儿其水库，就让其下游近百条坎儿井无法存续。

五、坎儿井涝坝存在和急需解决的问题

坎儿井坍塌现象较为普遍，有些涝坝需进行维修和防渗处理，大部分井口需要加固，部分坎儿井的延伸、掏捞、修复和加固等工作由于当地农民资金的缺少而无法实施，对坎儿井的水量造成了严重影响。以上几点是制约坎儿井继续存在和发展的因素，而若要把坎儿井发扬光大，我们必须从思想上重视坎儿井，用现代技术武装坎儿井，具体从以下几个方面入手。

（一）统筹规划，合理开发水资源

在坎儿井分布区，水利工程建设必须统筹规划，科学布局，形成科学合理的水资源开发利用体系，使坎儿井成为该体系的组成部分，以便长期保证坎儿井具有良好的运行环境。一般情况下，灌区上游应充分利用地表水和坎儿井水；中游以地表水灌溉为主，适当布置机井，作为补充调剂的水源；灌区下游应以机井灌溉为主，河水作为补充水源，丰水期间调剂使用。这样不但可以有效地保证坎儿井的运行环境，还提高了水资源的重复利用率，并有防治灌区下游土地次生盐渍化等改良生态环境的效益。

（二）建立健全坎儿井的技术管理体制

要使坎儿井发挥其应有效益，必须对其给予充分重视，实施科学的工程化管理，使坎儿井从民间工程走向现代化、正规化。在坎儿井分布区，水利管理部门应迅速

健全坎儿井的技术管理体制，对现有坎儿井进行认真普查，摸清工程现状，在水资源开发利用总体规划下，做出流域性坎儿井改造利用规划，并对较大的坎儿井建立档案，有计划地逐年对坎儿井实施改造工程。

（三）改进坎儿井开凿、维修的施工技术

在降低坎儿井开凿维修成本上，以技术简单、投资少、易推广为原则。我们要引进现代最新掘进技术，实现坎儿井施工的高度机械化。在黏土和壤土层中，可采用爆破成井技术进行竖井和暗渠的施工；对一般地层，都可引进大口径钻机开凿竖井，用潜孔锤和水平钻机跟管钻进技术，实现竖井之间的连通，再用换管技术以硬塑管代替暗渠输水，达到降低工程造价的目的。坎儿井首部设大口径集水井，其成井可采用沉井施工工艺，底部集水横管施工可引进目前较成熟的压力顶管施工工艺。

（四）减少坎儿井水的渗漏和蒸发

在坎儿井内对土层不坚实的地段采用钢筋砼预制件保护砌，流水的暗洞部分用U形渠槽护砌，明渠部分要逐步做到管道化，以减少水的渗漏和蒸发，增加坎儿井的出水量。

（五）综合利用坎儿井

聚坎儿井输水头，安装小型贯流式发电机组，发电供管理人员用。在坎儿井水入静水涝坝前建汲水池，供村民汲取食用水，涝坝可用以养鱼，做到多目标建设坎儿井。

六、坎儿井涝坝整治的措施和效果

（一）基础整治措施

目前政府部门开始重视对坎儿井的保护与利用工作，除了将现存的坎儿井进行维修保护外，还加大了专项资金的支持力度，制定了《坎儿井保护工程专项资金管理

办法》。政府建立并完善各项规章制度，确保了资金严谨有序使用；政府发布了《吐鲁番地区坎儿井保护工程分级管理（试行）办法》，从规范管理角度对工程管理做出了具体要求。政府还加强对坎儿井的研究和监测，组织了坎儿井研究会并成立坎儿井监测站。相关网页上还能看到《2016关于新疆坎儿井开发保护项目监理招标公告》等类似的文件，可以发现政府对坎儿井的保护还是相当重视的。为了规范保护坎儿井，惩戒破坏坎儿井的行为，需要从法律层面上采取措施进行保护。目前，坎儿井保护范围内的一切破坏性活动，在文物部门的大力宣传和执法作用的推进下，在当地各级人民政府的紧密配合下，在坎儿井附近广大居民的大力支持和参与保护下，得到了全面的控制，达到了宣传效果。在坎儿井边生活的人民通过保护利用工程的顺利实施，从各项惠民工程中得到了实惠，尤其是参与坎儿井保护的广大老百姓最大限度地得到了实惠，周边的环境风貌也得到了改善，形成了全村范围内的新的和谐社会面貌，保证了老百姓的生态生活和农业生态文化的大力改善。

（二）以坎儿井为基础点，构建涝坝园林景观

从构建等方面对坎儿井进行维护和保护，政府的资金投入，坎儿井的研究和监测，还有立法层面上的保护，这些都是基础保护。然而保护还可以从另一个方面进行，就是开发再利用。目前，吐鲁番市正筹划启动坎儿井微型景观建设工作。计划在一区两县范围内选取5条极具代表性的坎儿井，在其蓄水池（俗称涝坝）区域开展景观建设工作，既发掘其对外展示利用功能，又能为当地百姓提供休闲娱乐健身场所（具体如图1-1至1-4、图2所示）。

图1-1　图1-2　图1-3　图1-4

图1-1至1-4　整治前的坎儿井涝坝景观效果图

（三）以坎儿井为宣传点，推动景点旅游

坎儿井作为新疆吐鲁番甚至是整个新疆地区特有的一种灌溉系统，其独特性使吐鲁番地区形成了特有的风俗文化。政府大力扶持第三产业的发展，以坎儿井为宣传点，可以设置配套的旅游景区，开发民宿，通常结合周边资源，打造特色主题，提供农业体验、生态观光等多项服务。新疆吐鲁番地区位于内陆，气候条件恶劣，生态系统本身就比较脆弱，容易遭到破坏。虽然有石油资源，但是第二产业发展条件不足。干旱、半干旱的荒漠地区的第一产业发展不充分。因此发展第三产业，对于新疆吐鲁番地区是最佳的选择。

七、整治坎儿井涝坝衍生出来的新型农村文化

（一）从物质上带动经济发展，转变农村经济观念

原先农村经济发展，要么抱残守缺，依赖第一产业，自给自足；要么大力发展第二产业，机械化生产。这两种经济发展模式都有自己的弊端，依赖于第一产业的，经济发展缓慢，跟不上社会发展的趋势，最终甚至会被社会淘汰。发展第二产业的，经济发展虽然跟上了，但是新疆吐鲁番地区位于内陆，气候条件恶劣，生态系统本身就比较脆弱，容易遭到破坏。虽然有石油资源，但是第二产业发展是以生态的急剧破坏为代价的，给子孙后代带来无尽的麻烦。以整治坎儿井涝坝为契机，大力发展第三产业，既推动了经济的发展，又不会以生态损害为代价，转变了农村经济发展的观念。

（二）从生活上带动文化活动，转变农村生活观念

农村文化包括了该区域内社会成员的理想追求、价值观念、道德情操、文化修养、生活习俗等。换句话来说，农村文化不仅仅指一种文化娱乐。整治坎儿井涝坝，改变原有的农村人际结构，形成一种新型的农村文化，顺应了社会发展的需求。

1. 强化了人际沟通，开阔了心胸

整治坎儿井涝坝形成了一种新型的农村文化。这种文化，加强了人与人之间的接触交流与沟通，同时还可以通过多种多样的活动将不同年龄层次、不同文化层次的成员汇聚到一起，加深了人与人之间的联系，使人不再是一个孤独的个体，人与人之间不再是封闭的。交流与沟通开拓了人们的视野，丰富了人们的精神世界，满足了人们多种多样的文化需求。不同的活动让参与者了解自我、感知自我、实现自我，认识了社会，得到了精神世界的满足，心胸也得到了开阔。知识与想法的沟通，碰撞出新的火花，创造了一种活跃创新的氛围。

2. 形成文化感染，具有价值导向

农村文化不仅仅包含对现行社会的肯定和支持，还会加入对社会矛盾面的评价与抨击。一味歌功颂德，沉溺于过去的成就，没有批评，没有反对，社会就得不到进步。因此将先进的文化带入吐鲁番地区农村的文化中，就形成了农村具有个性的文化氛围，具有正确的价值导向。

3. 形成新型农村社区，推动经济发展

新型的农村社区顺应社会发展的需求，原先的小农经济发展可能只需要村民之间守望相助。现代经济的发展，大规模产业化生产的农业、工业经济的发展，使得对文化的需求达到新的阶段。新型农村文化建设，促进农民改变了原先落后的观念，开阔了视野。新型农村文化建设还能实现经济效益，文化产业对资源能耗需求十分低，对环境的影响也十分小。现在国家大力推广发展的“绿色经济”“朝阳产业”，文化产业就是其中的典型。因此新型农村文化建设就是文化产业的发展，也是经济发展的另一个渠道。①

吐鲁番新型农村文化建设需要寻找自己的特性，应以整治坎儿井涝坝为入手点。坎儿井和涝坝，都是新疆地区的劳动人民发挥自己的聪明才智，根据本地区的独特地域特点，发明出来的一种特殊的灌溉系统。这种独特性是除了新疆地区，其他地方难以找到的。先民们寻找到了社区文化的个性特点，让每个地区的文化都有

① 王建新：《关于新型农村社区文化建设的思考》，《法制与社会》2013 年第 7 期。

各自的亮点，其呈现出的特点是丰富多彩的。新型农村文化的生命力在于以地区特色和传统特色来吸引其他人的目光，改造坎儿井时既保留原来的功能，又添加了园林景观，满足了实用性和美观性的双重需求，打造了吐鲁番农村文化的品牌。当提到吐鲁番农村文化的时候，人们能够自然而然地联想到坎儿井以及坎儿井周边的景观，达成了“一区一品”的要求，提升了新型农村社区文化的内在动力，同时坎儿井作为吐鲁番市文化品牌，形成了品牌相关产品的产出，包括旅游、影视等方面，这成为新的经济增长点。从基础建设到各村文化遗址、风俗习惯，我们要充分挖掘内在文化资源，将文化背后的故事演绎出来，让更多的人感受到文化的美，提升文化产品附加值，扩大社会影响力，实现更多的经济效益。

八、结语

坎儿井作为独特的水利工程，在历史长河中发挥过巨大的作用，产生过灿烂的文明，形成了独特的社会文化。其在漫长的发展过程中，与周围环境形成了和谐统一的关系，形成了独特的生态景观。坎儿井历经时代的变迁、岁月的洗礼，依然以其不可替代的使用价值和独树一帜的文化价值流淌在新疆的广袤大地。它是世界水利史上的奇迹，是先民们与恶劣环境顽强搏斗的大无畏精神的写照，是因地制宜、充满想象力创造性解决问题的智慧体现，是各族人民智慧融合的伟大结晶，是各族人民携手共建美好家园的具体产物。重塑坎儿井文化，既是我们对历史的尊重和回顾，也对当前环境下团结全疆各族人民群众携手共创美好未来具有重大引领作用。

附　录

吐鲁番坎儿井保护与利用大事记

1807 年 嘉庆十二年，和瑛《三州辑略》卷三记载吐鲁番地方有人“情愿认垦雅尔湖潮地一千三百四十亩，请垦卡尔地二百五十一亩”，“卡尔”即指“坎儿井”。

1839 年 道光十九年，廉敬奏报：牙木什迤南有垦地 800 亩，但因无水，必须挖坎儿井灌溉。

1845 年 道光二十五年正月，林则徐来到吐鲁番，当晚在日记中写道：见沿途多土坑，询其名曰卡井，能引水横流者，由南而北渐引渐高。水从土中穿穴而行，诚不可思议之事。此处田土膏腴，岁产才棉无算，皆卡井之利为之也。

《清史稿·萨迎阿传》记载：道光二十五年，萨迎阿授伊犁将军，……又言：“吐鲁番掘井取泉，由地中连环导引，浇灌高田，以备渠水所不及，名曰闸井，旧有三十余处。现因伊拉里克户民无力，饬属捐钱筹办，可得六十余处，共成百处。”寻以开垦挑渠办有成效，萨迎阿履勘，筹议招种升科。吐鲁番坎儿井迎来了第一次较大发展期。

1880 年 光绪六年，吐鲁番坎儿井迎来第二次较大发展期。《清朝吐鲁番地区坎儿井分布图》记载，当时（今高昌区）境内有 11 条坎儿井，托克逊县有 2 条，鄯善县有 4 条，吐鲁番与鄯善县交界地有 1 条。

1891 年 光绪十七年，陶保廉在《辛卯侍行记》记载：腊月朔日，辛卯，晴，由连木齐西行，下坡涉水。二里有泉渠村树，上坡。三里五里墩。四里折北，平旷戈壁。三里南有歧途，有远树。又西，多小园阜，弥望累累，皆坎尔也。坎尔者，缠回从山麓出泉处作阴沟引水，隔数步一井，下贯木槽，上掩沙石，惧为飞沙拥塞也。

1904 年 光绪三十年，鄯善知县募民于七角井开坎儿井 4 道。

1905 年 哈密回王始请吐鲁番坎儿井工匠开凿坎儿井，为哈密坎儿井的开始。

1907 年 英国探险队斯坦因在哈密西北 35 千米至三堡至今的斯姆卡克见到了

1905年开凿的坎儿井。

1909年 著名国学大师王国维在《西域井渠考》中论述：今新疆南北路，通凿井取水。吐鲁番有卡儿者，乃穿井若干，与地下相通以行水。

1943年 童承康著《新疆吐鲁番盆地》一书记载：吐鲁番县坎儿井仅有124道。

1949年 吐鲁番有水坎儿井约1084条，年出水量4.87亿立方米。

1957年 吐鲁番有水坎儿井为1237条，年出水量5.62亿立方米，灌溉面积32万亩。

1962年 吐鲁番有水坎儿井1177条，总量18.50立方米每秒，年出水量5.85亿立方米，灌溉面积3.13万公顷。

1987年 吐鲁番有水坎儿井824条，年出水量3.05亿立方米，灌溉面积1.67万公顷。

2002年 新疆维吾尔自治区九届人大五次会议把吐鲁番人大代表杨学亮、阿布拉·玉素甫等十位代表提出的关于《抢救吐鲁番古老水利设施坎儿井》的议案确定为大会议案之一。

2004年 吐鲁番有水坎儿井404条，每年都有十几条坎儿井干涸。

2006年 1月，新疆维吾尔自治区吐鲁番市10位人大代表联名提出议案，建议尽快出台《坎儿井保护条例》。

3月，全国政协十届四次会议上，新疆维吾尔自治区政协委员联名提交了《关于立法保护新疆坎儿井》的提案。

5月25日，坎儿井地下水利工程被国务院批准公布为第六批全国重点文物保护单位。

9月29日，新疆维吾尔自治区十届人大常委会第二十六次会议正式通过了《新疆维吾尔自治区坎儿井保护条例》，标志着坎儿井的保护终于具有了法律的效应。

12月1日，《新疆维吾尔自治区坎儿井保护条例》正式公布实施。

12月15日，坎儿井被国家文物局列入《中国世界文化遗产预备名单》。

2007年 中国新疆坎儿井申报世界文化遗产工作座谈会在北京召开，专题研究坎儿井申遗事宜。

2008 年 吐鲁番地区成立了坎儿井申报世界文化遗产工作领导小组。

2009 年 3 月，国家文物局与吐鲁番地区文物管理局在吐鲁番联合举办为期三天的坎儿井保护与利用培训班，集中培训了全新疆拥有坎儿井的地区相关管理人员，时任国家文物局局长单霁翔及自治区文物局、新疆坎儿井研究所、吐鲁番地区坎儿井保护与利用方面的专家亲临授课，吐鲁番各县市坎儿井农民掏捞队也积极参与了培训班学习。

7 月 22 日，吐鲁番地区行署决定成立地区坎儿井保护与利用工作领导小组。

11 月 10 日，吐鲁番地区坎儿井保护与利用领导小组召开第一次会议，确定了吐鲁番地区坎儿井保护与利用工作领导小组成员，对下一阶段坎儿井保护与维修工作予以科学理论指导。

12 月 14 日，吐鲁番地区召开了坎儿井维修加固工程项目启动仪式协调会议。

12 月 17 日，吐鲁番坎儿井保护与利用工程正式启动，一期工程维修加固坎儿井 31 条，其中，吐鲁番市 14 条，鄯善县 9 条，托克逊县 8 条，主要为掏捞清淤及加固维修工作。 启动仪式在吐鲁番地区博物馆召开。

2010 年 全国第三次文物普查坎儿井专项调查结果显示：吐鲁番共核查登记 1108 条坎儿井，有水 278 条，干涸 830 条，总长度约 4000 千米，竖井总数约 10 万个，年径流量达到 2.1 亿立方米，可灌溉 13.23 万亩农田，约占全地区总灌溉面积的 8%，坎儿井仍然是吐鲁番地区农业灌溉的重要方式。

1 月 24 日，吐鲁番地区管理文物局召开了坎儿井保护工程专项会议，工程监理方代表针对签订施工合同的主体所存在的问题与大家交换了意见，部署了下一步的工作安排及要求。

2 月 3 日，吐鲁番地区文物管理局召开了坎儿井保护与利用工作领导小组第二次会议，就第一批坎儿井保护工程进展情况分别做了汇报。

2 月 11 日，吐鲁番地区坎儿井保护工程设备发放仪式在博物馆召开。

4 月 15 日，吐鲁番地区召开坎儿井保护与利用工作领导小组第三次会议。 会议听取了 2010 年度坎儿井保护与利用一期工程掏捞阶段、工程整体变更施工方案汇报，总结了坎儿井保护工程启动以来积累的经验和做法，并就存在的问题进行了深入研究，安排部署下一阶段工作任务，强调各有关部门要进一步增强做好坎儿井保护与利用工作的责任感和使命感，切实将坎儿井工程打造成精品工程，惠及火洲各族群众。

5月11日，由新疆维吾尔自治区水利水电建设工程造价管理总站、吐鲁番地区文物管理局、坎儿井掏捞队代表等组成了六方工作小组，正式启动了吐鲁番地区坎儿井暗渠加固人工费定额测定工作。该项坎儿井保护工程，是从文物保护角度对坎儿井工作的创新之举，在全疆乃至全国都属首次。

6月，坎儿井保护与利用工作督查小组，对两县一市的坎儿井工作进展情况进行了督查指导，进一步规范了坎儿井保护与利用工作，保障了工程后期的各项工作有序规范进行，确保该工程达成了“民生工程、精品工程”的目标，为坎儿井保护与利用第二期工程顺利开展奠定了坚实的基础。

7月21日，吐鲁番地区坎儿井保护与利用工程资料培训班正式开班。来自两县一市旅游文物局有关负责人、预制构件生产厂家、新疆水利水电工程建设监理中心吐鲁番监理部、工程资料员、地区坎儿井保护与利用工作领导小组办公室的全体成员共计25人参加了培训。

7月30日，吐鲁番地区召开坎儿井地下水利工程文物保护总体规划汇报会。会议由清华城市规划设计研究院就坎儿井保护区划、保护措施、利用规划、管理规划、研究规划、相关规划、规划分期、投资估算等八方面内容对坎儿井保护总体规划编制情况做了详细介绍。该保护规划是关于吐鲁番地区乃至于全疆坎儿井的保护与利用工作的一次创举，对于打破新疆无坎儿井保护总体规划的现状具有积极推动作用，它的合理编写更为吐鲁番地区坎儿井能够申报世界非物质文化遗产提供了相关的依据。

9月6日，吐鲁番地区坎儿井保护及申遗工作专项会议顺利召开。会议主要围绕坎儿井保护利用及申遗两大主题展开。会议达成以下共识：一是坎儿井保护与利用一期工程取得了显著的成效，二期工程的开展要以一期工程中积累总结的先进经验为基础，紧抓前期组织筹备工作，强调并实现坎儿井保护工作的长效性、规范性与创造性。二是建议尽快成立地区坎儿井申遗工作领导小组，并下设办公室，全面推进地区坎儿井申遗工作的深入开展。

2011 年　1 月，国家文物局投资启动了第二期坎儿井保护加固维修工程，吐鲁番坎儿井领导小组编辑出版的《守望坎儿井》一书，对坎儿井一期工程的成果进行了真实的记录，反映了坎儿井保护取得的巨大成就，弘扬了坎儿井精神。

3 月，相关部门通过广泛借鉴国内外展览馆的先进理念、科学技术和展示手段，对吐鲁番示范区建设坎儿井展览馆提出了建设思路。

4 月，确定了坎儿井工程预制构件水泥型号、调色原料及调色配方比，使其外观上与坎儿井原始土色相协调。中旬，通过实地勘察、组织设计变更，及时解决了因气候反常而导致的部分坎儿井二次坍塌的问题，保障了坎儿井工程的顺利实施。

5 月，坎儿井二期工程所需特种水泥配送完毕。中旬，吐鲁番地区文物管理局党组书记、副局长、地区坎儿井保护与利用工作领导小组副组长赵强同志，在北京召开的“中国世界文化遗产申报工作座谈会”上进行了专项汇报，得到与会世界遗产专家的建设性点评，为下一步坎儿井申遗工作打下了较好基础。

6 月 1 日至 10 日，为全面了解一期工程的保护现状、维修加固后的使用情况以及检验工程实效等，吐鲁番坎儿井保护与利用工作领导小组对一期工程维修加固的坎儿井进行了全面的回访调查。

7 月，吐鲁番地区完成了坎儿井纪录片《神奇的力量》的制片工作，该纪录片以时任国家文物局局长单霁翔多次在全国文物局长会议上高度赞扬新疆坎儿井的保护案例为主旨，讲述坎儿井保护工程的背景，重点介绍了坎儿井维修加固工程工艺以及 31 条坎儿井完工后取得的效益，有力地宣传和展示了坎儿井保护与利用工程的价值和意义。

11 月底，吐鲁番地区两县一市基本完成了坎儿井暗渠坍塌段、竖井口及龙口预制构件加固工作。

2012 年　7 月，吐鲁番坎儿井保护与利用二期工程竣工，加固坍塌段暗渠长度 2.8 千米，暗渠加固卵形涵 7919 个，竖井口井座（盖）安装 2669 个，龙口加固 19 个，出水量较原来增加了 20%以上。

11 月 15 日，吐鲁番坎儿井保护与利用三期工程启动仪式，标志着坎儿井保护与利用三期工程拉开帷幕。

2013 年　5 月，吐鲁番召开坎儿井保护与利用三期工程竣工。据统计，三期工程掏捞总长度 60.6 千米，加固暗渠 1549 米，加固龙口 18 个，出水量增加约 30％。

2014 年　4 月 14 日，地区坎儿井保护与利用四期工程推进会在地区文物管理局召开。

6 月，国家文物局下发《关于新疆吐鲁番地区（五期）坎儿井保护工程方案设计的意见》文物保函〔2014〕921 号文的批复意见，原则上同意该设计方案。

8 月，吐鲁番坎儿井保护与利用五期工程正式开工。

9 月，吐鲁番召开坎儿井保护与利用四期工程竣工。据统计，四期工程加固暗渠约 6000 米，掏捞清淤约 180 千米，加固竖井口 4200 余个，龙口安装套管 592 米、横梁 1308 个，加固龙口 36 座，有效缓解了坎儿井的病害破坏，遗址本体得到了妥善保护，最大限度遏制了坎儿井的消亡速度，确保了坎儿井的有效遗存。

2015 年　4 月 12 日，国务院批准吐鲁番地区撤地设市，吐鲁番成为新疆首个撤销地区建制设立的地级市。根据中央有关规定和撤地设市的标准，将撤销吐鲁番地区建制，设立地级吐鲁番市，撤销吐鲁番（县级）市建制改设为高昌区；新设地级吐鲁番市实行市领导区、县的体制，辖一区两县，即高昌区、鄯善县和托克逊县，两县建制不变。

7 月，吐鲁番坎儿井保护与利用五期工程竣工。本期共加固维修坎儿井 22 条。其中，吐鲁番市加固维修坎儿井 11 条，覆盖 5 个乡（镇）、9 个村组；鄯善县加固维修坎儿井 7 条，覆盖 3 个乡（镇）、6 个村组；托克逊县加固维修坎儿井 4 条，覆盖 2 个乡（镇）、2 个村组。据统计，五期工程中，吐鲁番段完成加固清淤 5 万余米，鄯善段完成加固清淤 3 万余米，托克逊段完成加固清淤 7500 余米，有效缓解了坎儿井的病害破坏，遗址本体得到了妥善保护，最大限度遏制了坎儿井的消亡速度，确保了坎儿井的有效保护和利用。

吐鲁番学研究院　汤士华